工业和信息化精品系列教材

版
ion

Java Web

程序设计

任务教程

（AIGC版）

黑马程序员◎组编

胡晓东 穆润明◎主编　田燕军 岳晓菊 闫巧梅 李佳庆◎副主编

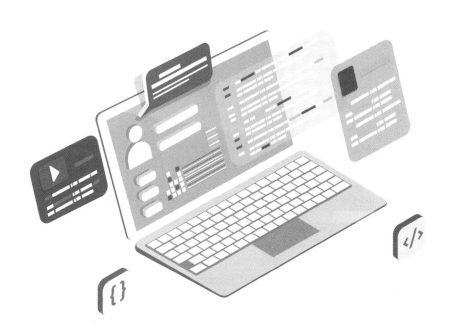

人民邮电出版社

北京

图书在版编目（CIP）数据

Java Web 程序设计任务教程：AIGC 版 / 黑马程序员组编 ；胡晓东，穆润明主编. -- 3 版. -- 北京 ：人民邮电出版社，2025. -- （工业和信息化精品系列教材）.
ISBN 978-7-115-66552-2

Ⅰ．TP312.8

中国国家版本馆 CIP 数据核字第 20256KE959 号

内 容 提 要

本书从初学者的角度出发，用通俗易懂的语言详细讲解 Java Web 程序设计的相关知识。

全书共 11 章，内容包括网页开发基础、Web 应用构建和部署基础、Servlet、会话及会话技术、JSP、Servlet 高级特性、Vue.js、异步请求和 JSON、数据库编程、综合项目——网上衣橱，以及 Java 企业级开发框架入门。

本书配套丰富的教学资源，包括教学 PPT、教学大纲、教学设计、源代码、课后习题及答案等。为帮助读者更好地学习本书中的内容，编者团队还提供了在线答疑服务。

本书既可作为高等教育本、专科院校计算机相关专业的教材，也可作为 Java Web 技术爱好者的自学参考书。

◆ 组　　编　黑马程序员
　　主　　编　胡晓东　穆润明
　　副 主 编　田燕军　岳晓菊　闫巧梅　李佳庆
　　责任编辑　范博涛
　　责任印制　王　郁　焦志炜
◆ 人民邮电出版社出版发行　　北京市丰台区成寿寺路 11 号
　　邮编　100164　　电子邮件　315@ptpress.com.cn
　　网址　https://www.ptpress.com.cn
　　山东华立印务有限公司印刷
◆ 开本：787×1092　1/16
　　印张：19.5　　　　　　　　　　2025 年 8 月第 3 版
　　字数：465 千字　　　　　　　　2025 年 8 月山东第 1 次印刷

定价：69.80 元

读者服务热线：(010)81055256　印装质量热线：(010)81055316
反盗版热线：(010)81055315

前 言

本书在编写的过程中，结合党的二十大精神进教材、进课堂、进头脑的要求，将素质教育内容融入日常学习中，让学生在学习新兴技术的同时提升爱国热情，增强民族自豪感和自信心，引导学生树立正确的世界观、人生观和价值观，进一步提升学生的职业素养，落实德才兼备、高素质、高技能的人才培养要求。

为落实产教融合，本书编写团队由高校教师和黑马程序员共同组成。高校教师具有扎实的理论基础和教学经验，能够将理论知识与教学方法有机结合，黑马程序员的技术人员具有丰富的企业项目经验，能够提供行业最新技术和实际项目案例。在编写教材的过程中，编写团队定期开展交流活动，如黑马程序员的技术人员会提供项目实战的相关资料，让高校教师深入了解企业的开发流程和技术应用场景。

本书符合新形态一体化要求，配备了丰富的数字化教学资源，如教学 PPT、教学大纲、教学设计、源代码、课后习题及答案等，并配套高校教辅平台。高校教辅平台向教师提供整套数字化教学服务，如在线教学和在线考试等。同时，本书配套有高校学习平台，为学生提供多元化的学习渠道，学生可以在高校学习平台上随时随地自主学习。同时，编写团队还提供在线答疑服务，及时解答学生在学习过程中遇到的疑问，实现教学互动无缝对接。

在信息技术迅猛发展的背景下，企业对 Web 应用的要求越来越高，这些要求不仅体现在功能上，还体现在开发效率、维护成本和用户体验上。传统的 Servlet 和 JSP 技术作为 Java Web 开发的基础，依然在一些项目中发挥着重要的作用，但随着技术的发展，它们逐渐被更加现代化的技术所取代。

本书在第 2 版的基础上，对 Java Web 的知识体系重新进行了梳理，使得内容结构更加清晰、流畅，不仅详细讲解了 Servlet 和 JSP 技术，还增加了 Vue.js 前端框架和 Spring Boot 后端框架的相关知识。同时，本书的编程任务使用了 AIGC 工具进行程序开发，紧跟时代的步伐。

本书注重理论知识与动手实践相结合。书中不仅包含了丰富的理论讲解，还配备了大量的编程任务，旨在帮助读者加深理解、提升技能，并通过一个前后端分离的综合项目，模拟真实电商项目的开发过程，提升读者解决实际问题的能力。

本书的参考学时为 64 学时，各章的参考学时如下表所示。

各章的参考学时

章	学时分配
第 1 章　网页开发基础	6
第 2 章　Web 应用构建和部署基础	6
第 3 章　Servlet	7
第 4 章　会话及会话技术	4
第 5 章　JSP	6

续表

章	学时分配
第 6 章　Servlet 高级特性	6
第 7 章　Vue.js	5
第 8 章　异步请求和 JSON	3
第 9 章　数据库编程	5
第 10 章　综合项目——网上衣橱	10
第 11 章　Java 企业级开发框架入门	6
总计	64

　　本书由山西经济管理干部学院（山西经贸职业学院）胡晓东、穆润明任主编，田燕军、岳晓菊、闫巧梅、李佳庆任副主编。具体编写情况如下：第 1 章由李佳庆编写，第 2 章和第 4 章由穆润明编写，第 3 章和第 8 章由岳晓菊编写，第 5 章和第 6 章由闫巧梅编写，第 7 章和第 10 章由田燕军编写，第 9 章和第 11 章由胡晓东编写。全书由黑马程序员组编。

　　尽管编者尽了最大的努力，但书中难免会有不妥之处，欢迎读者来信给予宝贵意见，编者将不胜感激。电子邮箱地址：itcast_book@vip.sina.com。

编者
2025 年 7 月

目 录

第 1 章

网页开发基础

知识目标	1. 了解 HTML，能够简述 HTML 的概念。 2. 了解 CSS，能够简述 CSS 的作用和定义 CSS 样式的基本语法格式。 3. 了解 JavaScript，能够简述 JavaScript 的特性、主要组成部分和 3 种代码引入方式。
技能目标	1. 掌握 HTML 常见标签，能够使用 HTML 常见标签构建网页。 2. 掌握 CSS 样式的引入方式，能够使用内联样式、内部样式表、外部样式表引入 CSS 样式。 3. 掌握 CSS 选择器的使用方法，能够使用元素选择器、ID 选择器、class 选择器和通用选择器选择特定元素并应用 CSS 样式。 4. 熟悉 CSS 常用属性，能够使用 CSS 常用属性对元素进行样式设置。 5. 熟悉 JavaScript 基础语法，能够在程序中正确使用 JavaScript 的数据类型、变量、运算符、流程控制、函数、对象。 6. 掌握 DOM 和 BOM 的使用方法，能够使用 DOM 和 BOM 在浏览器环境中操作和控制网页。 7. 掌握 JavaScript 事件的使用方法，能够为网页元素绑定常见的事件。

在学习 Java Web 之前，对网页开发有基本的认知很重要。通常来说，网页是基于 HTML（HyperText Markup Language，超文本标记语言）编写的文档，它可以包含多种元素，如文字、图像、视频、音频以及超链接等，这些元素组合在一起，以图形化界面的形式向用户展示各种信息、服务和功能。要构建一个功能全面且吸引力强的网页，通常需要开发者掌握 HTML、CSS（Cascading Style Sheets，串联样式表）以及 JavaScript 等技术。因此，本章将围绕 HTML、CSS、JavaScript 对网页开发基础知识进行讲解。

1.1 HTML 概述

HTML 是用来创建网页结构和内容的标记语言，随着互联网的发展，HTML 经历了多个版本的更新和演进。目前，HTML5 是最新的 HTML 标准，它为网页开发带来了诸多的改进和新特性。因此，本书将以 HTML5 为基础对 HTML 进行介绍。

1.1.1　HTML 中的标签和属性

使用 HTML 编写的文件称为 HTML 文档，HTML 文档的扩展名为.htm 或.html，这两种扩展名在本质上并没有区别，一般情况下，使用.html 作为 HTML 文档的扩展名。HTML 提供了一系列预定义的标签和属性来定义网页的结构、格式和表现方式。HTML 中的标签和属性说明如下。

1. 标签

在 HTML 中，使用标签"< >"符号对关键词（即标签名）进行标识，每个标签都代表着特定的功能或信息展示方式。标签通常成对出现，包括一个开始标签和一个结束标签，结束标签通过在标签名前加上斜线（/）来标识。有些标签是自闭合的，自闭合标签不需要结束标签，而是使用斜线结尾。标签的示例代码如下。

```
1   <p>Hello HTML!</p>
2   <br/>
```

在上述代码中，第 1 行代码中的<p>为一个开始标签，</p>为一个结束标签，这两个标签一起使用时，它们共同定义了一个段落。第 2 行代码中的
标签为一个自闭合标签，用于插入一个空行。

2. 属性

属性用在开始标签中，用于定义标签的一些特征。每个属性都有名称和值，名称和值之间用等号（=）连接，值用一对单引号（''）或双引号（""）进行标识。属性的示例代码如下。

```
<a href="./html">html</a>
```

在上述代码中，<a>标签使用 href 属性指定链接的目标地址。

标签在 HTML 中主要用于定义文档的结构和指示浏览器如何呈现内容，所以大部分标签会结合需要呈现的内容一起使用，非自闭合的标签通常将内容书写在开始标签和结束标签之间，在 IITML 中，非自闭合标签的开始标签、内容、结束标签这个整体称为一个元素，而自闭合标签自身就是一个完整的元素。

1.1.2　HTML 文档的基本格式

编写一个完整的 HTML 文档需要遵循一定的格式。HTML 文档的基本格式主要包含<!DOCTYPE>（文档类型声明）、<html>（根标签）、<head>（头部标签）、注释内容和<body>（主体标签）等。下面通过一个 HTML 文档说明 HTML 文档的基本格式，具体如下。

```
1   <!DOCTYPE html>
2   <html lang="en">
3     <head>
4       <meta charset="UTF-8">
5       <title>我的第一个网页</title>
6     </head>
7   <!--<body>标签里是网页的主要内容 -->
8     <body>
```

```
9        Hello HTML!
10    </body>
11 </html>
```

下面对该 HTML 文档的基本格式进行说明。

1. <!DOCTYPE>

<!DOCTYPE>位于文档的最前面，被称为文档类型声明，用于向浏览器说明当前文档使用哪种 HTML 标准规范。一份文档只有在开头处使用<!DOCTYPE>声明文档类型，浏览器才能将该文档识别为有效的 HTML 文档，并按指定的 HTML 文档类型对该文档进行解析。

2. <html>

<html>位于<!DOCTYPE>之后，被称为根标签。<html>标识 HTML 文档的开始，lang="en"用于指定页面语言为英文，</html>标识 HTML 文档的结束，在它们之间的是网页的头部内容和主体内容。

3. <head>

<head>用于定义 HTML 文档的头部内容，被称为头部标签，该标签紧跟在<html>之后，主要通过容纳一些子标签来描述文档的标题、作者，以及该文档与其他文档的关系等。例如<title>、<meta>、<link>和<style>等，都属于<head>标签容纳的子标签。第 4 行代码中定义了 HTML 文档的字符编码为 UTF-8；第 5 行代码定义了文档的标题为"我的第一个网页"。

4. 注释内容

在上述代码中，第 7 行代码为 HTML 文档中的注释内容，注释内容不会被浏览器解释或执行。HTML 文档中的注释内容需要书写在<!-- -->标签中。

5. <body>

<body>用于定义 HTML 文档所要显示的内容，被称为主体标签。在网页中，所有文本、图像、音频和视频等内容的相关代码都必须放在<body>内，才能最终呈现给用户。第 9 行代码用于在网页中呈现文本内容"Hello HTML!"。

在熟悉 HTML 文档的基本格式后，下面完成上述 HTML 文档的创建。HTML 文档可以通过文本编辑器来打开或创建。下面选择在记事本中编写上述代码并保存，并将文件的扩展名修改为.html。编写好的 HTML 文档可以使用浏览器进行展示，使用浏览器打开该 HTML 文档，效果如图 1-1 所示。

图1-1　该HTML文档打开效果

从图 1-1 中可以看到，浏览器页面中显示了"Hello HTML!"文本内容，并且标签页中显示了"我的第一个网页"网页标题。这说明<head>标签和<body>标签中的内容成功显示在了浏览器的页面上。

1.2　HTML 常见标签

在使用 HTML 编写网页时，经常需要构建各种不同类型的网页内容，以呈现丰富多彩的网页效果。这些网页内容的构建离不开 HTML 中的各种标签，如页面格式化标签、文本样式标签、表格标签、表单标签等。下面对 HTML 的常见标签进行讲解。

1.2.1　页面格式化标签

一篇结构清晰的文章通常都会通过标题、段落、分割线等对文章进行结构划分。网页也是如此，为了使网页中的内容有序排列，HTML 提供了相应的页面格式化标签。下面对 HTML 中常见的页面格式化标签进行讲解。

1. 标题标签

标题标签一般用于在页面上定义一些标题性的内容，如新闻标题、文章标题等。HTML 中提供了从\<h1>到\<h6>6 个级别的标题标签，\<h1>标签的级别最高，\<h6>标签的级别最低，示例代码如下。

```
<h1>一级标题</h1>
<h2>二级标题</h2>
```

2. 段落标签

在 HTML 中\<p>标签为段落标签，用于定义段落。在网页中，使用多个段落标签可以把文字内容划分为若干个段落。段落标签的使用示例如下。

```
<p>
我国积极推动绿色能源利用和生态保护工作，为建设美丽中国贡献力量。
</p>
```

3. 换行标签

在 HTML 中，一个段落中的文字会从左到右依次排列，直到浏览器窗口的右端，然后自动换行。如果希望将指定文本内容在浏览器中换行显示，在文本内容中直接使用"Enter"键换行是不会起作用的，可以使用换行标签\
实现换行。换行标签的使用示例如下。

```
<p> 这是第一行文字。<br> 这是第二行文字。</p>
```

下面通过一个案例演示标题标签、段落标签和换行标签的使用。在 IntelliJ IDEA（下文简称 IDEA）中新建一个 chapter01 项目，然后在该项目下新建一个 html 文件夹，在该文件夹中新建 HTML 文件 html01.html，并在该文件中写入内容，具体如文件 1-1 所示。

文件 1-1　html01.html

```
1  <!DOCTYPE html>
2  <html lang="en">
3  <head>
4    <meta charset="UTF-8">
5    <title>我国的发展与成就</title>
```

```
6    </head>
7    <body>
8        <h1>发展与成就</h1>
9        <h2>科技创新</h2>
10       <p>我国不断推动人工智能、5G 通信、云计算等前沿技术的应用和发展，<br/>
11       助力经济转型升级。</p>
12       <h2>环境保护与可持续发展</h2>
13       <p>我国积极推动绿色能源利用和生态保护工作，<br/>为建设美丽中国贡献力量。</p>
14   </body>
15   </html>
```

在文件 1-1 中，第 8、9 行代码分别定义了一个一级标题和一个二级标题；第 10 行代码定义了一个段落标签<p>，并在段落内容中使用了换行标签
，使段落内容分为两行展示。

使用浏览器打开文件 1-1，该文件的运行效果如图 1-2 所示。

从图 1-2 中可以看到，浏览器页面中的内容字体大小和展示效果都不同，区分出了一级标题、二级标题以及段落内容，并在使用换行标签的地方进行换行展示，这说明使用标题标签、段落标签和换行标签实现了页面格式化。

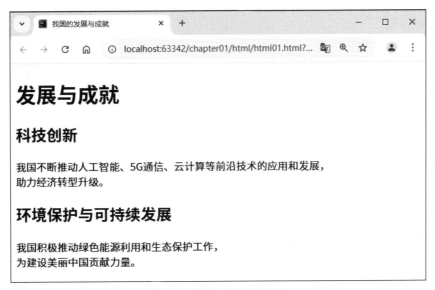

图1-2　文件1-1的运行效果

4．列表标签

列表标签用于在页面中创建列表，让若干条相关内容看起来更加有条理，主要包括有序列表标签<ol>和无序列表标签<ul>。有序列表和无序列表中的列表项标签都是<li>，创建后，有序列表标签中的列表项带有顺序特征；无序列表标签中的列表项不带有顺序特征。

列表和列表之间可以嵌套，从而实现某一项内容的详细展示。

下面通过一个案例演示两种列表标签的使用。在 html 文件夹中新建 HTML 文件

html02.html，在文件中使用<ol>定义一个有序列表，并在该有序列表中嵌套一个无序列表，具体如文件 1-2 所示。

文件 1-2　html02.html

```
1   <!DOCTYPE html>
2   <html lang="en">
3   <head>
4       <meta charset="UTF-8">
5       <title>列表标签展示</title>
6   </head>
7   <body>
8       <ol>
9           <li>
10              山西
11              <ul>
12                  <li>太原</li>
13                  <li>大同</li>
14              </ul>
15          </li>
16          <li>山东</li>
17          <li>河北</li>
18      </ol>
19  </body>
20  </html>
```

在文件 1-2 中，第 8～18 行代码定义了一个有序列表，并在该有序列表标签内添加了 3 个列表项，其中，第 11～14 行代码定义了一个无序列表，在该无序列表标签内添加了 2 个列表项。

使用浏览器打开文件 1-2，该文件的运行效果如图 1-3 所示。

图1-3　文件1-2的运行效果

从图 1-3 中可以看到，浏览器中展示了一个具有层级结构的列表。有序列表展示了 3 个省份，其中，"山西"包含一个无序列表，展示了山西省的 2 个城市。

5. <div>标签

<div>标签是一个块级元素，其中，div 是 division 的缩写，意为分区或区块。<div>标签本身不带有任何特定的语义或样式，它的主要作用是作为其他 HTML 元素的容器，并通过 CSS 进行样式化。

由于<div>标签是块级元素，它会独占一行，并可以设置宽度、高度、内外边距等样式属性。这使得<div>标签非常适用于页面的布局和分区，如页面中布局页眉、页脚、导航栏、文章区块等。

1.2.2 文本样式标签

文本样式标签在 HTML 页面中用于控制文本的外观和样式，可以通过这些标签设置文本的颜色、字号和字体等属性。常用的文本样式标签如下。

① <b>：加粗文本。

② <i>：倾斜文本。

③ <u>：给文本添加下划线。

④ <span>：用于封装行内元素，可以配合 CSS 样式来设置文本样式。例如，<span style="color: red;">红色文本</span>。

⑤ <sub>：用于设置下标文本。

⑥ <sup>：用于设置上标文本。

下面通过一个案例演示常用文本样式标签的使用。在 html 文件夹中新建 HTML 文件 html03.html，在该文件中使用文本样式标签，具体如文件 1-3 所示。

文件 1-3　html03.html

```
1   <!DOCTYPE html>
2   <html lang="en">
3   <head>
4       <meta charset="UTF-8">
5       <title>文本样式展示</title>
6   </head>
7   <body>
8       <p><b>加粗文本</b> <i>斜体文本</i> <u>下划线文本</u></p>
9       <p><span style="color: red;">红色文本</span></p>
10      <p>下标文本: H<sub>2</sub>O 上标文本: x<sup>2</sup></p>
11  </body>
12  </html>
```

在文件 1-3 中，第 8～10 行分别演示了不同文本样式标签的定义和使用。下面使用浏览器打开文件 1-3，该文件的运行效果如图 1-4 所示。

图1-4　文件1-3的运行效果

从图 1-4 可以看到，页面中展示了外观、样式不同的文本，这说明使用文本样式标签实现了对文本的外观和样式的控制。

1.2.3　表格标签

HTML 中的表格标签用于创建表格，表格标签提供了一种结构化的方式来展示数据。常见的表格标签如下所示。

① <table>：用于定义表格的开始和结束。

② <thead>：用于定义表格的表头。

③ <tbody>：用于定义表格的主体部分。

④ <tfoot>：用于定义表格的表尾。

⑤ <tr>：用于定义表格中的行。

⑥ <td>：用于定义表格中的数据单元格，必须嵌套在<tr></tr>标签中。

⑦ <th>：用于定义表格中的表头单元格，通常用于表格的第一行或第一列。

⑧ <caption>：用于定义表格的标题。

当表格中的单元格需要跨多行或多列时，可以使用如下两个属性指定需要跨越的行数和列数。

① rowspan 属性：用于指定单元格要跨越的行数。

② colspan 属性：用于指定单元格要跨越的列数。

需要注意的是，上述两个属性只能用在单元格标签<th>和<td>上。

为了让读者熟悉表格标签的作用，下面通过一个案例演示它们的使用。在 html 文件夹中新建 HTML 文件 html04.html，在该文件中定义一个 4 行 4 列的表格，具体如文件 1-4 所示。

文件 1-4　html04.html

```
1   <!DOCTYPE html>
2   <html lang="en">
3       <head>
4           <meta charset="UTF-8">
5           <title>表格标签展示</title>
6           <style>
7               table {
8                   border-collapse: collapse;
```

```
 9              width: 50%;
10              margin: 20px auto;
11            }
12          th, td {
13              border: 2px double black;
14              padding: 8px;
15              text-align: center;
16            }
17        </style>
18      </head>
19      <body>
20        <table>
21          <tr>
22              <th>排名</th>
23              <th>姓名</th>
24              <th>分数</th>
25              <th>备注</th>
26          </tr>
27          <tr>
28              <td>1</td>
29              <td>张三</td>
30              <td>100</td>
31              <td rowspan="3">
32                  第一名获得奖学金
33              </td>
34          </tr>
35          <tr>
36              <td>2</td>
37              <td>李四</td></td>
38              <td>99</td>
39          </tr>
40          <tr>
41              <td>平均分</td>
42              <td colspan="2">99.5</td>
43          </tr>
44        </table>
45      </body>
46 </html>
```

在文件 1-4 中，第 6～17 行代码定义了表格的样式，样式的相关内容后续会在本章中讲解。第 20～44 行代码定义了一个表格，其中，第 21 行代码中的<tr>标签定义了表格中的行；第 22～25 行代码中的<th>标签定义了表格中的表头单元格；第 28～31 行代码定义了表格中的数据单元格，其中，第 31 行代码指定当前单元格跨越 3 行；第 42 行代码指定当前单元格跨越 2 列。

使用浏览器打开文件 1-4，该文件的运行效果如图 1-5 所示。

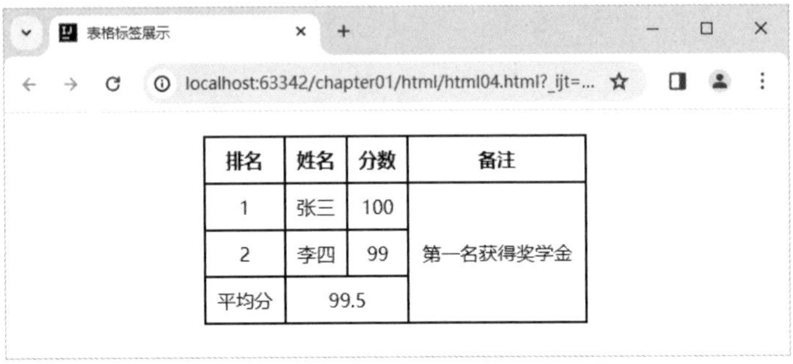

图1-5　文件1-4的运行效果

从图 1-5 可以看到，浏览器中显示了一个 4 行 4 列的表格，其中，第 2 行第 4 列单元格横跨了 3 行，第 4 行第 2 列单元格横跨了 2 列。这说明使用表格标签成功创建对应的表格。

1.2.4　表单标签

表单标签用于在 HTML 页面中创建交互式的用户输入表单，也就是说，用户可以在表单中输入信息，并向网站提交数据，从而将这些信息传递给后台进行处理。例如，注册页面中的用户名和密码输入、提交按钮等都是用表单中的相关标签定义的。

HTML 中使用<form>标签创建表单，<form>标签的基本语法格式如下。

```
<form action="URL" method="提交方式" name="表单名称">
    表单控件
</form>
```

在上述的语法格式中，action、method、name 都是<form>标签常用的属性，这些属性的说明如下。

① action 属性：用于指定当表单提交时，表单中的数据提交的目标地址。

② method 属性：用于指定提交表单时的 HTTP（HyperText Transfer Protocol，超文本传送协议）请求方法，如 GET、POST 等。

③ name 属性：用于指定表单的名称。

表单可以用于收集用户数据，这些数据需要填写在控件中，因此创建表单后需要在表单中创建控件。表单提供了多种类型的控件，以满足不同的用户输入需求，常见的控件可以通过如下标签创建。

1. <input>标签

<input>标签在 HTML 中用于创建输入控件的元素，它非常灵活，可以根据 type 属性的不同值来创建不同类型的输入字段。<input>标签的基本语法格式如下。

```
<input type="type_of_input" name="name_of_input" value="initial_value" />
```

在上述语法格式中，type、name、value 都是<input>标签的属性，这些属性的说明如下。

① type 属性：用于指定输入字段的类型。常见的表单项类型有 text、password、checkbox、radio、file、button、reset、submit 等，分别表示单行文本输入框、密码输入框、复选框、单选按钮、文件选择、普通按钮、重置按钮、提交按钮等。

② name 属性：用于指定提交的参数名。

③ value 属性：用于设置输入框的初始值。

2. <select>标签

<select>标签用于创建下拉列表，<select> 内通常包含一系列的 <option> 标签，每个 <option> 标签都代表了一个可选项。用户可以通过单击下拉箭头来查看所有指定的选项。

<select>标签的使用示例如下。

```
<select name="space" id="cn">
    <option value="1">东方红一号</option>
    <option value="2">神舟十二号</option>
    <option value="3">嫦娥六号</option>
</select>
```

3. <textarea>标签

<textarea>标签用于创建多行文本输入框，通过属性 rows 和 cols 分别指定文本的行数和列数，即指定可以显示多少行文本，每行可以显示多少个字符。

4. <button>标签

<button>标签用于创建按钮。

为了帮助读者更好地理解表单标签的使用，下面通过案例演示表单标签和常见表单控件的使用。在 html 文件夹中创建 HTML 文件 html05.html，在该文件中定义一个用户注册表单，在表单中添加用于输入用户名、密码、个人简介和选择性别、兴趣爱好、头像、学历的相关控件，具体如文件 1-5 所示。

文件 1-5　html05.html

```
1   <!DOCTYPE html>
2   <html lang="en">
3       <head>
4           <meta charset="UTF-8">
5           <title>用户注册</title>
6       </head>
7       <body>
8           <form action="#" method="get">
9               <h3>用户注册</h3>
10              <!--单行文本输入框表单项-->
11              用户名:<input type="text" name="username"/> <br/><br/>
```

```
12              <!--密码输入框表单项-->
13              密    码: <input type="password"
14                              name="password"/> <br/><br/>
15              <!--单选按钮表单项-->
16              性别:
17              <input type="radio" name="sex" value="m"/>男
18              <input type="radio" name="sex" value="f"/>女 <br/><br/>
19              <!--复选框表单项-->
20              兴趣爱好:
21              <input type="checkbox" name="hobby" value="read"/>阅读
22              <input type="checkbox" name="hobby" value="swim"/>游泳
23              <input type="checkbox" name="hobby" value="basketball"/>篮球
24              <br/><br/>
25              <!--文件选择表单项-->
26              头像: <input type="file" name="file"/> <br/><br/>
27              学历:
28                <select name="education">
29                    <option value="high">高中及以下</option>
30                    <option value="college">专科</option>
31                    <option value="bachelor">本科</option>
32                    <option value="master">研究生及以上</option>
33                </select>
34                <br/><br/>
35              个人简介: <br/>
36              <textarea content="" name="message" rows="6" cols="50">
37              </textarea><br/><br/>
38              <input type="submit" value="注册"/>
39              <button type="reset">重置</button>
40          </form>
41      </body>
42  </html>
```

在上述代码中，第 8～40 行代码定义了一个用户注册表单，其中，第 8 行代码指定了用户注册表单中数据提交的目标地址和提交表单时的 HTTP 方法；第 11 行代码定义了一个单行文本输入框，用于输入用户名；第 13、14 行代码定义了一个密码输入框，用于输入密码，其中" "用于在 HTML 文档中插入一个空格。

第 17、18 行代码定义了两个单选按钮，用于选择性别，name 属性值相同的单选按钮为同一组，选择时具有互斥性，也就是说只能选择组内其中一项；第 21～23 行代码定义了 3 个复选框，用于选择兴趣爱好，复选框可以勾选多个；第 26 行代码定义了一个文件选择控件，用于选择文件并上传；第 28～33 行代码定义了一个下拉列表，在该列表中提供了 4 个可选项；第 36、37 行代码定义了一个 6 行的文本输入框，每行默认展示的字符为 50 个；第 38、39 行代码定义了一个"注册"按钮和一个"重置"按钮，用于提交表单信息进行注册和重置输入信息。

使用浏览器打开文件 1-5，该文件的运行效果如图 1-6 所示。

从图 1-6 可以看到，浏览器页面呈现了一个用户注册表单，并显示了输入用户注册信息的相关控件。在该表单中，可以填写用户注册的数据，如图 1-7 所示。

图1-6　文件1-5的运行效果

图1-7　填写用户注册的数据

在图 1-7 所示的表单中，可以输入用户注册的个人信息，且密码输入框中的内容不可见。这说明使用表单标签和相应的表单控件实现了用户注册表单。

1.2.5　超链接标签

一个网站通常由多个页面构成，当我们需要从一个网页跳转到另一个网页时，可以通过单击指向对应网页的超链接实现。在 HTML 中，超链接使用<a>标签创建，<a>标签的基本语法格式如下。

```
<a href="链接的目标地址" target="链接目标页面的打开方式">单击这里跳转到目标页面</a>
```

在上述语法格式中，href 和 target 是<a>标签的常用属性，这两个属性的说明如下。

① href 属性：用于指定链接的目标地址。

② target 属性：用于指定链接目标页面的打开方式，常用的属性取值如下。

- _blank：用于指定在新窗口或标签页中打开目标页面。
- _self：target 属性的默认值，用于指定在当前窗口或标签页中打开目标页面。
- _parent：用于指定在父框架集中打开目标页面。
- _top：用于指定在顶级的窗口中打开目标页面，忽略任何框架。

下面通过一个案例演示超链接标签的使用。在 html 文件夹中新建 HTML 文件 html06.html，在该文件中使用<a>标签给文本内容定义超链接，具体如文件 1-6 所示。

文件 1-6   html06.html

```
1  <!DOCTYPE html>
2  <html lang="en">
3      <head>
4          <meta charset="UTF-8">
5      </head>
6      <body>
7          <a href="https://www.itcast.cn/" target="_blank">传智教育官网</a>
8      </body>
9  </html>
```

在文件 1-6 中，第 7 行代码创建了一个超链接标签，该标签链接到了传智教育的官网，并设置目标页面打开方式为在新标签页中打开。

使用浏览器打开文件 1-6，该文件的运行效果如图 1-8 所示。

从图 1-8 可以看到，浏览器页面中展示的文本内容中包含下划线，说明当前文本内容中添加了超链接，当单击该文本内容时，浏览器会在新标签页中打开链接到的目标页面。

图1-8   文件1-6的运行效果

1.2.6   多媒体标签

当前很多网站的网页中，除了文字，通常会包含一些图片、视频等多媒体元素。为了在页面中显示这些多媒体元素，需要使用 HTML 中对应的标签来定义它们，常见的多媒体标签如下。

1. <img>标签

<img>标签是图片标签，用于在页面中引入图片。<img>标签的使用示例如下。

```
<img src = "img/logo.png" title = "黑马程序员" alt = "黑马logo" />
```

在上述代码中，src、title 和 alt 都是<img>标签的常用属性，它们的说明如下。

① src 属性：用于指定图片的 URL（Uniform Resource Locator，统一资源定位符）。

② title 属性：用于指定鼠标指针悬停时显示的文字。

③ alt 属性：用于指定图片加载失败时显示的提示文字。

2. <video>标签

<video>标签是视频标签，用于在页面中引入一段视频。<video>标签的使用示例如下。

```
<video src="video/video.mp4" autoplay muted controls loop/>
```

在上述代码中，src、autoplay、controls 和 loop 都是<video>标签的常用属性，其中，autoplay、controls 和 loop 都是布尔属性，这意味着开发者只需要声明它们，而不需要为其指定特定的值。如果这些属性出现在标签中，它们就被视为启用；如果省略，则表示不启用该属性。<video>标签常用属性的说明如下。

① src 属性：用于指定视频的 URL。

② autoplay 属性：用于指定视频在页面加载后自动播放。

③ muted 属性：用于指定视频默认以静音方式播放。当前大部分主流浏览器的自动播放策略中，要求视频必须静音才能自动播放，否则视频将不会播放。

④ controls 属性：用于指定展示控制面板。

⑤ loop 属性：用于指定视频进行循环播放。

下面通过一个案例演示以上两种多媒体标签的使用。首先在 html 文件夹下创建文件夹 html07，在该文件夹下放置一张图片和一个视频，然后在 html07 文件夹下新建 HTML 文件 html07.html，在该文件中使用<img>标签和<video>标签引用文件夹下的图片和视频，具体如文件 1-7 所示。

文件 1-7　html07.html

```
1  <!DOCTYPE html>
2  <html lang="en">
3      <head>
4          <meta charset="UTF-8">
5          <title>多媒体标签展示</title>
6      </head>
7      <body>
8          <!--图片标签-->
9          <img src="./logo.png"  title="黑马程序员" alt="黑马logo" />
10           
11         <!--视频标签-->
12         <video src="./video.mp4" autoplay muted controls loop width="400px" />
13           
14     </body>
15 </html>
```

在上述代码中，第 9 行代码使用<img>标签引入当前文件夹下的 logo.png 图片，第 12 行代码使用<video>标签引入当前文件夹下的 video.mp4 视频文件，并指定该视频默认以静音方式播放、展示控制面板和进行循环播放。

使用浏览器打开文件 1-7，该文件的运行效果如图 1-9 所示。

图1-9　文件1-7的运行效果

从图 1-9 可以看到，浏览器页面中展示了一张图片和一个视频。鼠标指针悬停在图片的上方时会显示对应的文字，说明使用<img>标签和<video>标签成功引入图片和视频。

1.3　CSS

在前面的学习中可以了解到，HTML 能够定义页面的结构和内容。随着社会的快速发展，人们对网页的需求不再是单纯地展示文字、表单等元素，而是视觉更为震撼、设计更为卓越的体验。为了达成这一目标，CSS 成为不可或缺的工具之一。通过 CSS，开发者能够精细控制网页的外观、布局，创造丰富多彩的动画效果，进而打造出既精美又极具吸引力的网页界面，满足用户日益增长的视觉需求。本节将对 CSS 进行详细讲解。

1.3.1　CSS 概述

CSS 是用来描述网页上的元素如何呈现的一种样式描述语言，它能够对网页中元素的位置进行像素级的精确控制，还能够设置字体、颜色、大小、间距、背景、边框等网页属性，同时也能够实现网页样式的统一性和一致性，提供更精美的页面和较好的用户体验。

CSS 由一系列规则构成，通过 CSS 定义的、用于描述网页元素外观和布局的具体样式规则通常也称为 CSS 样式。CSS 样式被 Web 浏览器解析后，能够精准地应用于 HTML 文档中的各个元素。每个 CSS 样式通常由选择器、属性和值三部分组成，这三者共同协作，定义了网页的视觉效果。下面对这三部分进行说明。

1. 选择器

选择器是 CSS 样式中规则的起点，选择器通过识别 HTML 元素的 ID、类名、元素标签名等信息，精确指定样式所应用的 HTML 元素。例如，选择器 p 表示作用于页面中所有的<p>段落标签，为它们统一设置样式。

2. 属性

属性用于指定希望为 HTML 元素赋予的样式特征，它们由一系列标准化的关键词构成，涵盖颜色、边框、字体等样式特征。CSS 提供了丰富的属性选项，以满足各种设计需求。

3. 值

值与属性紧密相关，值是对属性效果的进一步细化和量化，通常由数值、单位或特定的关键字组成。例如，color 属性的值可以是颜色名 red，也可以是十六进制颜色值 #F1F1F1，从而精确控制元素的色彩展示。

开发者可以按照如下语法格式来定义 CSS 样式。

```
选择器 {
  属性 1：值 1；
  属性 2：值 2；
```

```
        属性 3: 值 3;
        ……
    }
```

在上述语法格式中，属性和值之间通过冒号（ : ）进行分隔，每个由属性和值构成的组合称为一个声明，为了确保 CSS 代码的清晰与完整，每个声明的末尾都必须加上分号（ ; ）。属于同一选择器的所有声明需要被组织在一起，并使用大括号（ { } ）进行标识。

使用上述语法格式定义 CSS 样式的示例如下。

```
1  h1 {
2      font-size: 24px;
3      color: blue;
4      margin-bottom: 10px;
5  }
```

在上述代码中，h1 是选择器，它指定了样式规则将应用于所有<h1>标签。声明块中的属性和值则定义了<h1>标签的样式，其中，第 2 行代码指定<h1>标签的字体大小为 24 像素，第 3 行代码指定<h1>标签内文本的颜色为蓝色，第 4 行代码指定<h1>标签的底部外边距为 10 像素。

1.3.2　CSS 样式的引入方式

要想使用 CSS 样式修饰网页，就需要在 HTML 文档中引入 CSS 样式。在 HTML 文档中引入 CSS 样式的常见方式有内联样式、内部样式表、外部样式表。这 3 种引入方式各有优缺点，下面将详细讲解这 3 种引入方式。

1. 内联样式

内联样式，也称为行内式，用于将样式直接定义在开始标签的 style 属性中，由于内联样式定义在标签内部，所以它只对所在的标签有效。内联样式的语法格式如下。

```
<标签 style="属性 1: 值 1; 属性 2: 值 2; …… 属性 n: 值 n">内容</标签>
```

在上述语法格式中，style 属性是一个全局属性，它可以应用于几乎所有的 HTML 元素，用于为 HTML 元素指定内联样式。属性和值的书写规范和定义 CSS 样式的规范一致。

通过内联样式引入 CSS 样式的示例如下。

```
1  <input type="button" value="内联样式" style="
2      width: 100px;
3      height: 50px;
4      background-color: yellow;
5      font-size: 22px;
6      border-radius: 5px;
7      margin-left: 170px;
8  "/>
```

在上述代码中，定义了一个<input>标签，并设置该标签为按钮样式，然后设置了该按钮的宽度、高度、背景颜色、字体大小、边框圆角和左外边距等属性。页面应用通过内联样式引入的 CSS 样式的效果如图 1-10 所示。

图1-10　页面应用通过内联样式引入的CSS样式的效果

从图 1-10 可以得出，页面中的按钮标签与设置的 CSS 样式一致。

通过内联样式引入 CSS 样式的方式简单直接，能够针对具体的元素提供个性化的样式，但是当需要应用样式到多个元素时，使用内联样式会使代码变得冗长且重复，不利于样式的复用和统一管理。

2．内部样式表

内部样式表，也称为内嵌式样式表，它允许开发者直接在 HTML 文档的<head>部分通过<style>标签定义 CSS 样式。这种 CSS 样式定义方式使得样式信息与 HTML 内容紧密关联，而无须加载外部 CSS 文件。通过<style>标签定义 CSS 样式的语法格式如下。

```
<head>
    <style>
        选择器 {属性 1:值 1；属性 2:值 2；属性 3:值 3；……}
    </style>
</head>
```

通过内部样式表引入 CSS 样式的示例如下。

```
1   <head>
2       <meta charset="UTF-8">
3       <title>内部样式表</title>
4       <style>
5           input {
6               width: 100px;
7               height: 50px;
8               background-color: yellow;
9               font-size: 15px;
10              border-radius: 5px;
11          }
12      </style>
13  </head>
```

```
14 <body>
15     <input type="button" value="内部样式表1"/>
16     <input type="button" value="内部样式表2"/>
17     <input type="button" value="内部样式表3"/>
18 </body>
```

在上述代码中，第 4～12 行代码创建了<style>标签，在该标签内使用 input 选择器指定为所有的<input>元素设置宽度、高度、背景颜色、字体大小和边框圆角等样式；第 15～17 行代码定义了 3 个<input>标签。页面应用通过内部样式表引入的CSS 样式的效果如图 1-11 所示。

图1-11　页面应用通过内部样式表引入的CSS样式的效果

从图 1-11 可以看到，浏览器页面中有 3 个按钮，并且这 3 个按钮样式相同。这说明内部样式表成功引入 CSS 样式。

通过内部样式表引入 CSS 样式的方式可以在单个 HTML 文档中定义 CSS 样式，并将其应用于多个元素，减少代码的重复，同时与 HTML 结构紧密关联，便于快速定位和修改 CSS 样式。但是当内部样式表较大或需要在多个页面共享 CSS 样式时，每个页面都需要重复定义相同的 CSS 样式，这增加了代码量，而且难以维护。

3. 外部样式表

外部样式表是将 CSS 样式定义好后保存在一个独立的.css 文件中，然后在 HTML 文档中通过<link>标签或@import 指令引入。外部样式表引入 CSS 样式的语法格式如下。

```
1 <head>
2     <link href="css/style.css" rel="stylesheet" type="text/css"/>
3 </head>
4 <head>
5     <style type="text/css">
6       @import url("css/styles.css");
7     </style>
8 </head>
```

在上述语法格式中，第 2 行代码通过<link>标签引入 CSS 文件 style.css，第 6 行代码通过@import 指令引入 CSS 文件 styles.css。

通过<link>标签引入 CSS 样式时涉及 href、rel 和 type 这 3 个属性，这 3 个属性的说明如下。

① href 属性：用于指定被链接的 CSS 文件的 URL。

② rel 属性：用于定义当前文档与被链接文档之间的关系。在引入外部样式表时，一般会将 rel 属性值设置为 stylesheet，表示被链接的文档是一个 CSS 文件。

③ type 属性：用于告诉浏览器被链接的文档类型。在<link>标签中，type 属性常用于指定被链接的文档为 CSS 文件。

通过@import 指令引入 CSS 样式时，url()函数用于指定要导入的 CSS 文件的路径。

下面通过一个案例演示如何使用外部样式表中通过<link>标签引入 CSS 样式的方式。首先在项目 chapter01 的根目录下创建文件夹 css，在该文件夹下创建一个 CSS 文件 style01.css；然后在该文件中编写 CSS 样式，具体如文件 1-8 所示。

文件 1-8　style01.css

```
1  input {
2      width: 100px;
3      height: 50px;
4      background-color: yellow;
5      font-size: 15px;
6      border-radius: 5px;
7  }
```

在 html 文件夹中创建 html08.html 文件，在该文件中引入 style01.css，并定义 3 个 <input>元素，具体如文件 1-9 所示。

文件 1-9　html08.html

```
1  <!DOCTYPE html>
2  <html lang="en">
3      <head>
4          <meta charset="UTF-8">
5          <title>外部样式表</title>
6          <link href="../css/style01.css" rel="stylesheet"
7              type="text/css"/>
8      </head>
9      <body>
10         <input type="button" value="外部样式表1"/>
11         <input type="button" value="外部样式表2"/>
12         <input type="button" value="外部样式表3"/>
13     </body>
14 </html>
```

在文件 1-9 中，第 6、7 行代码通过<link>标签引入外部的 CSS 文件。使用浏览器打开文件 1-9，该文件的运行效果如图 1-12 所示。

图1-12　文件1-9的运行效果

从图 1-12 可以看到，浏览器页面中有 3 个按钮，并且这 3 个按钮的样式相同，这说明引入 CSS 样式成功。

使用通过外部样式表引入 CSS 样式的方式可以在多个页面共享样式，提高了代码的可重用性和可维护性，是实现 CSS 样式共享和复用的最佳实践。

1.3.3　CSS 选择器

CSS 选择器使得开发者能够精确地指定 HTML 文档中的特定元素，以便为这些元素应用样式规则。CSS 选择器种类繁多，每种都有其独特的用途和优势，常见的 CSS 选择器有元素选择器、ID 选择器、class 选择器、通用选择器等。下面对这些选择器进行讲解。

1. 元素选择器

元素选择器在 CSS 中通常也被称为标签选择器，它基于 HTML 文档的标签名称来选择元素。元素选择器常用于为页面中某一类元素指定统一的样式，用元素选择器定义的样式对页面中该类的元素都有效。

使用元素选择器定义 CSS 样式的基本语法格式如下。

```
元素名称{属性 1：值 1；属性 2：值 2；……}
```

在上述语法格式中，元素名称是指元素中标签内包含的关键字，例如 p、input、a 等。

2. ID 选择器

ID 选择器根据 HTML 元素的 id 属性的值确定样式的作用范围。使用 ID 选择器定义 CSS 样式的基本语法格式如下。

```
#id 值{属性 1：值 1；属性 2：值 2；……}
```

由于 id 属性的值在页面上具有唯一性，所以 ID 选择器只能影响一个元素的样式。

3. class 选择器

class 选择器根据 HTML 元素的 class 属性的值确定样式的作用范围。使用 class 选择器定义 CSS 样式的基本语法格式如下。

```
.class 值{属性 1：值 1；属性 2：值 2；……}
```

class 选择器可以为所有具有指定 class 值的 HTML 元素设置 CSS 样式。如果多个 HTML 元素中定义了相同的 class 值，则对应的 class 选择器中设置的 CSS 样式会应用到所有这些 HTML 元素。同时，如果 HTML 元素中定义了多个 class 值，可以通过定义多个 class 选择器实现 CSS 样式的叠加。

4. 通用选择器

通用选择器是用来选择文档中所有元素的选择器。通用选择器使用星号（*）表示，它会匹配文档中的所有元素，从而将样式应用到所有元素上。通用选择器的基本语法格式如下。

```
*{属性 1：值 1；属性 2：值 2；……}
```

通用选择器常用于对所有元素应用一些通用的样式规则，例如修改默认边距、内边距或字体等，也可以重置默认样式，消除浏览器自带的样式，以便开发者重新开始制定样式。但是由于通用选择器会匹配所有元素，因此在大型文档中不宜过度使用。

为了帮助读者更好地理解上述 4 种常用的 CSS 选择器的使用，下面通过一个案例进行演示。在 html 文件夹中新建 HTML 文件 html09.html，在该文件中定义一个表单，在表单中定义多个控件，并使用内部样式表的方式定义 4 种常用的 CSS 选择器，在 CSS 选择器中为表单的控件定义样式，具体如文件 1-10 所示。

文件 1-10   html09.html

```
1   <!DOCTYPE html>
2   <html lang="en">
3     <head>
4       <meta charset="UTF-8">
5       <title>用户登录</title>
6       <style>
7           /* 元素选择器 */
8           input {
9             width: 200px;                /* 为输入框设置合适的宽度 */
10            border: 1px solid black;    /* 设置输入框的边框样式 */
11            padding: 5px;               /* 设置输入框内容与边框间距 */
12            margin-bottom: 10px;        /* 设置输入框的底部外边距 */
13          }
14          /* ID 选择器 */
15          #password {
16            border-color: red;          /* 设置边框颜色为红色 */
17          }
18          /* class 选择器 */
19          .button {
20            background-color: yellow;   /* 设置按钮的背景颜色为黄色 */
21            width: 86px;                /* 设置按钮的宽度 */
22          }
23          /* 通用选择器 */
24          * {
25            color: blue;                /* 设置所有元素的文本颜色为蓝色 */
26            margin-left :35px;          /* 设置所有元素的左外边距 */
27          }
28      </style>
29    </head>
30    <body>
31      <form action="#" method="get">
32        <h2>用户登录</h2>
```

```
33              <input type="text" placeholder="用户名">
34              <input id="password" type="password" placeholder="密码"> <br/>
35              <input class="button" type="submit" value="登录">
36              <input class="button" type="button" value="重置">
37              <p>请输入有效的用户名和密码</p>
38          </form>
39      </body>
40 </html>
```

在文件 1-10 中，编写了一个用户登录的 HTML 页面。其中，第 6～28 行代码使用 4 种 CSS 选择器对用户登录页面的元素进行了样式设置；第 8～13 行代码使用元素选择器对<input>元素的样式进行了设置；第 15～17 行代码使用 ID 选择器对 id 值为 password 的元素的样式进行了设置；第 19～22 行代码使用 class 选择器对 class 值为 button 的元素的样式进行了设置；第 24～27 行代码使用通用选择器对所有元素的样式进行了设置。

使用浏览器打开文件 1-10，该文件的运行效果如图 1-13 所示。

图1-13　文件1-10的运行效果

从图 1-13 可以得出，用户登录表单中的元素均按照代码设定进行了样式设置。

1.3.4　CSS 常用属性

在使用 CSS 控制网页元素外观和布局时，经常需要用到各种样式属性，熟悉 CSS 常用属性及其作用对设计良好的网页具有很大的帮助。CSS 常用属性如表 1-1 所示。

表 1-1　CSS 常用属性

属性	描述
color	用于指定文本颜色，可以使用颜色名、十六进制颜色值（如#FF0000）、RGB 颜色值[如 rgb(255, 0, 0)]或 RGBA 颜色值[相比 RGB 颜色值增加了透明度，如 rgba(255, 0, 0, 0.5)]指定
font-size	用于指定文本字体的大小，常用单位有像素（px）
font-family	用于指定文本的字体，可以使用字体名称或字体列表指定
text-align	用于指定文本的对齐方式，常见属性值有 left（靠左对齐）、center（居中对齐）、right（靠右对齐）、justify（两端对齐）等

属性	描述
background-color	用于指定元素的背景颜色，常见属性值写法同 color
border	一个简写属性，用于同时设置元素的边框宽度、边框样式和边框颜色，即指定 border-width、border-style、border-color 这 3 个属性的值
padding	用于指定元素内容与边框之间的间距。可以使用单个值表示上下左右的相同间距，也可以使用 4 个值表示上下左右的不同间距
margin	用于指定元素与其他元素之间的间距，常见属性值写法同 padding
display	用于指定元素的显示方式，常见属性值有 block（元素显示为块级元素，独占一行）、inline（元素显示为行内元素，与其他元素在一行内）
height	用于指定元素的高度
width	用于指定元素的宽度

表 1-1 中列举了一些 CSS 常用属性，读者无须立即记住所有的属性，可以在后续实际操作和深入学习过程中逐步熟悉并掌握它们。

1.4　JavaScript

HTML 赋予了开发者定义网页结构与元素的能力，CSS 则进一步美化了这些元素的外观与布局。然而，当面对用户对高度交互性及动态内容展示日益增长的需求时，单纯的 HTML 与 CSS 组合显得力不从心。这时，可以引入 JavaScript。JavaScript 能够无缝嵌入 HTML 文档中，通过其强大的功能动态地修改 HTML 元素，从而实现丰富的页面交互效果。本节将围绕 JavaScript 的相关知识进行讲解。

1.4.1　JavaScript 概述

JavaScript 是 Web 开发中的一种脚本语言，它可以在浏览器中直接执行，从而赋予网页强大的交互能力和动态数据处理功能。JavaScript 的特性如下。

① 基于对象：JavaScript 是一种基于对象的脚本语言，它不仅可以创建对象，还可以使用现有的对象。

② 弱类型：JavaScript 有明确的数据类型，但是在声明一个变量后，该变量可以接收任何类型的数据，并在程序执行过程中根据上下文自动转换数据类型。

③ 事件驱动：JavaScript 是一种采用事件驱动的脚本语言，它不需要经过 Web 服务器就可以对用户的输入做出响应。

④ 跨平台性：JavaScript 的运行能够独立于操作系统，具有良好的跨平台性。

想要熟练掌握和开发 JavaScript 程序，了解其组成部分是至关重要的。JavaScript 主要由以下 3 个部分组成。

1. ECMAScript

ECMAScript 是由 ECMA（European Computer Manufacturers Association，欧洲计算机制造联合会）国际标准化组织制定的一项标准，是 JavaScript 的核心。ECMAScript 定

义了 JavaScript 语言的基础语法、类型、语句、关键字、运算符、对象等核心要素。

2. DOM

DOM 是 Document Object Model（文档对象模型）的缩写，是一种编程接口，它以一种结构化的形式（即节点树）表示 HTML 或 XML（Extensible Markup Language，可扩展标记语言）文档，并允许程序和脚本动态地访问和更新文档的内容、结构和样式。JavaScript 可以通过 DOM API（Application Program Interface，应用程序接口）来实现对网页文档的操作。

3. BOM

BOM 是 Browser Object Model（浏览器对象模型）的缩写。BOM 提供了与浏览器交互的接口，允许 JavaScript 操作浏览器窗口、历史记录、定时器等 BOM 组件。

1.4.2　JavaScript 的引入方式

在 HTML 文档中，引入 JavaScript 代码的方式通常有 3 种，分别是行内式、内嵌式和外链式。下面将详细讲解这 3 种引入方式。

1. 行内式

行内式是指将 JavaScript 代码直接写在 HTML 标签的事件属性中，具体语法格式如下。

```
<标签 属性名称="要执行的 JavaScript 代码">
```

使用行内式引入 JavaScript 的示例代码如下。

```
<button onclick="alert('行内式引入 JavaScript 代码！')">行内式按钮</button>
```

在上述代码中定义了一个按钮元素，并在该按钮元素的 onclick 事件属性中使用行内式引入了 JavaScript 代码，实现了单击该按钮时，弹出一个包含文本"行内式引入 JavaScript 代码！"的警告框。

使用行内式引入 JavaScript 代码的方式简单快捷，但通常不推荐引入大量或复杂的 JavaScript 代码，因为这种方式会将 JavaScript 代码与 HTML 标签混合，使得代码难以维护和管理。

2. 内嵌式

内嵌式是指在 HTML 文档中使用<script>标签引入 JavaScript 代码的一种方式，<script>标签内可以编写任何 JavaScript 代码，包括定义函数、进行事件处理等。通常<script>标签放在 HTML 文档的<head>标签中或<body>标签底部。

使用内嵌式引入 JavaScript 的示例如下。

```
1  <!DOCTYPE html>
2  <html lang="en">
3    <head>
4      <meta charset="UTF-8">
5      <title>内嵌式引入 JavaScript 代码</title>
6    </head>
7    <body>
```

```
8          <button onclick="showAlert()">内嵌式按钮</button>
9          <script>
10             function showAlert() {
11                 alert("内嵌式引入 JavaScript 代码！");
12             }
13         </script>
14     </body>
15 </html>
```

在上述代码中，第 8 行代码定义了一个按钮元素，并在该按钮元素的 onclick 属性中调用了 showAlert()函数。第 9～13 行代码使用内嵌式引入 JavaScript 代码，其中，第 10～12 行代码定义了一个函数 showAlert()，它用于弹出包含文本"内嵌式引入 JavaScript 代码！"的警告框。

使用内嵌式引入 JavaScript 代码的方式使得 HTML 和 JavaScript 代码实现一定的分离，但仍然在同一个文件中，便于调试页面元素的行为和样式。但是，对于大型项目或复杂网站，将 JavaScript 代码直接嵌入 HTML 文件中会导致代码难以维护，同时不利于代码复用和模块化开发。

3. 外链式

外链式是指将 JavaScript 代码放在独立的 JavaScript 文件中，通过<script>标签的 src属性引入外部的 JavaScript 文件。

下面通过示例演示使用外链式引入 JavaScript 代码。假设在当前 HTML 文件的上级目录中有一个 js 文件夹，该文件夹包含 JavaScript 文件 script01.js，在该 HTML 文件中使用外链式引入 script01.js 的代码如下。

```
1  <!DOCTYPE html>
2  <html lang="en">
3    <head>
4        <meta charset="UTF-8">
5        <!--通过<script>标签引入外部 JavaScript 文件-->
6        <script src="../js/script01.js"></script>
7    </head>
8    <body>
9    </body>
10 </html>
```

在上述代码中，第 6 行代码使用<script>标签的 src 属性指定所引入的 script01.js 文件的路径；引入 script01.js 文件后，在该 HTML 文件中可以使用 script01.js 文件中的内容。

使用外链式引入 JavaScript 代码的方式使得 HTML 和 JavaScript 代码分离，HTML文件中只包含 HTML 结构，而 JavaScript 代码则保存在单独的 JavaScript 文件中，使得代码更加整洁，便于后期维护和更新。同时，相同的 JavaScript 文件可以在多个 HTML页面中复用，避免了相同代码的重复编写。

1.4.3　JavaScript 基础语法

任何一种编程语言都有一套明确的语法规则，JavaScript 作为一种客户端脚本语言，也有它自己的语法规则，包括数据类型、变量、运算符、流程控制、函数、对象等内容。下面对 JavaScript 基础语法进行讲解。

1. 数据类型

数据类型是编程语言中用于定义和区分程序中可存储及操作值的种类，JavaScript 中定义了一套独特的数据类型集合，它覆盖了数字、字符串等多种类型。每种数据类型都设计用于高效且准确地存储和处理特定类型的数据，从而支持程序的有效运行和数据的准确表达。JavaScript 常见的数据类型如表 1-2 所示。

表 1-2　JavaScript 常见的数据类型

类型	数据类型	描述
基本数据类型	Number	数字类型，可以是整数或浮点数。例如 3、3.14
	String	字符串类型，表示文本字符串，需要使用一对单引号（''）或双引号（""）对内容进行标识。例如"Hello,World！"
	Boolean	布尔类型，表示逻辑值，只有两个取值：true 和 false
	Null	表示空值或空对象
	Undefined	表示声明了但没有被赋值，即当一个变量被声明了但没有被赋值时，它的默认值是 undefined
引用数据类型	Object	表示复杂的数据结构，可以容纳多个属性和方法

2. 变量

JavaScript 是一种弱类型的语言，它在创建变量时无须指定变量的类型，也不需要提前指定变量的类型，变量的类型是在程序运行过程中由 JavaScript 引擎动态决定的。此外，同一个变量可以存储不同类型的数据。

在 JavaScript 中，变量的标识符严格区分大小写，可以使用关键字 var、let 定义变量，使用关键字 const 定义常量，具体说明如下。

（1）使用 var 定义变量

在使用 var 定义变量时，如果变量是在函数外部声明的，则该变量为全局变量；如果变量是在函数内部声明的，则该变量为局部变量。var 声明的变量可以被重新赋值，且变量使用 var 声明后，该变量声明的位置会默认提升到其作用域的顶部，但变量的赋值不会被提升，即变量可以在声明之前使用，但其初始值为 undefined。

使用 var 定义变量的示例如下。

```
1  <script>
2      var name = "JavaScript";
3      console.log(name);          // 输出 JavaScript
4      function testVar() {
5          console.log(message); // 输出 undefined
```

```
6          var message = "Hello, World!";
7          console.log(message); // 输出 Hello, World!
8      }
9      testVar();
10 </script>
```

在上述代码中，第 2 行代码定义了变量 name，并为该变量赋值"JavaScript"，该变量的作用域为 JavaScript 代码的全局。第 4～8 行代码定义了一个函数，其中，第 5 行代码直接输出变量 message，此时 message 变量尚未声明，但是在该函数内的第 6 行代码使用 var 定义了 message 变量，所以 message 变量被提升到函数顶部，此时输出 undefined，但不会报错。

（2）使用 let 定义变量

let 关键字允许开发者声明一个仅在块级作用域（如 if 语句、for 循环或{}块）内可用的变量。与 var 声明的变量不同，let 声明的变量不会被提升，并且同一个作用域内不能重复声明同一个变量。

使用 let 定义变量的示例如下。

```
1 <script>
2      let age = 30;
3      console.log(age); // 输出 30
4      if (true) {
5          let greeting = "Hi!";
6          console.log(greeting); // 输出 Hi!
7      }
8 </script>
```

在上述代码中，第 2 行代码使用 let 定义了变量 age 并为该变量赋值 30；第 4～7 行代码定义了一个 if 语句，其中第 5 行代码使用 let 定义了变量 greeting。

（3）使用 const 定义常量

尽管 const 声明的是一个变量，但其值在初始化后不能被重新赋值，因此通常称这种变量为常量。与 let 一样，const 也提供了块级作用域，并且它声明的常量不会被提升。

使用 const 定义常量的示例如下。

```
1 <script>
2      const PI = 3.14;        //定义一个常量 PI，并为该常量赋值 3.14
3      PI=3.1415;
4 </script>
```

在上述代码中，第 2 行代码定义常量 PI，并为该常量赋值 3.14；第 3 行代码为 PI 赋值 3.1415，此时会出错，因为 PI 为常量，赋值之后不能被重新赋值。

3. 运算符

JavaScript 中的运算符是用来告诉 JavaScript 引擎执行某种特定操作的符号，这些运算符可以针对单个值、多个值进行操作。JavaScript 中的运算符包括算术运算符、关系运算符、逻辑运算符、赋值运算符、条件运算符等。下面分别对这些运算符进行介绍。

（1）算术运算符

算术运算符用于对数值进行基本的数学运算，例如加、减、乘、除、取模（取余）等，JavaScript 中常见的算术运算符如表 1-3 所示。

表 1-3　JavaScript 中常见的算术运算符

运算符	含义	举例
+	加	3 + 5；　//结果为 8
-	减	7 - 2；　//结果为 5
*	乘	4 * 6；　//结果为 24
/	除	10 / 4；　//结果为 2.5
%	取模（取余）	11 % 3；　//结果为 2
++	自增	var a = 5; a++;　//a 最终的值为 6
--	自减	var b = 8; b--;　//b 最终的值为 7

JavaScript 中的算术运算符的作用和 Java 中的算术运算符的作用大部分都相同，但是与 Java 相比，JavaScript 在处理除法和取模运算时有如下区别。

① 使用除法运算符进行除法运算的结果是一个浮点数。在 JavaScript 中，无论操作数是整数还是浮点数，除法运算的结果都是浮点数。

② 在使用除法运算符"/"除 0 时不会报错。在 JavaScript 中，任何非零数除 0 都会得到 Infinity 或-Infinity。

③ 当使用取模运算符"%"进行模 0 操作时不会报错。当使用取模运算符进行取模运算且除数为 0 时，会返回 NaN（Not a Number）而不会报错。

（2）关系运算符

关系运算符用于对数值进行大小关系的比较，比较的结果是一个 Boolean 类型的值。JavaScript 中常见的关系运算符如表 1-4 所示。

表 1-4　JavaScript 中常见的关系运算符

运算符	含义	举例
>	大于	20 > 10　//结果为 true
<	小于	15 < 10　//结果为 false
==	等于	10 == 10　//结果为 true
>=	大于或等于	10 >= 10　//结果为 true
<=	小于或等于	5 <= 10　//结果为 true
===	全等（值和类型都相等才返回 true）	10 === '10'　//结果为 false
!=	不相等	10 != 5　//结果为 true

在使用关系运算符时，需要注意"=="和"==="的区别。在使用运算符"=="进行运算时，如果运算符两端数据类型不一致，会尝试将两端数据类型转换成 Number 类型后再对比，例如'123'会被转换成数字 123，true 会被转换成 1，false 会被转换成 0。而在使用运算符"==="进行运算时，如果运算符两端数据类型不一致会直接返回 false。

（3）逻辑运算符

逻辑运算符用于判断运算符两侧的表达式的真假，其结果仍为一个 Boolean 类型的值。JavaScript 中常见的逻辑运算符如表 1-5 所示。

表 1-5　JavaScript 中常见的逻辑运算符

运算符	含义	举例
&&	逻辑与（仅当运算符左右两个条件都满足时才返回 true）	12 > 5 && 6 < 10　//结果为 true
||	逻辑或（只要运算符左右任意一个条件满足就返回 true）	12 > 5||12 < 10　//结果为 true
!	逻辑非（将条件取反）	!(12 > 5)　　//结果为 false !(12 < 5)　　//结果为 true

（4）赋值运算符

赋值运算符用于给变量赋值，可以将常量、变量或表达式赋值给变量。JavaScript 中常见的赋值运算符如表 1-6 所示。

表 1-6　JavaScript 中常见的赋值运算符

运算符	含义	举例
=	赋值运算符	x = 10;
+=	先进行加法运算，再将结果赋值给运算符左侧的变量	x += 10; 等同于 x = x + 10;
-=	先进行减法运算，再将结果赋值给运算符左侧的变量	x -= 5; 等同于 x = x – 5;
*=	先进行乘法运算，再将结果赋值给运算符左侧的变量	x *= 2; 等同于 x = x * 2;
/=	先进行除法运算，再将结果赋值给运算符左侧的变量	x /= 5; 等同于 x = x / 5;
%=	先进行取模运算，再将结果赋值给运算符左侧的变量	x %= 3; 等同于 x = x % 3,

（5）条件运算符

条件运算符也叫三元运算符，用于根据条件的成立与否，从两个返回值中选择一个作为结果。条件运算符的语法格式如下：

```
条件 ? 值 1 : 值 2
```

在上述语法格式中，若条件为 true，则整个表达式返回值 1，否则返回值 2。条件运算符的示例代码如下：

```
20 > 18 ? 20 : 18      //结果为 20
20 < 18 ? 20 : 18      //结果为 18
```

4. 流程控制

JavaScript 中常用的流程控制语句分为条件语句和循环语句。条件语句包括 if 条件语句和 switch 条件语句，循环语句包括 while 循环语句、for 循环语句和 foreach 循环语句。其中，除 if 条件语句的使用与 Java 中的使用有些不同之处，其他语句的使用基本和 Java 中的使用相同。下面对 JavaScript 中的 if 条件语句进行说明。

JavaScript 中的 if 条件语句与 Java 中的 if 条件语句基本相似，唯一不同的是 JavaScript 中 if 语句中的判断条件在为非空字符串或非零数字时，都会被视为 true。具体示例代码如下：

```
if ("ZhangSan") {
    console.log("姓名为张三"); // 输出"姓名为张三"
```

```
}else {
    console.log("ERROR");
}
if (25) {
  console.log("年龄为 25"); // 输出 "年龄为 25"
} else {
    console.log("ERROR");
}
```

5. 函数

JavaScript 中的函数可以使代码被重复使用，类似于 Java 中的方法，但是 JavaScript 中函数的定义方式与 Java 中方法的定义方式有较大的区别。

在 JavaScript 中，使用关键字 function 定义函数，具体语法格式如下。

```
function 函数名称(参数 1,参数 2,…){
    //函数体
    return result;  //返回值（可选）
}
```

在定义和调用函数时，需要注意以下几点。

① 函数没有权限控制符。

② 函数无须声明返回值类型，也无须使用关键字 void，如果需要返回数据直接在函数体中使用 return 返回即可。

③ 参数列表中不需要写明参数的数据类型。

④ 在调用函数时，实参与形参的个数可以不一致。

⑤ 函数可以被赋值给变量，也就是说，可以将函数存储在变量中，如下所示。

```
var myFunction = function(参数 1,参数 2,…){
};
```

除上述定义函数的方式外，ES6 中引入了箭头函数，可以更简洁地定义函数，格式如下。

```
const myFunction = (参数 1, 参数 2,…) => {
    // 函数体
};
```

下面通过一个案例演示 JavaScript 中函数的定义和调用。在 html 文件夹中新建 HTML 文件 html10.html，具体如文件 1-11 所示。

文件 1-11　html10.html

```
1  <!DOCTYPE html>
2  <html>
3    <head>
4      <meta charset="UTF-8">
```

```
5        </head>
6        <body>
7            <script>
8                function calculateSum(num1, num2) {
9                    var sum = num1 + num2;
10                   return sum;
11               }
12               var result = calculateSum(5,3);
13               console.log("计算结果为: " + result);
14           </script>
15       </body>
16   </html>
```

在文件 1-11 中，第 8～11 行代码定义了一个函数 calculateSum()，它用于计算两个数的和；第 12 行代码调用函数 calculateSum()计算 5 和 3 的和，并将结果赋值给变量 result；第 13 行代码用于在浏览器控制台输出结果。

用浏览器打开文件 1-11，按 "F12" 键打开浏览器控制台查看该文件的运行效果，如图 1-14 所示。

图1-14　文件1-11的运行效果

从图 1-14 可以看到，浏览器控制台输出了计算结果，这说明成功定义了函数并实现了函数调用。

6. 对象

在 JavaScript 中，对象是一种复合数据类型，可以用来存储和组织相关的数据和功能。对象由一组键值对组成，键的类型通常是 String 类型，值的类型可以是任意的 JavaScript 类型，包括基本数据类型和引用数据类型。

创建对象一般有两种方式，具体语法格式如下所示。

```
//方式一: 使用 new Object()创建对象
var 对象名 = new Object();
对象名.属性名 = 属性值;
对象名.函数名 = function() { /* 函数体 */ };
//方式二: 通过大括号（{}）创建对象
var 对象名 = {属性名: "属性值", 属性名: "属性值", 函数名: function() {
 /* 函数体 */ }};
```

使用上述两种方式都可以创建 JavaScript 对象。获取对象的属性值、调用对象的函数的语法格式如下：

```
对象名.属性名;          //获取对象的属性值
对象名.函数名();        //调用对象的函数
```

JavaScript 提供了多种基本对象，下面介绍几种常用的基本对象。

（1）Array 对象

Array 对象用于在单个变量中存储多个值，也称为数组，其长度是可变的。JavaScript 中常见的创建数组的方式有以下几种。

```
var 数组名 = new Array();                    //创建空数组
var 数组名 = new Array(5);                   //创建指定长度的数组
var 数组名 = new Array(元素1,元素2,元素3,…);  //创建包含指定元素的数组
var 数组名 = [元素1,元素2,元素3,…];           //第三种方式的简写
```

Array 对象提供了一个常用属性 length，它用于设置或返回数组中元素的数量，也就是数组的长度。Array 对象的常见方法如表 1-7 所示。

表 1-7　Array 对象的常见方法

方法	描述
concat()	连接两个或多个数组，并返回已连接数组的副本
push()	向数组末尾添加一个或多个元素，并返回新数组长度
pop()	删除并返回数组的最后一个元素
shift()	删除并返回数组的第一个元素
splice()	对数组进行修改，从指定位置开始删除或替换元素
sort()	对数组进行排序

（2）Date 对象

Date 对象用于处理日期和时间，使用 new 关键字进行创建，具体语法格式如下。

```
var 对象名称 = new Date();
```

Date 对象的常见方法如表 1-8 所示。

表 1-8　Date 对象的常见方法

方法	描述
getFullYear()	返回 4 位数年份
getMonth()	返回当前日期对象中的月份，返回值是从 0 到 11 的整数，0～11 依次表示 1 月～12 月
getDate()	返回日期值（1～31）
getDay()	返回星期值（0～6）
getHours()	返回小时值（0～23）
getMinutes()	返回分钟值（0～59）
getSeconds()	返回秒数值（0～59）
getTime()	返回从 1970 年 1 月 1 日至今的毫秒数

表 1-8 中列出了 Date 对象常见的一些获取时间的方法，要使用相应的设置时间的方法只需将"get"改为"set"即可。

（3）String 对象

String 对象是 JavaScript 提供的字符串处理对象，它提供了一系列处理字符串的方法。String 对象的常见方法如表 1-9 所示。

表 1-9 String 对象的常见方法

方法	描述
charAt()	返回指定位置的字符
concat()	连接两个或多个字符串，并返回新的字符串
indexOf()	返回值在字符串中第一次出现的位置
lastIndexOf()	返回值在字符串中最后一次出现的位置
replace()	在字符串中搜索值或正则表达式，并返回替换值的字符串
split()	将字符串拆分为子字符串数组
search()	检索字符串中与正则表达式匹配的子串
slice()	提取字符串的一部分并返回新的字符串
substr()	从字符串中抽取子串
startsWith()	检查字符串是否以指定字符开头

1.4.4 DOM 和 BOM

DOM 和 BOM 是 JavaScript 在浏览器环境中两个重要的对象模型，它们提供了许多与文档内容、网页元素、浏览器窗口、历史记录等有关的属性和方法，使得 JavaScript 程序在浏览器环境中可以方便地操作和控制网页。下面分别讲解这两个模型。

1. DOM

DOM 是 HTML 或 XML 文档的对象表示，它将整个文档看作由多个对象节点组成的树形结构，这些对象代表文档中不同的元素、属性和文本。

HTML 文档的 DOM 树形结构如图 1-15 所示。

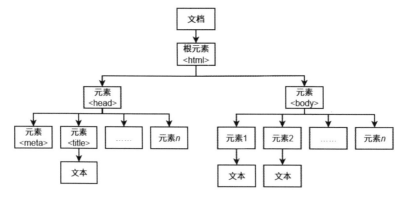

图 1-15 HTML 文档的 DOM 树形结构

从图 1-15 可以看到，文档树由多个节点组成，这些节点主要分为元素节点、文本节点等。其中，元素节点其实就是 HTML 文档中的元素，如<head>元素、<body>元素；文本节点是指元素中的文字内容，如<body>元素中的文字。

　　JavaScript 中内置了一个 document 对象，这个对象代表了加载到浏览器窗口中的 HTML 文档，它是 DOM 的入口点，通过 document 对象，开发者可以访问和操作网页中的 HTML 元素。

　　document 对象提供了许多方法和属性来与文档进行交互，常见方法如表 1-10 所示。

表 1-10　document 对象的常见方法

方法	描述
getElementById(id)	用于通过元素的 ID 获取元素
getElementsByTagName(tagName)	用于通过标签名获取一组元素
getElementsByClassName(className)	用于通过类名获取一组元素
createElement(tagName)	用于创建一个新的 HTML 元素
createTextNode(text)	用于创建一个文本节点
appendChild(node)	用于将节点添加到文档的指定位置
removeChild(node)	用于从文档中移除指定的节点

　　通过表 1-10 中的方法获取到的元素会以 Element 对象的形式返回，Element 对象提供了一系列方法和属性来操作这个元素和元素中的属性，Element 对象的常见方法和属性分别如表 1-11 和表 1-12 所示。

表 1-11　Element 对象的常见方法

方法	描述
getAttribute(name)	用于获取指定属性名的属性的值
setAttribute(name, value)	用于设置指定属性名的属性的值。如果属性不存在，则创建该属性
removeAttribute(name)	用于移除指定的属性
removeChild(node)	用于从元素中移除一个子节点
insertBefore(newNode, referenceNode)	用于在指定子节点之前插入一个新的子节点

表 1-12　Element 对象的常见属性

方法	描述
id	用于获取或设置元素的 ID
className	用于获取或设置元素的类名
innerHTML	用于获取或设置元素内部的 HTML 内容，不包括元素本身
outerHTML	用于获取或设置元素的 HTML 内容,包括元素本身及其所有子节点
textContent	用于获取或设置元素的文本内容
style	用于获取或设置元素的样式属性

2. BOM

　　BOM 提供了处理浏览器和页面之间交互的对象。简单来说，BOM 将浏览器的各个组成部分封装成了对象，当需要操作浏览器的部分功能时，可以通过 BOM 提供的相关属性或函数来完成。

BOM 的顶级对象是 window，表示浏览器窗口对象。window 对象下还提供了一系列内置对象，用于访问浏览器，称为浏览器对象。将这些浏览器对象按照某种层次组织起来的模型称为 BOM，如图 1-16 所示。

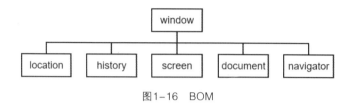

图1-16　BOM

在图 1-16 中，较为常用的对象是 window 对象，下面介绍 window 对象的一些常用属性和方法。

window 对象的常用属性和方法分别如表 1-13 和表 1-14 所示。

表 1-13　window 对象的常用属性

属性	描述
history	用于获取 history 对象，代表浏览器的访问历史
location	用于获取 location 对象，代表浏览器的地址栏
screen	用于获取 screen 对象，代表浏览器屏幕
navigator	用于获取 navigator 对象，代表浏览器软件本身
document	用于获取 document 对象，代表浏览器窗口目前解析的 HTML 文档
console	用于获取 console 对象，代表浏览器开发者工具的控制台

表 1-14　Window 对象的常用方法

方法	描述
alert()	弹出带有一段消息和一个确认按钮的警告框
confirm()	弹出带有一段消息以及确认按钮和取消按钮的对话框
close()	关闭浏览器窗口
open()	打开一个新的浏览器窗口或查找一个已命名的窗口
setInterval()	按照指定的周期（以毫秒计）来调用函数或计算表达式
setTimeout()	在指定的毫秒数后调用函数或计算表达式

在全局作用域中，window 对象被视为全局对象，其属性和方法可以直接通过它们的名称来访问，而无须明确指定 window.前缀，例如之前用到的函数 alert()，其完整写法为 window.alert();，可以省略 window.，简写成 alert();。

1.4.5　JavaScript 事件

JavaScript 事件是指用户或浏览器本身在特定条件下发生的动作或行为，这些事件可以被 JavaScript 捕获并用于执行相应的代码，从而为用户提供动态和交互式的网页体验。JavaScript 事件有多种类型，常见事件包括鼠标事件、键盘事件、表单事件、文档加载事件等。JavaScript 中的常见事件如表 1-15 所示。

表 1-15　JavaScript 中的常见事件

类型	事件名称	描述
鼠标事件	click	单击某个元素时触发
	mouseover	鼠标指针悬停在某个元素上时触发
	mouseout	鼠标指针从某个元素上移开时触发
键盘事件	keydown	某个键盘按键被按下时触发
表单事件	focus	元素获取焦点时触发
	blur	元素失去焦点时触发
	change	表单元素内容改变时触发
	submit	表单提交时触发
	reset	表单重置时触发
文档加载事件	load	文档加载完毕时触发
	DOMContentLoaded	DOM 结构构建完毕时触发

在表 1-15 中，load 事件是在整个页面及其所有资源（如图片、CSS 等）都加载完毕后触发，而 DOMContentLoaded 事件会在页面 DOM 结构构建完毕时触发，无须等待图片等外部资源加载完毕。

在了解 JavaScript 的常用事件后，为了实现对用户操作的响应，需要将这些事件与网页元素进行关联，并指定在事件触发后执行相应的代码，执行的代码通常会封装为一个函数。JavaScript 为网页元素绑定事件的常用方式有两种，下面讲解这两种方式。

1. 通过属性进行绑定

通过属性进行绑定是指直接在 HTML 元素的属性中指定事件处理程序，具体语法格式如下。

```
<标签名称 属性 1="属性值 1" 属性 2="属性值 2"… on 事件名称="触发函数"></标签名称>
```

使用上述语法格式，为按钮绑定一个单击事件，示例代码如下。

```
<input type="button" onclick="handleClick()" value="单击按钮">
```

在上述示例代码中，在单击按钮时会调用 handleClick()函数。

2. 通过 DOM 进行绑定

在 DOM 编程中，HTML 中的标签会被加载成元素对象，因此可以通过操作元素对象的属性来操作标签的属性，从而为该标签绑定事件。通过 DOM 为按钮绑定单击事件的示例代码如下。

```
<input type="button" id="btn" value="单击按钮">
//先通过 id 属性获取按钮对象，然后操作对象的 onclick 属性来绑定事件
document.getElementById('btn').onclick = function(){
    //事件处理代码
}
```

在上述示例代码中，在单击按钮时会调用绑定的事件的触发函数。

为了帮助读者更好地理解 JavaScript 中事件的绑定和触发，下面通过一个案例进行

演示，在 html 文件夹中新建 HTML 文件 html11.html，在该文件中定义两个按钮，并分别为这两个按钮绑定单击事件，具体如文件 1-12 所示。

文件 1-12　html11.html

```
1  <!DOCTYPE html>
2  <html>
3      <head>
4          <meta charset="UTF-8">
5          <title>事件绑定演示</title>
6      </head>
7      <body>
8          <!--通过属性绑定事件-->
9          <input type="button" onclick="handleClick()" value="按钮 1">
10         <!--通过 DOM 绑定事件-->
11         <input type="button" id="btn2" value="按钮 2">
12         <script>
13             // 定义事件的函数
14             function handleClick() {
15                 alert("按钮 1 被单击了!");
16             }
17             //先通过 id 属性获取按钮对象，然后操作对象的 onclick 属性来绑定事件
18             document.getElementById('btn2').onclick = function(){
19                 alert("按钮 2 被单击了!");
20             }
21         </script>
22     </body>
23 </html>
```

在上述代码中，第 9 行和第 11 行代码定义了两个按钮，其中，按钮 1 通过元素的 onclick 属性直接绑定了一个名称为 handleClick() 的函数；按钮 2 设置元素的 id 属性值为 btn2。

第 12～21 行代码为 JavaScript 代码部分，其中，第 14～16 行代码定义了一个函数 handleClick()，该函数执行时会弹出一个警告框；第 18～20 行代码先获取 id 属性值为 btn2 的元素，然后为该元素绑定了单击事件，该事件的函数执行时会弹出一个警告框。

使用浏览器打开文件 1-12，该文件的运行效果如图 1-17 所示。

图1-17　文件1-12的运行效果

从图 1-17 可以看到，浏览器中包含两个按钮。下面分别单击按钮 1 和按钮 2，效果如图 1-18 和图 1-19 所示。

图1-18　单击按钮1的效果　　　　　　　　图1-19　单击按钮2的效果

从图 1-18 和图 1-19 可以得出，在单击按钮 1 和按钮 2 后，浏览器分别弹出了相应提示的警告框，这说明按钮 1 和按钮 2 的单击事件均已成功绑定并执行了相应的函数。

随着互联网技术的飞速发展，HTML、CSS 和 JavaScript 等网页开发技术已经走过了数十年的历程。这些技术之所以能够保持其领先地位，得益于持续不断的创新精神。这些技术不断地吸收新技术和新理念，以适应不断变化的需求。作为软件开发人员，我们应当学习这种持续创新的精神，不断提升自身的能力，为整个软件行业带来更多的创新和变革。

1.5　AI 编程助手

高效编写高质量的代码是每个开发人员追求的目标，然而，面对日益复杂的项目和不断更新的技术栈，单靠人力效率低下且很多错误难以避免。在这种背景下，AI（Artificial Intelligence，人工智能）编程助手应运而生。下面将对 AI 编程助手的相关知识进行讲解。

1.5.1　AI 编程助手概述

AI 编程助手是一种使用人工智能技术，辅助开发人员实现编程的工具，AI 编程助手为开发人员提高编程效率和提升代码质量提供了强大的支持，AI 编程助手的主要特点如下。

1. 智能生成代码

AI 编程助手能够根据开发人员的需求或输入代码的上下文信息，自动生成相应的程序脚本或代码片段。一些基于大型语言模型的 AI 编程助手能够实时分析开发人员的编码习惯和上下文信息，智能推荐代码补全选项，减少开发人员编写编码时间和降低思考成本。

2. 智能问答

AI 编程助手通常都具有智能问答功能，能够根据项目需求和历史数据推荐合适的技术栈、工具和最佳方案，同时也会通过不断分析开发人员的编码习惯和项目需求，优化自身的推荐和生成能力，为开发人员提供更加个性化的服务。

3. 优化代码

AI 编程助手能够识别代码中的性能瓶颈和冗余部分，提出优化方案，使代码更加简洁、高效，帮助开发人员提高代码品质。

4. 检测与修复错误

当代码运行出现异常报错时，AI 编程助手能够提供智能排查建议和修复代码服务，帮助开发人员快速定位并解决问题。

5. 生成代码注释和代码解释

AI 编程助手不仅能够根据代码自动生成注释，提高代码的可读性和维护性，还能自动生成代码文档，对代码的功能、使用方法和注意事项等进行详细说明，帮助开发人员更好地理解和维护代码。

当前市面上有许多优秀的 AI 编程助手，它们各具特色，能够为开发人员提供不同程度的帮助，当前常见的 AI 编程助手如表 1-16 所示。

表 1-16   当前常见的 AI 编程助手

名称	所属的公司
GitHub Copilot	微软+OpenAI
Amazon Q	亚马逊
Baidu Comate（文心快码）	百度
TONGYI Lingma（通义灵码）	阿里巴巴
CodeGeeX	智普
MarsCode（豆包）	字节跳动

截至本书完稿，表 1-16 中的 AI 编程助手都兼容 JetBrains IDEs（JetBrains 全家桶）、Visual Studio Code 等主流 IDE（Integrated Development Environment，集成开发环境），并支持 Java、Python、JavaScript 等主流编程语言，但随着 AI 编程助手的更新，其兼容性可能会产生变化，建议读者在使用之前查阅官方文档或相关资源以获取最新信息。

需要注意的是，大多数 AI 编程助手依赖远程服务器上的大模型来提供服务，因此在使用这些工具时，务必确保当前计算机已经联网。

1.5.2   AI 编程助手快速入门

市面上常见的 AI 编程助手通常都会在其兼容的 IDE 中提供对应的插件，这样开发人员可以在熟悉的开发环境中直接使用这些 AI 编程助手。通义灵码是当前国内使用较为普遍的 AI 编程助手之一，广泛应用于各种开发场景中。在此，以通义灵码为例，演示 AI 编程助手在 IDEA 中的使用。

1. 安装插件

打开 IDEA，在顶部菜单栏中依次选择 "File" → "Settings" 选项进入 "Settings" 对话框，然后选择 Settings 对话框左侧的 Plugins 打开 Plugins 界面，具体如图 1-20 所示。

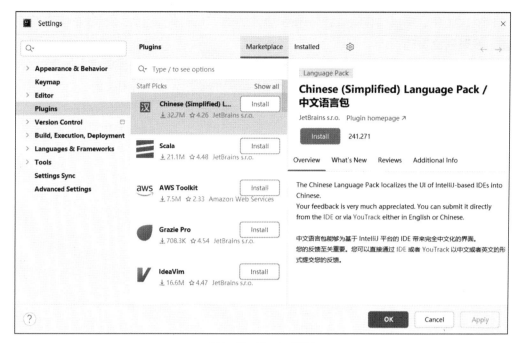

图1-20　Plugins界面

　　在 Plugins 界面中开发人员可以管理和安装插件。Plugins 界面主要分为 Marketplace 和 Installed 两个部分：其中 Marketplace 是 IDEA 的插件市场，开发人员可以在此搜索、查找和安装新的插件；Installed 用于管理已安装的插件。

　　在 Plugins 界面的 Marketplace 中输入 TONGYI 查找对应名称的插件，具体如图 1-21 所示。

图1-21　查找插件

在图 1-21 中，单击 TONGYI Lingma 插件中的"Install"按钮，即可安装该插件。

2. 登录通义灵码

安装完通义灵码的插件后，IDEA 主界面的右侧会添加通义灵码图标，如果没有对应的图标可以重启 IDEA，单击该图标会弹出通义灵码的使用界面，具体如图 1-22 所示。

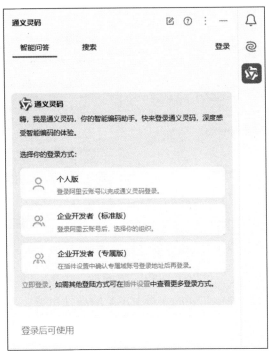

图1-22　通义灵码的使用界面

从图 1-22 中可以看到，在使用通义灵码之前需要进行登录，读者可以根据自身的情况选择其中一种登录方式完成登录。登录成功后通义灵码的使用界面如图 1-23 所示。

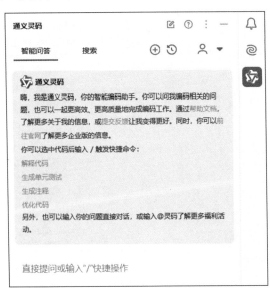

图1-23　登录成功后通义灵码的使用界面

从图 1-23 可以看到，界面中提示登录成功后可以使用通义灵码完成的功能。

3. 使用 AI 编程助手

不同的 AI 编程助手采用不同的算法模型、训练数据和设计目标，在对相同的需求生成结果时，生成的结果可能会不一样。同时，同一个 AI 编程助手在不同的情况下执行相同的功能，生成的结果也可能会有所差异。通义灵码作为智能编码助手，具有行级/函数级实时补全、智能问答、智能执行代码任务等辅助编码功能。下面对通义灵码常用的辅助编码功能进行说明。

（1）行级/函数级实时补全

在开启自动云端生成的模式下，开发人员在 IDE 编辑器区域进行代码编写时，通义灵码会根据当前代码文件及相关代码文件的上下文信息，自动生成行级/函数级的代码，开发人员可以查看不同的代码建议，进而选择采纳或不采纳。通义灵码在 Windows 系统中常用的补全快捷键如表 1-17 所示。

表 1-17　通义灵码在 Windows 系统中常用的补全快捷键

快捷键	功能描述
Alt+P	在任意位置触发补全功能
Alt+]	更换生成的结果
Tab	采纳全部生成的代码
Ctrl+↓	逐行采纳生成的代码

下面通过一个例子演示代码实时补全。在项目的 src 下创建一个名称为 Hello 的类，在该类中按下 "Alt+P" 快捷键触发代码补全功能，效果如图 1-24 所示。

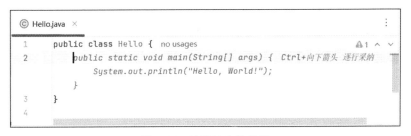

图1-24　触发补全的效果

从图 1-24 中可以看到，在类中的代码编写区自动添加了一些代码，并提示开发人员采纳补全的代码，开发人员也可以根据补全的具体代码更换生成的结果或者采纳全部生成的代码。另外，就算不使用快捷键进行代码补全，开发人员在编写代码或者注释时，通义灵码也会基于当前内容的上下文信息，以及项目中引用和找到的相似代码，推测接下来可能要编写的内容，引导补全代码的生成，在此就不一一演示了。

（2）智能问答

从通义灵码的使用界面可以看到，通义灵码具有智能问答功能，开发人员可以在输入框中输入问题，通义灵码会围绕输入的问题展开对话。开发人员在使用智能问答时，尽量精准表达问题，以及给出相对详细的上下文输入。如果通义灵码给出的答案没有达到既定的预期效果，开发人员可以进行多次互动，通义灵码会根据互动的内容进行改进。

　　下面为使用通义灵码的智能问答编写的一个 HTML 页面，用于用户登录，在通义灵码使用界面的输入框中输入并执行该需求，会生成对应的 HTML 代码和代码说明。编者本次使用通义灵码生成的 HTML 代码如下所示。

```
1   <!DOCTYPE html>
2   <html lang="zh-CN">
3   <head>
4      <meta charset="UTF-8">
5      <title>用户登录</title>
6      <style>
7         body {
8             font-family: Arial, sans-serif;
9             background-color: #f4f4f4;
10            display: flex;
11            justify-content: center;
12            align-items: center;
13            height: 100vh;
14            margin: 0;
15         }
16         .login-form {
17            background: white;
18            padding: 20px;
19            border-radius: 5px;
20            box-shadow: 0 0 10px rgba(0, 0, 0, 0.1);
21            width: 300px;
22         }
23         .login-form h2 {
24            text-align: center;
25            margin-bottom: 20px;
26         }
27         .form-group {
28            margin-bottom: 15px;
29         }
30         .form-group label {
31            display: block;
32            margin-bottom: 5px;
33         }
34         .form-group input {
35            width: 100%;
```

```
36            padding: 10px;
37            box-sizing: border-box;
38            border: 1px solid #ccc;
39            border-radius: 3px;
40        }
41        .form-group button {
42            width: 100%;
43            padding: 10px;
44            background-color: #5c67f2;
45            color: white;
46            border: none;
47            border-radius: 3px;
48            cursor: pointer;
49        }
50        .form-group button:hover {
51            background-color: #4a54e1;
52        }
53    </style>
54 </head>
55 <body>
56 <div class="login-form">
57    <h2>登录</h2>
58    <form action="/login" method="post">
59        <div class="form-group">
60            <label for="username">用户名:</label>
61            <input type="text" id="username" name="username" required>
62        </div>
63        <div class="form-group">
64            <label for="password">密码:</label>
65            <input type="password" id="password" name="password" required>
66        </div>
67        <div class="form-group">
68            <button type="submit">登录</button>
69        </div>
70    </form>
71 </div>
72 </body>
73 </html>
```

从生成的 HTML 代码中可以看到，代码中包含一个表单，表单中包含一个单行文本输入框、一个密码输入框、一个提交按钮，同时包含一些修饰表单的 CSS 样式。

生成的代码说明如下所示。

- HTML 结构：页面包含一个表单，用于输入用户名和密码，并提交到服务器。
- CSS 样式：为表单添加基本的样式，使其看起来更加美观。
- 表单提交：表单通过 POST 方法提交到/login 路径，实际部署时需要根据后端接口进行调整。

（3）智能执行代码任务

除了对代码进行实时补全外，通义灵码还具有解释代码、生成单元测试、生成代码注释、生成优化建议等功能，使用这些功能时会执行相应的代码任务，通义灵码提供了 3 种方式使用这些功能，具体说明如下。

① 基于下拉菜单执行代码任务。当需要针对一个方法实现解释代码、生成单元测试、生成代码注释、生成优化建议等功能时，可以直接单击方法上方下拉菜单中的选项执行相关功能的代码任务。例如，打开自动补全的 Hello 类，可以看到 Hello 类中 main()方法的上方有一个通义灵码图标的下拉菜单，单击该下拉菜单会弹出 4 个功能选项，具体如图 1-25 所示。

Hello.java
public class Hello {
pub
main(String[] args) {
ntln("Hello, World!");
}
}
解释代码
生成单元测试
生成代码注释
生成优化建议

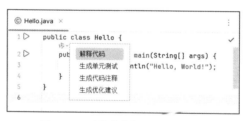

图1-25　下拉菜单提供的功能选项

② 选择代码后右击，在弹出的菜单中有一个“通义灵码”选项，该选项中包含可以执行具体代码任务的功能选项。选中图 1-25 中 main()方法的所有代码后右击，效果如图 1-26 所示。

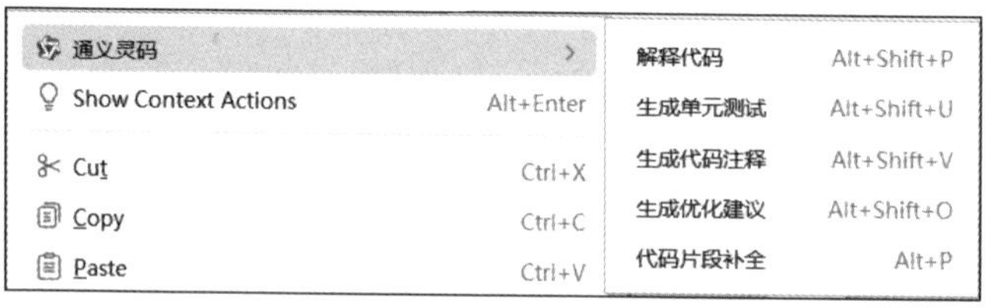

通义灵码
Show Context Actions　Alt+Enter
Cut　Ctrl+X
Copy　Ctrl+C
Paste　Ctrl+V
解释代码　Alt+Shift+P
生成单元测试　Alt+Shift+U
生成代码注释　Alt+Shift+V
生成优化建议　Alt+Shift+O
代码片段补全　Alt+P

图1-26　“通义灵码”选项中的功能选项

③ 选择代码后在问答面板输入斜线（/）以激活内置任务菜单，根据需求选择相应的代码任务，具体如图 1-27 所示。

图 1-27 中内置任务菜单中的任务指令的作用说明如下。

- /explain code：请求通义灵码解释一段代码。
- /generate unit test：要求通义灵码自动生成针对当前代码或选中代码段的单元测试用例。

图1-27　内置任务菜单

- /generate comment：请求通义灵码为代码添加合适的注释。
- /generate optimization：请求通义灵码提供代码优化建议。
- @workspace：这个标记用于指向当前的工作区或项目，以便于执行特定于该上下文的操作。
- @terminal：指示通义灵码在终端或命令行环境中执行后续命令。
- @灵码：可能是用来特别指明要使用通义灵码的功能或服务，确保命令被正确解析。
- /clear context：清除当前对话的上下文信息，开始新的会话或避免之前的对话影响当前的交互。

由于当前尚未学习后端处理 HTML 表单请求的相关知识，在此通过通义灵码的实时补全功能，根据生成的 HTML 代码生成校验用户登录的 JavaScript 代码。

在项目中创建名称为 login.html 的文件，将智能问答生成的 HTML 代码复制到该文件中，并在<body>标签中使用注释的方式编写生成代码的需求，在注释下方使用"Alt + P"快捷键触发补全代码功能，效果如图 1-28 所示。

```html
72    <!--生成Javascript代码，上述表单提交时，校验用户名和密码是否都为admin，弹出登录结果提示-->
73    <script>
          // 获取表单元素
          const form = document.querySelector('form');
          // 监听表单提交事件
          form.addEventListener('submit', function(event) {
              // 阻止表单默认提交行为
              event.preventDefault();
              // 获取用户名和密码输入框的值
              const username = document.querySelector('#username').value;
              const password = document.querySelector('#password').value;
              // 判断用户名和密码是否为admin
              if (username === 'admin' && password === 'admin') {
                  // 弹出登录成功提示
                  alert('登录成功!');
              } else {
                  // 弹出登录失败提示
                  alert('登录失败，请检查用户名和密码是否正确!');
              }
          });
      </script>
```

图1-28　基于注释触发代码补全功能

从图 1-28 中可以看到，文件中自动生成了一段用于校验用户登录的 JavaScript 代码，按下"Tab"键采纳全部生成的代码。在浏览器中打开 login.html 文件，效果如图 1-29 所示。

从图 1-29 可以看出，页面中包含一个单行文本输入框用于输入用户名，一个密码输入框用于输入密码，一个"登录"按钮。此时，若使用用户名或密码不是 admin 的用户信息进行登录，效果如图 1-30 所示。

图1-29　在浏览器中打开login.html文件的效果

图1-30　使用用户名或密码不是admin的
用户信息进行登录

从图 1-30 可以看到，页面中弹出提示框提示登录失败，单击"确定"按钮后，使用用户名和密码是 admin 的用户信息进行登录，效果如图 1-31 所示。

图1-31　使用用户名和密码是admin的用户信息进行登录

从图 1-31 可以看到，页面弹出提示框提示登录成功，说明成功地对用户登录进行了校验。

通义灵码具有的功能比较丰富，由于篇幅有限，在此只对其常见的辅助编码功能进行了讲解，读者如果有兴趣了解其他功能的使用，可以到通义灵码的官网查看对应的文档，在此就不一一进行演示了。同时其中生成的代码的含义读者在此不必深究，本书的后续章节会对相关知识点进行详细的讲解。

需要注意的是，AI 编程助手生成的所有内容均由人工智能模型生成，其准确性和完整性无法完全保证，开发人员在使用 AI 编程助手时，应具备自我分辨的能力。同时，虽然 AI 编程助手能够显著提高编程效率，但对于 Java 初学者而言，仍应以系统学习知识和优化代码为核心，避免过度依赖其代码生成功能。

AI 编程任务：用户注册页面

请扫描二维码，查看任务的具体实现过程。

1.6　本章小结

本章主要讲解了网页开发的基础知识。首先是 HTML 概述；然后介绍了 HTML 常见标签；接着讲解了用于美化网页外观的 CSS 技术；最后讲解了为网页赋予交互能力的 JavaScript 技术。通过本章的学习，读者可以掌握网页开发的基础知识，为后续 Web 开发的学习奠定基础。

1.7　课后习题

请扫描二维码，查看课后习题。

第2章

Web应用构建和部署基础

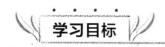

知识目标	1. 了解程序开发体系架构，能够简述 C/S 架构和 B/S 架构的特点。
	2. 了解 XML 基础知识，能够简述 XML 的概念和 XML 文档的基本构成。
	3. 熟悉 Tomcat，能够简述 Tomcat 的主要功能。
	4. 了解 Maven，能够简述 Maven 的特点以及 Maven 仓库的分类。
	5. 熟悉 POM 文件，能够简述如何在 POM 文件中引入依赖和插件。
	6. 了解 HTTP，能够简述 HTTP 交互方式和 HTTP 报文的概念。
	7. 掌握 HTTP 请求报文，能够简述请求报文的组成部分，以及 GFT 请求和 POST 请求的特点。
	8. 掌握 HTTP 响应报文，能够简述响应报文的组成部分，以及常见的状态码和响应头字段。
技能目标	1. 掌握 Tomcat 的安装与启动方法，能够独立安装 Tomcat 并启动 Tomcat。
	2. 掌握创建并运行 Web 项目的方法，能够在 IDEA 中创建 Web 项目，并将 Web 项目部署在本地 Tomcat 中运行。
	3. 掌握 Maven 的安装与配置方法，能够独立安装 Maven 并配置 Maven 仓库。
	4. 掌握创建并运行 Maven Web 项目的方法，能够在 IDEA 中基于 Maven 骨架创建 Maven Web 项目，并将项目部署在本地 Tomcat 中运行。

在着手进行 Web 应用开发之前，掌握 Web 应用构建与部署的基础知识对于提升开发效率与确保应用稳定运行至关重要。本章将从应用开发体系架构、XML、Tomcat、Maven、HTTP 等方面对 Web 应用构建与部署的基础知识进行讲解。

2.1 应用开发体系架构

应用开发体系架构是指软件系统在设计和实现过程中所采用的整体结构和组织方式，包括系统内部各个组件的关系、数据流动方式、模块划分、通信方式等方面的规划和设计。在网络程序开发中，C/S（Client/Server，客户端/服务器）架构和 B/S（Browser/

Server，浏览器/服务器）架构是两种比较常见的应用开发体系架构，下面分别对这两种体系架构进行讲解。

1. C/S 架构

C/S 架构可以采用两层结构或三层结构两种设计方式，通常所说的 C/S 架构采用的是两层结构。两层结构的 C/S 架构主要由客户端和服务器两部分组成，其中，客户端是指安装在客户机（用户使用的计算机或其他终端设备）上的应用程序，这些应用程序通常由软件系统对应的厂商编写并提供给用户，负责展示用户界面和处理交互逻辑；而服务器则是指一个独立运行在网络上的硬件设备或系统软件，负责存储数据、执行业务逻辑和管理客户端连接。

两层结构的 C/S 架构如图 2-1 所示。

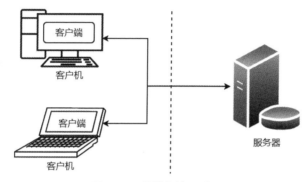

图2-1　两层结构的C/S架构

在图 2-1 中，客户机中的客户端接收用户的请求后通过网络向服务器提出请求，服务器接收并响应客户端的请求，将数据发送给客户端，客户端将响应数据进行计算并将结果呈现给用户。

两层结构的 C/S 架构响应速度快，在局域网内应用广泛。然而，基于两层结构设计的系统可伸缩性较差，对于一些大型网络应用程序不太适用。为了解决这一问题，可以采用三层结构的 C/S 架构。三层结构比两层结构增加了中间层（通常称为应用服务器或中间件层），专门用于处理业务逻辑。在这种架构中，客户端与应用服务器交互，应用服务器与数据库服务器交互。使用这种方式不仅可以提高系统的可伸缩性和可维护性，还能更好地分离关注点，使得系统更加模块化。

C/S 架构能够利用客户端的计算资源来分担任务处理，有效缓解了服务器的负载压力。然而，这一优势也伴随着一些挑战：客户端与服务器的安装、更新及维护过程相对复杂，需要投入更多的资源，导致系统整体部署与管理的复杂度提升。因此，在采用 C/S 架构时，需权衡其性能优势与系统管理成本。

2. B/S 架构

随着互联网技术的飞速进步，用户对信息共享与获取的即时性、便捷性需求日益增长，传统的 C/S 架构难以满足广泛而多样的需求。在此背景下，B/S 架构应运而生。

B/S 架构在逻辑上与三层结构的 C/S 架构类似，不同的是 B/S 架构不需要安装专门的客户端，它将浏览器作为客户端访问部署在服务器上的应用，服务器负责集中处理所有业务逻辑与数据管理任务。这种架构极大地简化了用户的使用流程，降低了系统的维护成本，并实现了跨平台、跨设备的无缝访问体验。

B/S 架构如图 2-2 所示。

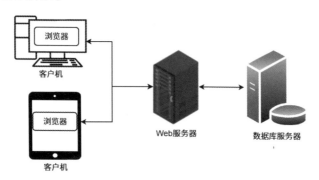

图2-2   B/S架构

从图 2-2 可以看到，在 B/S 架构中，浏览器通过 Web 服务器与数据库服务器建立连接。Web 服务器扮演着信息传送的角色。当用户想要访问数据库时，会首先向 Web 服务器发送请求，Web 服务器统一接收请求后再访问数据库服务器。

基于 B/S 架构的应用程序的维护和升级工作主要集中在服务器上进行，当应用程序需要更新时，只需在服务器上部署新版本的应用程序，所有用户即可通过浏览器访问到新版本的应用程序，无须进行客户端的安装或更新。这种架构极大地简化了维护和升级工作，降低了成本，并提高了系统的可扩展性和灵活性。

2.2   XML 基础入门

在软件开发中，由于不同开发语言或系统平台的应用程序之间进行数据传递的格式不同，在实际开发中可能会出现数据交换的兼容性困难。为了解决这个问题，W3C（World Wide Web Consortium，万维网联盟）组织推出了 XML，XML 提供了一种通用的数据交换格式，使得各种应用程序间的数据传输和共享变得更加便捷。下面对 XML 的基础知识进行讲解。

1. XML 概述

XML 是一种用于存储和传输数据的标记语言，它使用一系列简单的标签来描述结构化数据，被广泛应用于 Web 服务、配置文件、数据交换，以及其他需要结构化数据的应用程序中。

XML 的构建与 HTML 相似，均基于标签来构建元素。然而，XML 的独特之处在于其高度的可扩展性，它允许用户在遵循预定义约束的前提下，自定义标签以满足多样化的数据格式需求。这一特性使得 XML 被誉为"可扩展标记语言"，它为数据的存储、交换和共享提供了极大的灵活性和便利性。

虽然 XML 和 HTML 都是基于文本的标记语言，它们的基本结构也较为相似，但是二者之间存在一些区别，具体如下。

① HTML 文档用于创建网页结构和展示数据，而 XML 文档主要用于存储和传输数据。

② HTML 标签不区分大小写，而 XML 标签严格区分大小写。

③ HTML 文档中的空格会被自动过滤，而 XML 文档中的空格不会被自动过滤。

④ HTML 中的标签是预定义的标签，而 XML 中的标签可以根据需要自己定义。

⑤ HTML 文档的结构有较严格的要求，必须有<html>、<body>等标签，而 XML 文档的结构没有固定要求，可以根据需求自定义结构和层次。

2. XML 文档的基本构成

XML 文档与 HTML 文档在内容构成上有许多相似之处，例如都包含文档声明、标签、属性等内容，但是它们在语法规则上有很多不同，下面对 XML 文档的基本构成进行讲解。

（1）文档声明

XML 文档声明包含 XML 文档的基本信息，用于帮助 XML 处理程序，以及更准确地解析文档内容，它是可选的，但是在使用时必须出现在 XML 文档的第一行。XML 文档声明的语法格式如下。

```
<?xml version="版本号" encoding="编码方式" standalone="独立状态"?>
```

上述语法格式涉及 3 个属性，分别是 version、encoding 和 standalone，其含义和作用说明如下。

① version：指定 XML 的版本号，通常是 1.0 或 1.1。

② encoding：指定 XML 文档所用的字符编码方式，例如 UTF-8、ISO-8859-1 等，默认为 UTF-8。

③ standalone：指定 XML 文档是否独立，也就是说是否依赖于外部引用的其他文档，该属性是可选的，其值可以设置为 yes 或 no，其中，yes 表示该 XML 文档独立，不依赖于外部引用的其他文档；no 则表示可能依赖于外部引用的其他文档。

（2）元素

XML 文档由一系列元素组成，每个元素由开始标签、结束标签和元素内容组成。XML 元素的基本语法格式如下。

```
<标签名称>
<!-- 元素内容 -->
</标签名称>
```

在上述语法格式中，元素内容中可以嵌套若干个子元素。如果一个元素没有嵌套在其他元素内，则这个元素称为根元素，一个 XML 文档中只能定义一个根元素。如果一个元素中没有嵌套子元素，也没有包含其他内容，则称该元素为空元素，空元素的写法通常为<标签名称/>。

在定义 XML 元素时，有以下 3 点需要注意。

① 元素名称中可以包含任意字母和数字，以及下划线"_"、连字符"-"和句点".",但是应尽量避免使用"-"".",以免引起混乱。

② 元素名称不能以数字或标点符号开头。

③ 元素名称区分大小写。例如< NAME >和<name >是不同的元素名。

（3）属性

属性通常位于元素的开始标签中，由空格分隔，用于为元素提供一些附加的信息，例如元素的唯一标识、元素的样式以及其他相关信息等。

XML 属性的基本语法格式如下。

```
<标签名称 属性 1="属性值 1" 属性 2="属性值 2" …>

    <!-- 元素内容 -->

</标签名称>
```

在上述语法格式中，XML 属性的命名规则与 XML 元素的命名规则相似。属性值必须使用单引号或双引号进行标识。

需要注意的是，在同一个元素中，属性名必须是唯一的，不能存在两个具有相同属性名的属性。此外，在属性值中，如果需要使用保留字符（例如<、>、&、'、"），应该使用对应的实体引用。常见的保留字符对应的实体引用如表 2-1 所示。

表 2-1　常见的保留字符对应的实体引用

保留字符	实体引用
<	&lt;
>	&gt;
&	&amp;
'	&apos;
"	&quot;

3. XML 约束

XML 可以在预定义的约束下自定义标签，这里的约束是一种定义 XML 文档中允许出现的元素、属性和内容模式的规范，称为 XML 约束。XML 约束提供了一种验证方式，用于确保数据在 XML 文档中的正确性和一致性。

常用的 XML 约束有两种，分别是 DTD 和 Schema，下面分别介绍这两种约束。

（1）DTD

DTD（Document Type Definition，文档类型定义）是一种用于定义 XML 文档结构和规范的语法，它提供了一种约束机制，定义了 XML 文档中允许包含哪些元素、哪些属性以及它们之间的关系。下面讲解如何通过 DTD 对 XML 文档进行约束以及 DTD 的一些语法规则。

通过 DTD 对 XML 文档进行约束有两种方式：第一种是直接在 XML 文档内部编写 DTD 声明语句对文档进行约束；第二种是引入外部 DTD 文件进行约束，以简化 XML 文档中的内容。

① 内部编写 DTD 声明语句的语法格式如下。

```
<?xml version="1.0" encoding="UTF-8" standalone="yes"?>

<!DOCTYPE 根元素名称 [

    DTD 声明语句
```

```
        …
    ]>
```

在上述语法格式中，DTD 声明语句是指实际的 DTD 声明内容，是用来定义 XML 文档的结构、元素、属性和实体等约束的语句。

② 引入外部 DTD 文件有两种方式，具体如下。

```
<!-- 方式一：引入本地 DTD 文件 -->
<!DOCTYPE 根元素名称 SYSTEM "DTD 文件 URI">
<!-- 方式二：引入网络上公共的 DTD 文件 -->
<!DOCTYPE 根元素名称 PUBLIC "DTD 名称" "DTD 文件 URI">
```

在上述两种方式中，第一种用于引入本地 DTD 文件，DTD 文件 URI（Uniform Resource Identifier，统一资源标识符）是指 DTD 文件的存放位置，可以是相对于 XML 文档的相对路径，也可以是绝对路径；第二种用于引入网络上公共的 DTD 文件，DTD 文件 URI 是指一个绝对的 URL。

（2）Schema

Schema 是一种用于定义和描述 XML 文档结构与内容的模式语言。与 DTD 相比，Schema 使用 XML 语法本身来定义约束规则，提供了更强大、更灵活的约束机制，并支持更复杂的数据类型和结构定义。

一个 XML 文档可以引入多个约束文档，但是，约束文档中的元素或属性都是自定义的，所以在 XML 文档中，极有可能出现代表不同含义的同名元素或属性，导致名称发生冲突。为此，Schema 提供了名称空间，它可以唯一标识一个元素或属性。

这好比学校里一班和二班都有一个叫张三的学生，校长在叫张三时为了进行区分，会说"一班的张三"或"二班的张三"，这时的一班或二班就相当于一个名称空间。

XML 文档中的名称空间可以通过属性 xmlns 或 xmlns:prefix 进行声明，声明名称空间的语法格式如下。

```
<元素名称 xmlns[:prefix]="名称空间 URI">
```

在上述语法格式中，元素名称用于指明在哪一个元素上声明名称空间，该名称空间适用于声明该名称空间的元素本身，以及该元素中嵌套的所有元素和属性。xmlns[:prefix]="名称空间 URI"是名称空间声明，其中[]表示可选项，如果不使用该选项，则表示声明的是默认名称空间；如果使用该选项，则表明声明的是带前缀的名称空间，即使用自定义的 prefix 为前缀的标识符，用来区分不同的名称空间。"名称空间 URI"是一个统一资源标识符，用于唯一标识名称空间。

引入 Schema 文档通常是在 XML 文档的根元素中使用 xmlns 属性来声明所用的名称空间，并在该名称空间下引入 Schema 文档的定义。下面通过一个示例来演示如何引入 Schema 文档，具体代码如下。

```
1  <books xmlns:xsi="http://www.w3.org/2001/XMLSchema-instance"
2       xmlns:bookNS="http://example.com/book-schema">
3    <bookNS:book xsi:schemaLocation="http://example.com/book-schema
4         book-schema.xsd">
```

```
5            <bookNS:title>Java Web 程序设计任务教程</bookNS:title>
6            <bookNS:price>￥56.00</bookNS:price>
7       </bookNS:book>
8  </books>
```

在上述示例代码中，第 1、2 行代码在根元素<books>中声明了两个名称空间，其中第 1 行代码声明了 Schema 实例名称空间，用于支持 Schema 的相关功能；第 2 行代码声明了一个自定义的名称空间 bookNS，用于定义图书信息的 XML 结构。第 3、4 行代码在<bookNS:book>元素中使用 xsi:schemaLocation 属性指定了 Schema 文档的位置。第 5、6 行代码分别定义了图书的标题和售价，并使用了名称空间 bookNS 来限定元素的名称，确保其符合 Schema 文档定义的结构。

2.3　Tomcat

Java Web 程序的运行离不开 Web 应用服务器的支持。作为前后端通信的桥梁，Web 应用服务器负责处理 HTTP 请求，解释和执行 Servlet、JSP 等 Web 组件中的逻辑，并将它们生成的结果发送给浏览器，以便浏览器可以渲染出用户可见的前端页面。Tomcat 作为最常用的 Web 应用服务器之一，被广泛应用于 Java Web 应用程序的开发、测试和部署中，本节将对 Tomcat 的相关内容进行讲解。

2.3.1　Tomcat 简介

Tomcat 是一个开源的轻量级应用服务器，因其技术先进、性能稳定且免费，深受 Java 爱好者的喜爱，成为比较流行的 Web 应用服务器。Tomcat 的主要功能如下。

① 内置 Servlet 容器：Servlet 容器是一个用于运行和管理 Java Servlet 的运行环境，也被称为 Web 容器，Tomcat 内置了 Servlet 容器，可以处理 HTTP 请求和响应，以及管理 Servlet 的生命周期。Tomcat 遵循 Java Servlet 规范，并提供了丰富的 API 供开发人员使用。

② 包含 JSP（Java Server Pages，Java 服务器页面）引擎：JSP 是一种动态网页技术，允许将 Java 代码嵌入 HTML 文件，使得生成动态内容变得更加简单和灵活。Tomcat 包含 JSP 引擎，可以解析和执行 JSP 页面。

③ 提供静态文件服务：除了处理 Servlet 和 JSP 请求外，Tomcat 还可以作为一个简单的 HTTP 服务器，提供静态文件服务，如通过 Tomcat 可以访问 HTML 文件、图片、CSS 文件和 JavaScript 文件等静态文件。

④ 管理连接池：Tomcat 具有连接池管理功能，可以有效地管理数据库连接、消息队列连接等资源，提高应用程序的性能和响应速度。

⑤ 安全性支持：Tomcat 提供了一套强大的安全机制，包括 SSL/TLS 加密、基于角色的访问控制、用户认证等，能够确保 Web 应用的安全性和保密性。

⑥ 其他功能扩展：Tomcat 支持许多其他功能扩展，如支持 WebSocket 协议、反向代理配置、负载均衡等，以满足更复杂的应用需求。

Tomcat 因其轻量级、易于使用和部署、支持标准规范等特点，被广泛应用于 Java Web 应用程序的开发、测试和部署。特别是在中小型系统和并发访问用户不是很多的场景中，Tomcat 是一个理想的选择。

2.3.2　Tomcat 的安装与启动

Tomcat 自发布以来不断优化和更新，经历了多个版本的演进，目前比较新的正式发布版本是 Tomcat 10，本书将基于 Tomcat 10.1.19 讲解 Tomcat 的安装与启动。

1. Tomcat 的安装

Tomcat 为主流的操作系统提供了安装包，这些安装包允许用户在不同的操作系统上安装和配置 Tomcat，以便运行 Java Web 应用。为了便于操作，本书选择在 Windows 系统安装和使用 Tomcat。

对于 Windows 系统，Tomcat 提供了压缩包版和安装版两种安装方式，将压缩包版的安装包解压后即可完成 Tomcat 的安装，而安装版则需根据安装向导进行安装。为了简便，在此选择压缩包版的 Tomcat 安装包进行安装。读者可以从 Tomcat 的官网中下载对应版本的 Tomcat 安装包，也可以从本书的配套资源中获取。

将压缩包版的安装包解压到一个名称不含中文和空格的目录下，该目录将会作为 Tomcat 安装目录，目录的结构如图 2-3 所示。

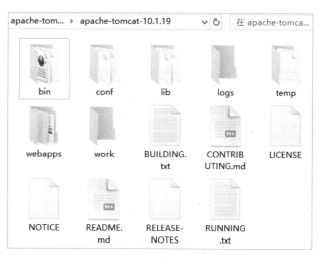

图2-3　Tomcat安装目录的结构

从图 2-3 中可以看到，Tomcat 安装目录中包含多个文件夹和文件，这些文件夹分别用于存放不同功能的文件。下面对这些文件夹的作用进行说明。

① bin：该文件夹用于存放 Tomcat 的可执行文件和脚本文件，例如 startup.bat、tomcat10.exe 等。

② conf：该文件夹存放了 Tomcat 的配置文件，例如服务器配置文件 server.xml、用于配置 Web 应用程序的 XML 文件 web.xml 等。

③ lib：Tomcat 类库，该文件夹用于存放 Tomcat 运行所需的 Java 类库文件。

④ logs：该文件夹用于存放 Tomcat 生成的日志文件，如访问日志、错误日志等。

⑤ temp：该文件夹用于存放 Tomcat 的临时文件，这个目录下的文件可以在停止 Tomcat 后删除。

⑥ webapps：该文件夹用于存放 Web 应用程序。通常情况下，Web 应用程序会被部署到 Tomcat 的 webapps 子目录中，Tomcat 启动时会加载这个目录下的应用程序，并将其以文件夹、WAR 包或 JAR 包的形式发布。

⑦ work：Tomcat 的工作目录，用于存放 Tomcat 在运行时的编译后文件，例如 JSP 文件编译后的文件。

2. Tomcat 的启动

从 Tomcat 10 开始，Tomcat 的使用要求基于 JDK 11 及以上版本，因此，在使用 Tomcat 10 之前，需要确保当前系统环境中已安装了 JDK 11 及以上版本。由于 JDK 的安装为 Java 基础内容，并且安装过程较为简单，在此不再介绍 JDK 的安装过程。

确认 JDK 安装完毕，就可以启动 Tomcat。在 Tomcat 安装目录的 bin 目录中包含一系列 Tomcat 的可执行文件，其中，startup.bat 文件用于启动 Tomcat，shutdown.bat 文件用于停止 Tomcat。双击 startup.bat 启动 Tomcat，此时会弹出一个命令提示符窗口，如图 2-4 所示。

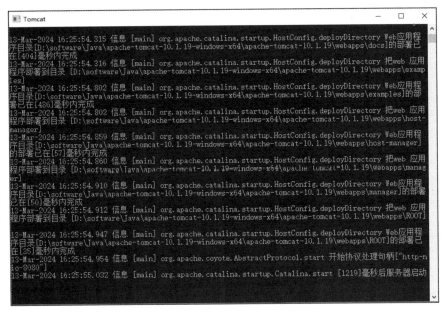

图2-4　命令提示符窗口

从图 2-4 可以看到，启动 Tomcat 时会在命令提示符窗口输出一系列信息。如果命令提示符窗口输出的信息中没有错误信息，说明 Tomcat 启动成功，并且可以看到 Tomcat 的默认运行端口号为 8080。

如果 Tomcat 启动时命令提示符窗口输出的信息中出现中文乱码，可能是由于 Tomcat 日志信息的编码格式出现问题。该问题的解决方法是进入 Tomcat 安装目录的 conf 目录中，打开 logging.properties 文件，将该文件中 java.util.logging.ConsoleHandler.encoding 的值从 UTF-8 修改为 GBK。

　　Tomcat 在启动时会加载并部署一个名称为 ROOT 的特殊 Web 应用，这个 ROOT 应用是 Tomcat 的默认应用。ROOT 应用包含一个 JSP 页面，Tomcat 启动成功后可以通过 http://localhost:8080 访问该页面验证 Tomcat 是否启动成功，访问该页面的效果如图 2-5 所示。

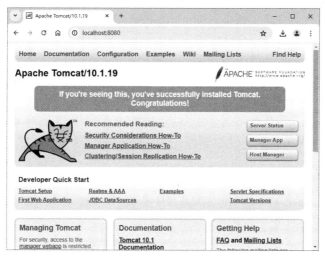

图2-5　访问该页面的效果

从图 2-5 可以看出，浏览器成功打开一个关于 Tomcat 的页面，这说明 Tomcat 启动成功。

脚下留心：Tomcat 启动失败

　　在启动 Tomcat 时，可能会遇到启动失败的情况，例如命令提示符窗口闪退或者出现其他错误信息。下面介绍两种常见的导致 Tomcat 启动失败的原因及对应的解决方式。

1．JDK 环境变量配置有误

　　在双击 startup.bat 文件启动 Tomcat 时，如果命令提示符窗口出现闪退，可能的原因之一是没有进行 JDK 环境变量的配置或者配置有误。

　　Tomcat 本身是一个 Java 应用程序，它需要使用 Java 运行时环境来解释和执行自身的 Java 代码，以及部署在其上的 Web 应用程序的代码。因此需要确保操作系统中已经安装了相应版本的 JDK，并正确配置了环境变量，Tomcat 才能正常启动。

　　下面以 JDK 17 为例演示环境变量的配置。在 Windows 系统中，在"此电脑"上单击鼠标右键，在弹出的快捷菜单中选择"属性"，在弹出的窗口中单击"高级系统设置"，弹出"系统属性"对话框，单击"环境变量"，弹出"环境变量"对话框。在"系统变量"列表框下单击"新建"，在弹出的"新建系统变量"对话框中输入变量名和变量值，变量名为"JAVA_HOME"，变量值为 JDK 的安装路径，具体如图 2-6 所示。

图2-6　新建系统变量

完成新建操作后，依次在所有已打开的对话框中单击"确定"按钮并关闭对话框。JDK 环境变量配置完成后，再次双击 startup.bat 文件即可成功启动 Tomcat。

2. 端口号被占用

另一种导致 Tomcat 启动失败的原因是 Tomcat 所使用的监听端口号被其他服务占用。在同一时间内，同一台计算机上的同一个网络协议下每个端口号只能被一个网络服务或应用程序使用。因此，当其他服务使用了 Tomcat 的端口号时，Tomcat 会因为端口冲突而启动失败。

解决方式为在命令提示符窗口中输入并执行"netstat –na"命令，查找占用了 8080 端口的程序，然后在任务管理器的"进程"选项卡中结束该程序，再重新启动 Tomcat。

如果在"进程"选项卡中无法结束占用 8080 端口的程序，则可以修改 Tomcat 的默认监听端口号来解决启动失败的问题。进入 Tomcat 安装目录下的 conf 目录，打开服务器配置文件 server.xml，在该文件内找到 Connector port="8080"，如图 2-7 所示。

图 2-7　Connector port="8080"

"Connector port="8080""中的 port 属性用于配置 Tomcat 监听端口号。Tomcat 监听端口号可以是 0～65535 之间的任意一个整数，因此将 8080 修改为其他没有被占用的端口的端口号即可。

2.3.3　创建并部署 Web 项目

IDEA 是一个深受 Java 开发者喜爱的集成开发环境，以其强大的代码编辑、调试、智能提示和项目管理功能而著称。将 Tomcat 等 Web 服务器集成到 IDEA 中，可以极大地简化 Java Web 应用的开发、测试和部署流程。本小节将介绍如何在 IDEA 中配置本地 Tomcat，并创建、部署、运行 Web 项目。

1. 在 IDEA 中配置本地 Tomcat

启动 IDEA，在主界面中单击左侧导航栏中的"Customize"选项，进入 IDEA 定制界面，在该界面中单击"All settings"选项，进入 IDEA 的全局设置对话框，在全局设置对话框中依次单击"Build, Execution, Deployment"→"Application Servers"，进入应用程序服务器设置界面，在该界面中单击左侧上方的＋，会弹出添加应用程序服务器菜单，如图 2-8 所示。

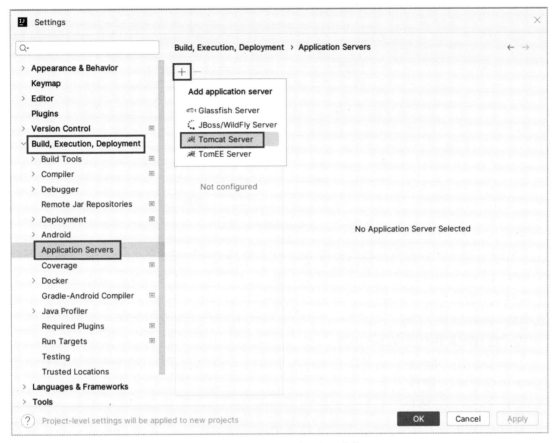

图2-8　添加应用程序服务器菜单

在图 2-8 中单击 "Tomcat Server" 后会弹出 Tomcat Server 的设置对话框，如图 2-9 所示。

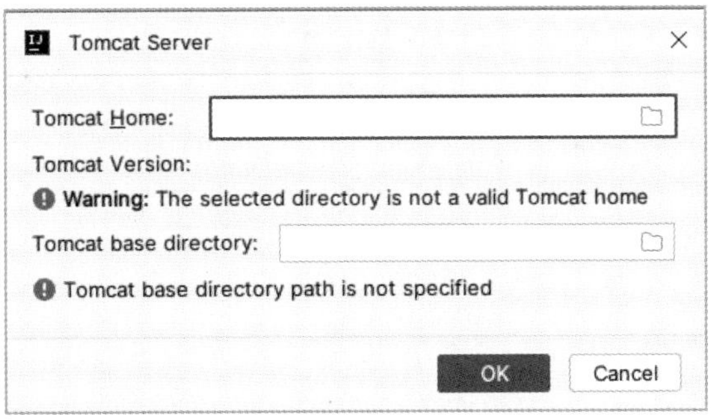

图2-9　Tomcat Server的设置对话框

在图 2-9 中，在 "Tomcat Home" 输入框中输入或选择 Tomcat 的安装目录，然后单击 "OK" 按钮，返回应用程序服务器设置界面，如图 2-10 所示。

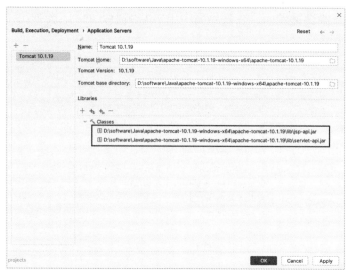

图2-10 应用程序服务器设置界面

从图 2-10 中可以发现，已成功将 Tomcat 配置到 IDEA 中，在"Libraries"模块下标注的两个文件为 Tomcat 自动导入的两个 JAR 包，这两个 JAR 包为开发 Web 项目提供了所需的基本功能和接口。在图 2-10 所示界面中单击"OK"按钮后，完成在 IDEA 中配置本地 Tomcat。

2. 在 IDEA 中创建 Web 项目

Tomcat 配置完成后，就可以在 IDEA 中创建 Web 项目了。下面分步骤讲解如何在 IDEA 中创建 Web 项目。

（1）创建 Java 项目

启动 IDEA 后，在 IDEA 主界面中依次单击"Project"→"New Project"，打开新建项目对话框，然后在该对话框中设置项目名称、项目存放路径，并选择项目所用 JDK（这里选择已经安装好的 JDK 17）。设置效果如图 2-11 所示。

图2-11 设置效果

在图 2-11 所示对话框中单击"Create"按钮创建项目。此时创建的是一个普通 Java 项目，要想将该项目转换为 Web 项目，需要为该项目添加 Web 模块支持。

（2）添加 Web 模块支持

单击 IDEA 工具栏中的，选择"Project Structure"选项，进入项目结构设置对话框，在该对话框中单击"Project Settings"下的"Modules"后会在右侧展示模块设置界面。单击模块设置界面的＋，会弹出包含不同类型模块支持的菜单，如图 2-12 所示。

图2-12　包含不同类型模块支持的菜单

在图 2-12 所示菜单中，单击"Web"，然后单击"OK"按钮完成 Web 模块支持的添加。

回到 IDEA 主界面查看 chapter02 的项目结构，如图 2-13 所示。

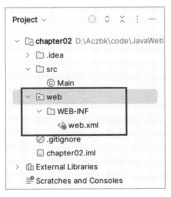

图2-13　chapter02的项目结构

从图 2-13 可以看到，chapter02 项目中自动生成了一个名称为 web 的目录，目录下包含一个 web.xml 文件，这说明 chapter02 项目此时已经是一个 Web 项目了。

web 目录是 Web 项目中一个非常重要的目录，用于存放项目所需的各种 Web 资源，图 2-13 中 web 目录下包含的主要文件夹和文件说明如下。

① WEB-INF 目录：通常用于存放项目的配置文件或其他资源文件，该目录下的文件对外部用户是不可见的。

② WEB-INF/web.xml 文件：是 Web 项目的核心配置文件，用于定义 Servlet、过滤器、监听器等 Web 组件的配置信息，以及项目的初始化参数等信息。

3. 在 IDEA 中部署并运行 Web 项目

Web 项目创建完成后，需要部署在 Tomcat 上才能够在浏览器中访问。下面分步骤介绍如何在 IDEA 中部署并运行 Web 项目。

（1）项目构建和发布结构配置

单击 IDEA 工具栏中的图，选择"Project Structure"选项，进入项目结构设置对话框，在该对话框中单击"Project Settings"下的"Artifacts"后会在右侧展示 Artifacts 配置界面，在该界面中可以添加和修改项目构建的信息，如图 2-14 所示。

图2-14 Artifacts配置界面（1）

在图 2-14 所示对话框中，单击＋会弹出一个菜单，如图 2-15 所示，用于选择要添加的 Artifact 类型。依次单击"Web Application: Exploded"→"From Modules"，会弹出"Select Modules"对话框。

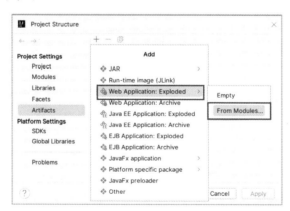

图2-15 选择"Web Application: Exploded"→"From Modules"

如图 2-16 所示，在"Select Modules"对话框中选中"chapter02"，然后单击"OK"按钮完成 Artifacts 配置，配置成功后 Artifacts 配置界面如图 2-17 所示。

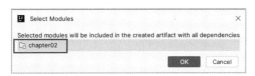

图2-16　选中"chapter02"

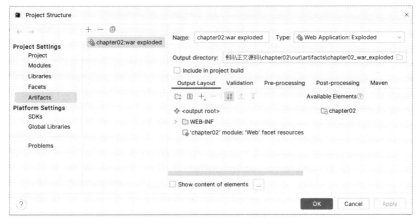

图2-17　Artifacts配置界面（2）

在图 2-17 所示界面中单击"OK"按钮，项目构建和发布结构配置完成。

（2）添加 Tomcat 配置

Artifacts 配置完成后，需要添加 Tomcat 配置，指定项目构建后部署在对应的 Tomcat 中运行。在 IDEA 顶部菜单栏中单击"Current File"，然后在打开的下拉菜单中单击"Edit Configurations"，会弹出运行配置对话框。在运行配置对话框中单击＋，会弹出添加新的配置菜单，如图 2-18 所示，在该菜单中单击"Tomcat Server"下的"Local"，进入配置 Tomcat 本地服务器的界面。然后，在该界面中选择"Deployment"，进入 Tomcat 部署配置界面，如图 2-19 所示。

图2-18　单击"Tomcat Server"下的"Local"

图2-19　Tomcat部署配置界面

在图 2-19 所示界面中单击＋，在弹出的菜单中单击"Artifacts"，添加需要部署的项目资源，完成效果如图 2-20 所示。

图2-20　添加需要部署的项目资源的完成效果

在图 2-20 中，"Application context"是用于标识特定 Web 程序的默认上下文路径，即在浏览器中访问时所需输入的路径，可以自己定义，也可以使用默认路径，但是需要保留开头的斜线。为了便于后续测试，这里将"Application context"修改成"/chapter02"。

修改完成后，单击"Apply"按钮，然后选择左上角的"Server"查看 Tomcat 配置结果，如图 2-21 所示。

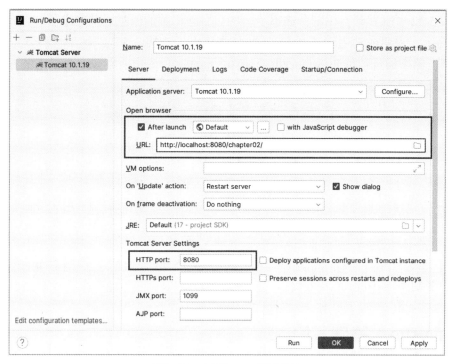

图2-21　查看Tomcat配置结果

在图 2-21 中，"After launch"用于选择项目启动成功后是否自动打开默认浏览器并访问"URL"中的地址，"HTTP port"是项目目前占用的端口号。

在图 2-21 所示界面中单击"OK"按钮完成 chapter02 项目部署的配置。

（3）运行 Web 项目

为了测试 chapter02 项目部署的配置是否成功，在该项目的 web 目录下创建一个名称为 index.html 的 HTML 文件，并在该文件的<body>标签中添加内容"Hello Java Web!"。创建完成后单击 IDEA 顶部菜单栏中的▶，启动项目，启动成功后控制台输出的信息如图 2-22 所示。

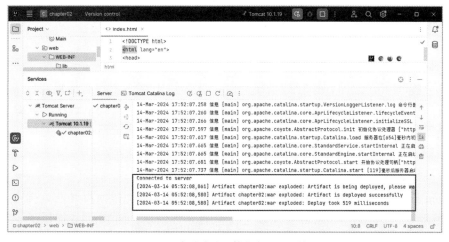

图2-22　启动成功后控制台输出的信息

从图 2-22 可以看到，控制台输出了一些与启动相关的信息，并输出了"Connected to server"提示，说明成功启动了 Tomcat 并与之建立了连接。

在浏览器中通过地址 http://localhost:8080/chapter02/访问项目 web 目录下的 index.html 文件，效果如图 2-23 所示。

图2-23　访问项目web目录下的index.html文件的效果

从图 2-23 中可以看到，浏览器页面显示"Hello Java Web!"，说明 chapter02 项目已经成功部署到本地 Tomcat 上运行。

2.4　Maven 基础入门

在实际软件开发过程中，项目往往错综复杂，包含多个模块及众多第三方依赖。若采用传统方式，在项目中逐一手动引入 JAR 包，不仅会引发依赖版本冲突的问题，还极大地增加了项目的维护成本与复杂度。为解决这一难题，可以使用 Java 项目的管理工具 Maven。Maven 通过其结构化的项目管理框架简化了依赖管理，确保了构建的一致性，还显著提升了项目的可维护性。下面对 Maven 的相关内容进行讲解。

2.4.1　Maven 概述

Maven 是一个项目管理和自动化构建工具，它简化了项目的构建过程，使得开发人员能够更容易地理解和管理项目的依赖关系和构建过程。下面从 Maven 的特点、Maven 的基本工作原理，以及 Maven 仓库 3 个方面对 Maven 进行介绍。

1. Maven 的特点

Maven 在项目开发中应用非常广泛，这主要得益于其如下特点。

（1）强大的依赖管理

Maven 提供了强大的依赖管理功能。Maven 项目中有一个核心配置文件 pom.xml，开发者只需要在该文件中声明项目所需的依赖，Maven 就会自动下载这些依赖，并将其添加到项目的构建路径中。此外，Maven 还提供了依赖冲突解决机制，确保依赖之间版本互相匹配，从而减少了手动配置依赖时可能出现的错误。

（2）便捷的项目构建管理

Maven 提供了标准的、跨平台的自动化项目构建方式。在项目开发过程中，清理、编译、测试、打包等操作如果需要反复进行就会非常烦琐，而 Maven 提供了一套简单的命令集成这些操作，能够更简便地完成项目的构建。

（3）多模块支持

Maven 支持大型项目的模块化开发，每个模块可以独立构建、测试和部署。通过父子模块关系，Maven 能够管理模块之间的依赖关系，确保项目的稳定性和可维护性。

（4）骨架支持

Maven 提供了一系列预定义的骨架，用于快速创建和初始化新的项目。例如，Maven 提供了针对 Web 项目的 Web 骨架，其中包含 Web 项目的基础结构和配置文件，极大地简化了 Web 项目的构建过程。

Maven 的广泛使用促进了开源社区的发展，增强了技术共享和合作。作为开发者，应当认识到自己的技术成果对社会的影响，积极参与开源项目，贡献自己的力量，共同推动技术进步和社会发展。

2. Maven 的基本工作原理

Maven 通过 POM（Project Object Model，项目对象模型）文件来管理项目的构建生命周期、依赖关系、构建过程的自动化以及文档生成，这个文件通常是 pom.xml。pom.xml 中包含项目的配置信息，Maven 根据这些配置信息来执行诸如编译源代码、运行测试、打包项目、生成文档等一系列构建任务。为了读者能够更好地理解 Maven 的基本工作原理，下面通过一张图对其进行说明，具体如图 2-24 所示。

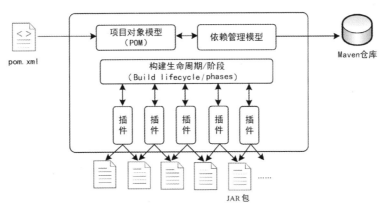

图2-24　Maven的基本工作原理

在图 2-24 中，Maven 项目启动时，会根据 pom.xml 中的信息将项目抽象成一个 POM，这个 POM 包含构建规则、依赖关系以及其他元数据。基于 POM，Maven 使用其内置的依赖管理模型来处理项目的依赖关系，并按照指定的插件及其顺序执行项目的构建。

依赖管理模型是指 Maven 通过 pom.xml 文件中的依赖配置来管理项目所需的外部库或模块。在 pom.xml 文件中，开发者可以声明项目所依赖的其他库或模块的坐标信息（例如组织名、库名、版本号等），Maven 会根据这些信息自动从 Maven 仓库中下载依赖并将依赖添加到项目的构建路径中。

Maven 定义了三个内置的构建生命周期，每个生命周期由一系列按顺序执行的阶段组成。同时 Maven 中提供了多种实现特定任务的功能的插件，不同的插件可以绑定到生命周期的不同阶段，以完成具体的构建任务。

3. Maven 仓库

前面提到 Maven 会根据 pom.xml 文件中指定的依赖坐标信息自动下载相应的依赖，这些依赖的下载地址就是 Maven 仓库。Maven 仓库本质上是一个用来存储开发中所有依赖和插件的目录。Maven 仓库分为 3 种，具体如下。

① 本地仓库：位于开发者本地计算机上的仓库。

② 中央仓库：Maven 社区维护的公共仓库，其中包含大量常用的 Java 类库、框架和工具的依赖。

③ 远程仓库：位于网络上的存储库，可以是公有的或私有的。开发者可以根据项目的需要配置远程仓库，以便获取特定的依赖和插件。

当在项目的 pom.xml 文件中引入对应的依赖后，Maven 首先会查找本地仓库中是否有对应的依赖。如果本地仓库中有该依赖，Maven 会将其包含到项目的构建路径中以便使用；如果本地仓库中没有该依赖，Maven 会根据配置的远程仓库列表进行查找，并在找到后从远程仓库中将依赖下载到本地仓库中。下载完成后，Maven 会更新项目的构建路径以包含这个新下载的依赖。通过这种方式，Maven 避免了在以后的构建过程中重复下载相同的依赖，从而提高了开发效率。

2.4.2　Maven 的安装与配置

Maven 自发布以来，其更新迭代的速度非常快，本书选用相对稳定的 Maven 3.8.4 进行讲解和演示。读者可以从 Maven 的官网中下载 Maven，也可以从本书的配套资源中获取。限于篇幅，这里不详细介绍 Maven 的下载过程，下面分步骤讲解 Maven 的安装与配置。

1. 安装 Maven

Maven 的安装过程非常简单，只需要将压缩包解压就可以开始使用 Maven。读者下载完 Maven 的压缩包后，将其解压到名称中不含中文和特殊字符的目录下，该目录即为 Maven 的安装目录，如图 2-25 所示。

图2-25　Maven的安装目录

Maven 的安装目录下包含一些文件和文件夹，这些文件夹中存放了 Maven 所需的各种文件，其主要文件的具体作用说明如下。

① bin：用于存放 Maven 的可执行文件，如 mvn 命令等。

② boot：用于存放 plexus-classworlds 类加载器框架的 JAR 包。

③ conf：用于存放 Maven 的配置文件，如 settings.xml 等。

④ lib：用于存放 Maven 所需的依赖库文件。

2. 配置 Maven 仓库

为了更方便且高效地开发 Maven 项目，通常会在本地系统中配置一个本地仓库。首先，在自己的计算机上新建一个文件夹作为本地仓库，本地仓库的位置可以任意选择。创建完成之后，记住该仓库的目录路径。

然后，进入 Maven 的安装目录下的 conf 目录中，打开 settings.xml 文件，在该文件中找到<localRepository>标签，并将该标签复制到注释之外，将开始标签和结束标签之间的内容替换为刚刚设置的本地仓库的路径。

为了更清楚地演示如何修改 settings.xml 文件，下面首先在 D 盘下新建一个名称为 repository 的文件夹作为本地仓库，然后修改 settings.xml 文件，具体如图 2-26 所示。

```
<!-- localRepository
 | The path to the local repository maven will use to store artifacts.
 |
 | Default: ${user.home}/.m2/repository
<localRepository>/path/to/local/repo</localRepository>
-->
<localRepository>D:\repository</localRepository>
```

图2-26　修改settings.xml文件

设置完成后，保存 settings.xml 文件并关闭。在开发 Maven 项目的过程中，当首次使用依赖时，Maven 会自动从中央仓库或远程仓库下载所需的依赖到本地仓库文件夹中，以便以后使用。

虽然 Maven 能够自动从中央仓库下载各种依赖，但是由于中央仓库在国外，下载依赖的速度可能较慢。为了解决这一问题，可以配置一个在国内的、更稳定的远程仓库以加快依赖的下载速度。目前，阿里云远程仓库是较为常用的远程仓库之一，它包含大部分项目所需的依赖项，下面讲解如何配置阿里云远程仓库。

打开 conf 目录下的 settings.xml 文件，在该文件中找到<mirrors>标签，在该标签下添加子标签<mirror>，其具体内容如下。

```
<mirror>
    <id>alimaven</id>
    <mirrorOf>central</mirrorOf>
    <name>aliyun maven</name>
    <url>http://maven.aliyun.com/nexus/content/groups/public</url>
</mirror>
```

需要注意的是，<mirror>子标签必须嵌套在<mirrors></mirrors>标签内，并且 settings.xml 文件中只能配置一个<mirror>，否则多个远程仓库会发生冲突。

3. 配置环境变量

Maven 环境变量的配置与 JDK 的类似，只需将对应的安装路径设置为环境变量的值即可。首先在"系统变量"列表框下单击"新建"，在弹出的"新建系统变量"对话框中输入变量名和变量值，变量名为"MAVEN_HOME"，变量值为 Maven 的安装路径，具体如图 2-27 所示。

在图 2-27 所示对话框中单击"确定"按钮回到"环境变量"对话框，在该对话框的"系统变量"列表框中找到 Path 变量，选中该变量，单击"编辑"，然后在弹出的"编辑环境变量"对话框中添加一个新值，内容为"%MAVEN_HOME%\bin"，如图 2-28 所示。

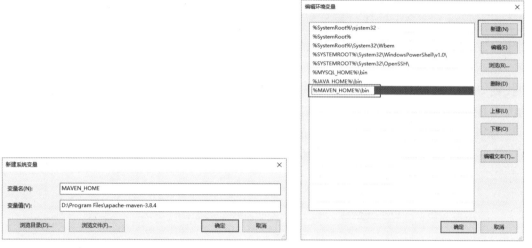

图2-27　新建系统变量　　　　　　　　　　　图2-28　添加一个新值

在图 2-28 所示对话框中单击"确定"按钮完成环境变量的配置。

打开系统的命令提示符窗口，在命令提示符窗口中输入并执行以下命令，验证 Maven 是否安装并配置成功。

```
mvn -v
```

运行上述命令后，命令提示符窗口如图 2-29 所示。

图2-29　命令提示符窗口

从图 2-29 可以看到，命令提示符窗口中输出了 Maven 的安装版本，说明 Maven 已安装成功，并且环境变量也配置成功。

至此，Maven 的安装和配置完成。

2.4.3　POM 文件

POM 文件是 Maven 项目的核心配置文件，它存储了项目的基本信息和配置细节。因此，熟悉 POM 文件是学习 Maven 的关键。

通常情况下，一个 POM 文件的基本结构包括项目坐标、项目属性配置、构建配置、依赖配置等基本配置项。下面通过一个 POM 文件来学习这些配置项的配置方式和作用，具体如文件 2-1 所示。

文件 2-1　pom.xml

```
1   <?xml version="1.0" encoding="UTF-8"?>
2   <project xmlns="http://maven.apache.org/POM/4.0.0"
3           xmlns:xsi="http://www.w3.org/2001/XMLSchema-instance"
4           xsi:schemaLocation="http://maven.apache.org/POM/4.0.0
5           http://maven.apache.org/xsd/maven-4.0.0.xsd">
6       <modelVersion>4.0.0</modelVersion>
7       <!-- 项目坐标-->
8       <groupId>com.itheima</groupId>
9       <artifactId>maven_project</artifactId>
10      <version>1.0-SNAPSHOT</version>
11      <!-- 项目属性配置-->
12      <properties>
13          <maven.compiler.source>17</maven.compiler.source>
14          <maven.compiler.target>17</maven.compiler.target>
15          <project.build.sourceEncoding>UTF-8
16          </project.build.sourceEncoding>
17      </properties>
18      <!-- 构建配置 -->
19      <build>
20          <plugins>
21              <!-- 插件配置 -->
22              <plugin>
23                  <groupId>org.apache.maven.plugins</groupId>
24                  <artifactId>maven-compiler-plugin</artifactId>
25                  <version>3.8.1</version>
26                  <configuration>
27                      <source>${maven.compiler.source}</source>
28                      <target>${maven.compiler.target}</target>
29                  </configuration>
30              </plugin>
31          </plugins>
32          <resources>
33              <!-- 资源文件配置 -->
34          </resources>
35      </build>
36      <!-- 依赖配置-->
```

```
37    <dependencies>
38       <dependency>
39          <groupId>mysql</groupId>
40          <artifactId>mysql-connector-java</artifactId>
41          <version>8.0.23</version>
42          <scope>compile</scope>
43       </dependency>
44    </dependencies>
45 </project>
```

文件 2-1 是一个常规的 pom.xml 文件，其中包含一些项目的构建配置和依赖的配置，下面对这些配置进行介绍。

1. 项目坐标

第 8～10 行代码是项目坐标信息，用于唯一标识项目。项目坐标信息包含<groupId>、<artifactId>和<version>元素。其中，<groupId>指定了项目的组织标识符，<artifactId>指定了项目的唯一标识符（通常为项目名称），<version>指定了项目的版本号。这些信息在创建项目时可以进行指定，在项目创建完成后会自动生成。

2. 项目属性配置

第 12～17 行代码是项目属性配置，包含在<properties>元素中，这些属性值可以在整个项目中重复使用，它们的具体含义如下。

① <maven.compiler.source>：指定了项目使用的 Java 源代码编译版本为 17，即编译项目的 Java 源代码时，会使用 Java 17 的编译器。

② <maven.compiler.target>：指定了项目编译后生成的字节码目标版本为 17，即编译后的类文件将能够在 Java 17 虚拟机上运行。

③ <project.build.sourceEncoding>：指定了项目的源代码编码格式为 UTF-8。

3. 构建配置

第 19～35 行代码是项目的构建配置。构建配置用于定义项目的构建过程，它包含在<build>元素中，该元素中包含多个子元素，比较常用的子元素有<plugins>、<resources>等，它们分别用于插件配置和资源文件配置。

插件配置用于扩展 Maven 的功能，它被包含在<plugins>元素中，每个插件使用一个<plugin>元素进行描述。第 22～30 行代码配置了一个 Maven 编译器插件，其中<groupId>、<artifactId>和<version>分别用于指定插件的组织标识符、插件名称以及版本。第 26～29 行代码的<configuration>元素用于配置插件的具体参数，这里引用之前定义的属性指定了源代码编译版本和生成的字节码目标版本均为 17。

资源文件配置用于指定项目中需要被访问和使用的资源文件。然而，通常情况下 Maven 项目会自动识别和处理 resources 目录中的资源文件，因此大多数情况下不需要手动配置资源文件。

4. 依赖配置

第 37～44 行代码是项目的依赖配置。依赖配置用于定义项目所依赖的外部库，它包含在<dependencies>元素中，每一个依赖项使用一个<dependency>元素进行描述。

第 38～43 行代码配置了一个 MySQL 的 Java 连接器依赖，其中，<scope>元素是可选的，用于指定依赖的范围，默认值是 compile，表示在编译、测试、运行中都有效。常见的其他取值有 test、provide、runtime 等，分别表示适用于测试范围、编译和测试范围、测试和运行时范围。读者后续如需自行在 pom.xml 文件中引入依赖，可以在中央仓库管理平台中查询对应依赖的坐标信息。

2.4.4　创建并运行 Maven Web 项目

基于 Maven 可以创建普通的 Java 项目，也可以创建 Web 项目，基于 Maven 进行项目管理和构建的 Web 项目通常也称为 Maven Web 项目。下面演示如何创建并运行一个 Maven Web 项目，具体步骤如下。

1. 创建 Maven Web 项目

Maven 提供了预定义的骨架，这些骨架是创建 Maven 项目的模板，它们定义了项目的基本目录结构、必需的文件（如 pom.xml）以及一些初始的源代码文件。使用骨架可以快速启动一个新的项目，无须从头开始搭建项目结构。其中，Web 项目骨架用于创建基于 Servlet 的 Web 应用程序。下面演示如何基于 Web 项目骨架创建一个名称为 chapter02_maven 的 Maven Web 项目。

在 IDEA 主界面中依次单击"File"→"New"→"Project"进入新建项目对话框，在该对话框中选中"Maven Archetype"，进入基于特定 Archetype 的项目创建界面。在该界面中设置项目的名称、存放路径等信息，并选择 Archetype 为 org.apache.maven.archetypes: maven-archetype-webapp，表示基于 Web 项目骨架创建 Maven Web 项目，如图 2-30 所示。

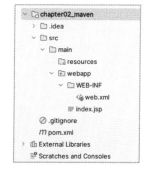

图2-30　基于Web项目骨架创建Maven Web项目　　　　图2-31　chapter02_maven项目的结构

在图 2-30 中单击"Create"按钮创建项目，创建项目的结构如图 2-31 所示。

在图 2-31 中可以看到，创建的项目中包含一个名称为 webapp 的目录，该目录的功能与 2.3.3 小节创建的 chapter02 项目中 web 目录的功能相同。

需要说明的是，通过这种方式创建的 Maven Web 项目中不包含存放 Java 源代码的文件夹，因此在开发时还需要在项目的 src/main 目录下新建名称为 java 的文件夹，用于存放项目的 Java 源代码。

此外，通过以上步骤创建 Maven Web 项目时，Web 应用的版本默认为 1.0。如果需要在 web.xml 文件中配置一些 Web 应用程序组件的行为和属性，需要将 Web 应用的版本改为 4.0，即将项目中的 web.xml 文件的头部信息修改为文件 2-2 所示的内容。

文件 2-2　web.xml

```
1  <web-app xmlns="http://xmlns.jcp.org/xml/ns/javaee"
2          xmlns:xsi="http://www.w3.org/2001/XMLSchema-instance"
3          xsi:schemaLocation="http://xmlns.jcp.org/xml/ns/javaee
4              http://xmlns.jcp.org/xml/ns/javaee/web-app_4_0.xsd"
5          version="4.0">
6  </web-app>
```

2. 配置 Maven 环境

项目创建完成后，需要为该项目配置 Maven 环境。在 IDEA 上方的菜单栏中选择"Settings"选项，打开"Settings"对话框，然后在该对话框的左侧导航栏中依次选择"Build, Execution, Deployment"→"Build Tools"→"Maven"进入 Maven 设置界面，如图 2-32 所示。

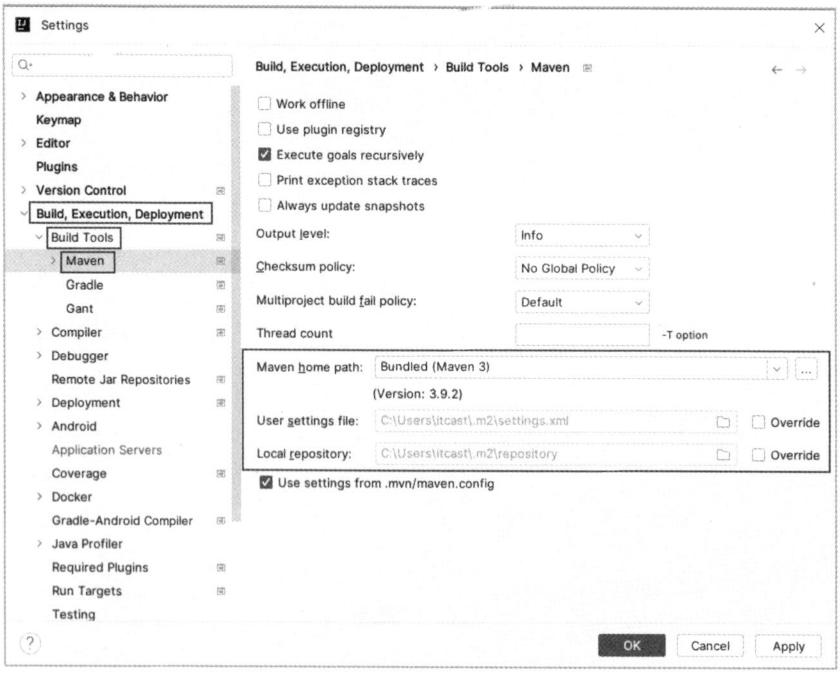

图2-32　Maven设置界面

图 2-32 中方框标注的 3 个参数的作用说明如下。

① Maven home path：用于指定 Maven 的安装路径。

② User settings file：用于指定 Maven 的用户配置文件的路径，也就是 settings.xml 文件的路径。

③ Local repository：用于指定 Maven 本地仓库的路径，以便项目将下载的所有依赖存储在 Maven 本地仓库中。

读者可以根据自己 Maven 的安装路径、Maven 的用户配置文件的路径、Maven 本地仓库的路径对上述参数进行修改。其中，在修改 Maven 的用户配置文件的路径、Maven 本地仓库的路径时，需要先勾选"Override"复选框。上述 3 个参数的设置效果如图 2-33 所示。

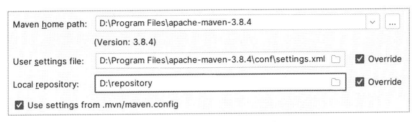

图2-33　上述3个参数的设置效果

设置完成后，在图 2-32 所示界面中单击"OK"按钮。至此，chapter02_maven 项目的 Maven 环境配置完成。

3. 添加 Tomcat 配置

为 chapter02_maven 项目添加 Tomcat 配置，并设置项目访问的 URL 为"http://localhost: 8080/chapter02_maven/"。添加 Tomcat 配置的过程可以参考 2.3.3 小节。

至此，chapter02_maven 项目创建并配置完成。

4. 运行项目

chapter02_maven 项目创建后，项目的 webapp 文件夹下包含一个 index.jsp 文件，该文件是 JSP 类型的文件，可以生成动态的页面内容，关于 JSP 的知识第 5 章会详细讲解，在此读者只需将 JSP 文件当作 HTML 文件即可。

在 chapter02_maven 项目中，index.jsp 文件的存在是为了提供一个快速启动的页面，启动项目，在浏览器中通过地址 http://localhost:8080/chapter02_maven/访问 index.jsp，效果如图 2-34 所示。

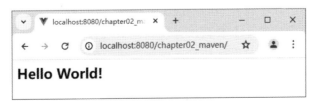

图2-34　访问index.jsp的效果

从图 2-34 可以看到，浏览器中显示了 index.jsp 页面的内容，这说明 chapter02_maven 项目运行成功，并成功访问到项目中的资源。

2.5　HTTP

在 Web 项目中，客户端与服务器需要建立有效的通信，而这种通信需要遵循一定的通信规则。HTTP 是 Web 开发中比较常用的一种通信规则，它定义了客户端和服务器之间交换数据的标准方式。掌握 HTTP 对开发和管理 Web 项目至关重要，本节将讲解 HTTP 的相关知识。

2.5.1　HTTP 概述

HTTP 是一种用于描述 Web 服务器和浏览器相互通信的传送协议，它定义了浏览器如何向服务器请求数据，以及服务器如何响应这些请求的规则和格式。HTTP 之所以被称为超文本传送协议，是因为它支持超文本数据的传送。HTTP 是互联网中应用最为广泛的传送协议之一，尤其是在开发 Web 应用时扮演着不可或缺的角色。下面将从 HTTP 通信方式以及 HTTP 报文这两个方面介绍 HTTP。

1. HTTP 通信方式

HTTP 是一种请求/响应式协议，客户端在与服务器建立连接后，就可以向服务器发送请求，这种请求被称作 HTTP 请求，服务器接收到请求后会做出响应，这种响应被称作 HTTP 响应。在 HTTP 中，客户端与服务器之间的通信方式如图 2-35 所示。

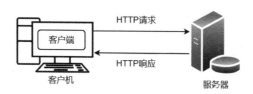

图2-35　客户端与服务器之间的通信方式

图 2-35 中展示了客户端与服务器之间通过 HTTP 进行通信的方式。在这种通信中，客户端与服务器交换的内容称为报文，而 HTTP 规定了报文的格式。

2. HTTP 报文

HTTP 报文包括 HTTP 请求报文和 HTTP 响应报文。当用户在浏览器中访问某个 URL、单击网页某个链接或提交网页上的表单时，浏览器都会向服务器发送请求数据，这些数据称为 HTTP 请求报文。服务器在接收到请求数据后，会将处理后的数据发回浏览器，这些数据称为 HTTP 响应报文。

在 HTTP 报文中，除了服务器的响应实体内容（如网页、图片等）外，其他信息对普通浏览体验而言是隐式的，不会直接呈现在网页内容区域，例如请求方法、HTTP 版本号、请求头和响应头等。对于这些隐式信息，可以借助技术手段（如浏览器的开发者工具）进行查看和分析。

为了帮助读者更好地理解 HTTP 报文，下面首先运行 2.3.3 小节中的 chapter02 项目，然后打开浏览器，按"F12"键打开浏览器的开发者工具，接着在浏览器中访问 http://localhost:8080/chapter02/，最后在开发者工具栏中选择"Network"查看网页加载过程中产生的网络请求，如图 2-36 所示。

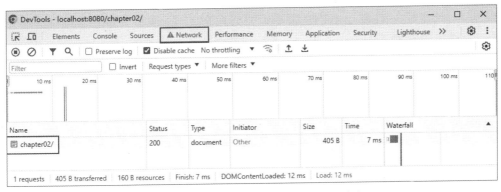

图2-36　查看网页加载过程中产生的网络请求

在图 2-36 中有一个名称为"chapter02/"的网络请求，单击该请求，可以查看该请求的详细信息，如图 2-37 所示。

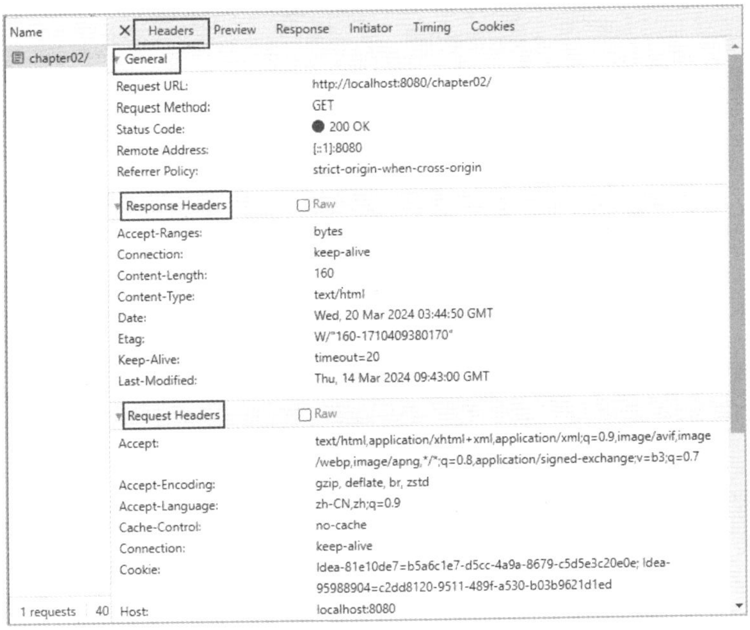

图2-37　"chapter02/"请求的详细信息

在图 2-37 中，Headers 表示该请求的 HTTP 头信息，包含通用头部 General、响应头部 Response Headers、请求头部 Request Headers 等信息。头信息的具体含义以及 HTTP 报文的其他知识将会在后续进行讲解。

2.5.2　HTTP 请求报文

HTTP 请求报文是客户端发送给服务器的数据包，用于请求资源或执行操作。一个完整的 HTTP 请求报文通常包括请求行、请求头、一个空行（作为请求头和请求体之间的分隔符）以及可选的请求体。下面将围绕 HTTP 请求报文的组成部分进行讲解。

1. 请求行

请求行位于 HTTP 请求报文的第 1 行，它主要包含 3 个部分，即请求方法（如 GET、

POST 等）、请求的 URI 以及 HTTP 版本（如 HTTP/1.1），这 3 个部分之间用空格分隔。请求行的格式通常如下所示。

```
<请求方法> <URI> <HTTP 版本>
```

上述格式中的请求方法是指客户端向服务器发送请求时所使用的方法。HTTP 定义了一组请求方法，用于指示要对指定的资源执行的操作。HTTP 定义的常见请求方法如表 2-2 所示。

表 2-2　HTTP 定义的常见请求方法

请求方法	描述
GET	向服务器请求获取某个资源，参数会附加在 URL 后面
POST	向服务器提交数据，参数包含在请求体中
HEAD	向服务器请求获取某个资源的头部信息
PUT	向服务器更新某个资源
DELETE	向服务器删除某个资源
OPTIONS	向服务器请求获取某个资源所支持的 HTTP 请求方法
PATCH	对 PUT 的补充，用于对已知资源进行局部更新

在表 2-2 列举的 HTTP 定义的常见请求方法中，最常用的是 GET 和 POST，下面对这两种请求方法进行讲解。

（1）GET 请求方法

使用 GET 请求方法发送的 HTTP 请求通常称为 GET 请求，GET 请求用于根据给定的 URL 从服务器获取数据而不对其进行修改。GET 请求主要通过在 URL 中添加参数传递信息，例如搜索关键字、过滤条件等，因此在实际应用中，GET 请求几乎从不包含请求体。GET 请求的 URL 格式如下。

```
http://www.example.com/resource?key1=value1&key2=value2
```

上述 URL 格式中，查询参数位于 URL 末尾，以 "?" 进行分隔，多个参数之间通过 & 符号进行分隔。

GET 请求是幂等的，也就是说，多次执行相同的 GET 请求不会引起服务器资源状态的变化，因此它适用于获取资源的场景。然而，需要注意的是，大部分浏览器和服务器对 URL 的长度有限制，通常建议 URL（包括查询字符串）的长度保持在 2048 个字符以内以确保兼容性。

（2）POST 请求方法

使用 POST 请求方法发送的 HTTP 请求通常称为 POST 请求，POST 请求用于向服务器提交数据，通常用于表单提交、文件上传等场景。POST 请求的参数不会附加在 URL 后面，而是包含在请求体中，这种方式不会将参数以明文的方式暴露在 URL 中，可以避免敏感信息在 URL 中暴露。此外，POST 请求的请求体大小没有明确的最大限制，因此与 GET 请求相比，POST 请求可以传输更大量的数据。

POST 请求不是幂等的，也就是说，多次执行相同的 POST 请求可能会引起服务器资源状态发生变化，例如重复创建相同的资源等。

2. 请求头

请求头是 HTTP 请求报文的重要组成部分，主要用于向服务器传递附加消息，例如客户端可接收的响应内容类型、访问的服务器主机名和端口号等。请求头位于请求行之后、空行之前，由一系列的字段组成，每个字段都由一个字段名和字段值组成，字段名和字段值之间用冒号（:）分隔，字段值之后跟着一个可选的空格。

请求头的示例如下。

```
1   //浏览器支持的文件类型
2   Accept: text/html,application/xhtml+xml,application/xml;
3           q=0.9,image/avif,image/webp,image/apng,*/*;
4           q=0.8,application/signed-exchange;v=b3;
5           q=0.7
6   //浏览器支持的压缩格式
7   Accept-Encoding: gzip, deflate, br, zstd
8   //浏览器支持的语言
9   Accept-Language: zh-CN,zh;q=0.9
10  Cache-Control: no-cache                          //无缓存
11  Content-Length: 31                               //请求体内容的长度
12  Content-Type: application/x-www-form-urlencoded  //请求体内容的类型
13  Connection: keep-alive                           //持久连接
14  //Cookie
15  Cookie: Idea-81e10de7=b5a6c1e7-d5cc-4a9a-8679-c5d5e3c20e0e;
16          Idea-95988904=c2dd8120-9511-489f-a530-b03b9621d1ed
17  Host: localhost:8080                             //主机地址
18  Upgrade-Insecure-Requests: 1                     //请求协议的自动升级
19  //用户系统信息
20  User-Agent: Mozilla/5.0 (Linux; Android 6.0; Nexus 5 Build/MRA58N)
21          AppleWebKit/537.36 (KHTML, like Gecko)
22          Chrome/121.0.0.0 Mobile Safari/537.36
```

上述示例为了更清晰地展示每个请求头的内容，将较长的值换行显示，但实际每个请求头应占一行，并以换行符结束。

当浏览器发送 HTTP 请求给服务器时，请求头的内容会根据具体的功能需求和上下文环境的不同而变化，常见的请求头字段如表 2-3 所示。

表 2-3　常见的请求头字段

请求头字段	描述
Accept	指定客户端可以接收和处理的内容类型
Accept-Charset	指定客户端可以接收的字符编码
Accept-Encoding	指定客户端可以接收的编码格式

请求头字段	描述
Accept-Language	指定客户端可以接收的语言类型
Authorization	用于携带验证客户端身份的凭证
Cache-Control	指定请求/响应链上的所有缓存机制必须遵守的命令
Connection	指定是否保持持久连接
Content-Length	指定请求体的字节长度
Content-Type	指定请求体中数据的媒体类型
Cookie	包含客户端发送给服务器的 Cookie 信息
Date	包含消息发送的日期和时间
Host	指定请求的主机名和端口号
Referer	包含请求页面的 URL
User-Agent	包含发起请求的用户代理的信息

对于表 2-3 列举的一些常见的请求头字段，读者无须立即记住这些字段的名称和含义，可以在后续的学习和实际使用中逐渐熟悉并掌握。下面对较为常用的 Content-Type 字段进行说明。

服务器在接收到 HTTP 请求时，会根据 Content-Type 字段中指定的媒体类型选择相应的解析格式对数据进行解析，常见的媒体类型的说明如下。

（1）application/x-www-form-urlencoded

application/x-www-form-urlencoded 用于告诉服务器请求体中的数据被编码为表单数据，是 HTML 表单提交时最常见的媒体类型。当 Content-Type 被设置为 application/x-www-form-urlencoded 时，请求体会将表单数据编码为键值对[每个键值对的键和值都使用等号（=）连接]，并使用 "&" 符号进行分隔。

（2）multipart/form-data

multipart/form-data 是 HTTP 请求中需要上传文件或发送包含多种数据类型（如文本和二进制数据）的表单数据时使用的一种媒体类型。当 Content-Type 被设置为 multipart/form-data 时，请求体会被分割成多个部分，每个部分都可以包含不同类型的数据，并且通过由边界字符串分隔的格式组织在一起。

（3）application/json

application/json 表示请求体中的数据是 JSON（JavaScript Object Notation，JavaScript 对象表示法）格式的数据。JSON 是一种轻量级的数据交换格式，易于人阅读和编写，同时也易于机器解析和生成。

（4）application/xml

application/xml 表示请求体中的数据是以 XML 格式编码的。

3. 请求体

请求体是 HTTP 请求报文中的可选部分，用于向服务器传输请求的数据内容。并非所有类型的 HTTP 请求都会包含请求体——通常像 GET 请求和 HEAD 请求这类用于获取信息的请求不包含请求体，而 POST 请求、PUT 请求、PATCH 请求和 DELETE 请求等在向服务器发送请求时则会包含请求体。

下面是一个包含表单数据的 POST 请求报文示例，具体如下。

```
1  POST /submit-form HTTP/1.1
2  Host: www.example.com
3  Content-Type: application/x-www-form-urlencoded
4  Content-Length: 28
5
6  username=user&password=12345
```

在上述示例中，请求体中包含带有用户名和密码的表单数据，请求体的数据类型为 application/x-www-form-urlencoded。服务器收到这个请求后，就可以解析请求体中的数据内容，并进行相应的处理。

2.5.3　HTTP 响应报文

HTTP 响应报文是服务器发送给客户端的数据包，HTTP 响应报文通常包含状态行、响应头、空行和响应体 4 个部分。下面对除空行之外的 3 个部分进行讲解。

1. 状态行

状态行用于描述服务器对 HTTP 请求的处理结果，位于 HTTP 响应报文的第 1 行，它包括响应的协议版本、状态码以及状态消息。状态行的格式通常如下。

```
HTTP-Version Status-Code Reason-Phrase CRLF
```

上述格式中的内容说明如下。

① HTTP-Version：表示服务器发送响应时所使用的 HTTP 版本，目前最常用的是 HTTP/1.1。

② Status-Code：一个 3 位数字状态码，用于标识请求的结果状态。

③ Reason-Phrase：状态码的可读性描述，是对状态码的简短说明。

④ CRLF：回车换行符，需要注意的是，状态行本身不包含回车换行符，但是 HTTP 消息中通常使用回车换行符标记状态行的结束，将状态行与其他部分分隔开。

状态码被分为 5 类，分别表示不同的响应类型，其中的第一个数字定义了响应的类型。状态码具体分类如下。

① 1xx：信息状态码。表示请求已接收，需要客户端继续操作。

② 2xx：成功状态码。表示服务器成功处理了请求。

③ 3xx：重定向状态码。表示需要进一步操作，以完成请求。

④ 4xx：客户端错误状态码。表示客户端请求有错误。

⑤ 5xx：服务器错误状态码。表示服务器在处理客户端的请求时发生错误。

HTTP 的状态码数量众多，其中大部分无须记忆。下面列举几个 Web 开发中常见的状态码，具体如表 2-4 所示。

表 2-4　Web 开发中常见的状态码

状态码	描述
200	表示服务器成功处理了客户端的请求，返回正常的请求结果
302	表示请求的资源临时从不同的 URL 响应请求

续表

状态码	描述
304	当客户端发出具有条件的 GET 请求时，如果资源自上次请求之后未发生更改，服务器将返回 304 状态码，表示客户端可以继续使用其缓存的版本
400	表示客户端请求有语法错误
403	表示服务器拒绝请求
404	表示客户端请求的资源不存在，导致这种情况的原因包括 URL 书写错误等
500	表示服务器内部错误
503	表示服务器暂时无法处理请求，通常为服务器过载

2. 响应头

响应头包含关于响应的元信息，例如服务器类型、内容类型、内容长度等。响应头位于状态行之后、响应体之前。响应头由一系列的字段组成，每个字段都由一个字段名和字段值组成，字段名和字段值之间用冒号（:）分隔。

响应头的示例如下。

```
1  Accept-Ranges: bytes                        //服务器支持按字节范围请求
2  Connection: keep-alive                      //持久连接
3  Content-Length: 160                         //响应体长度（单位：字节）
4  Content-Type: text/html                     //响应体内容的类型
5  Date: Wed, 20 Mar 2024 03:44:50 GMT         //响应日期和时间
6  Etag: W/"160-1710409380170"                 //用于缓存验证
7  Keep-Alive: timeout=20                      //持久连接参数
8  Last-Modified: Thu, 14 Mar 2024 09:43:00 GMT    //资源最后修改时间
```

当服务器向客户端发送响应消息时，根据请求情况的不同，发送的响应头也不同。常见的响应头字段如表 2-5 所示。

表 2-5　常见的响应头字段

响应头字段	描述
Content-Type	用于指定响应内容的 MIME（Multipurpose Internet Mail Extensions，多用途互联网邮件扩展）类型和字符编码
Accept-Ranges	用于告知客户端，服务器是否能处理范围请求，以指定获取服务器某部分的资源
Etag	经常和 If-Match、If-None-Match、If-Range 配合使用，用以判断资源的有效性
Location	用于指示客户端应该重定向到的 URL，通常在 3xx 类型的 HTTP 状态码响应中会包含 Location 字段
Date	用于指示响应的日期和时间
Last-Modified	用于指示资源最后修改时间
Server	包含服务器的信息，通常是服务器软件的名称和版本号

Content-Type 是日常开发中最为常见的响应头字段，在响应头中，Content-Type 常见的值如下。

① text/html：用于表示响应内容是 HTML 格式的文本。

② application/json：用于表示响应内容是 JSON 格式的数据，常用于 API 的数据返回。

③ application/octet-stream：用于表示响应内容是二进制数据，通常用于传输未知类型的文件或无法用其他 MIME 类型准确描述的文件。

3. 响应体

响应体紧跟在响应头之后，是服务器返回给客户端的实际数据。响应体可以包含 HTML 文档、图片、JSON 格式的数据、纯文本等多种类型的内容，具体取决于 Content-Type 响应头的值。如果 Content-Type 的值是 text/html，那么客户端将响应体作为 HTML 文档来解析，并尝试在浏览器中渲染它；如果 Content-Type 的值是 application/json，那么客户端可将响应体作为 JSON 格式的数据来解析。

2.6　本章小结

本章主要讲解了 Web 应用构建和部署基础知识。首先讲解了两种常见的程序开发体系架构 C/S 和 B/S；其次讲解了 XML 的基础知识；然后介绍了一个常用的 Web 应用服务器 Tomcat；接着介绍了 Java 项目管理工具 Maven；最后讲解了 HTTP 的相关内容。通过本章的学习，读者可以掌握 Web 应用构建和部署的基础知识，为后续的 Java Web 程序开发打下基础。

2.7　课后习题

请扫描二维码，查看课后习题。

第3章

Servlet

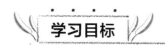
学习目标

知识目标	1. 掌握 Servlet 概述，能够简述 Servlet 的工作原理，说出 Servlet 的核心接口和类，以及配置 Servlet 映射的两种方式。
	2. 了解 Servlet 的生命周期，能够简述 Servlet 生命周期的几个阶段以及各个阶段对应的方法。
技能目标	1. 掌握 Servlet 程序开发的相关知识，能够在 IDEA 中完成 Servlet 入门程序的开发。
	2. 掌握 ServletConfig 的相关知识，能够使用 ServletConfig 获取 Servlet 的配置信息。
	3. 掌握 ServletContext 的相关知识，能够使用 ServletContext 获取 Web 程序的全局初始化参数、访问 Web 程序的资源文件以及实现 Servlet 之间的数据共享。
	4. 掌握获取请求行信息的方法，能够使用 HttpServletRequest 获取 HTTP 请求行信息。
	5. 掌握获取请求头信息的方法，能够使用 HttpServletRequest 获取 HTTP 请求头信息。
	6. 掌握获取请求参数的方法，能够使用 HttpServletRequest 获取 HTTP 请求参数。
	7. 掌握设置状态行和响应头的方法，能够使用 HttpServletResponse 设置响应头信息。
	8. 掌握设置响应体的方法，能够使用 HttpServletResponse 设置 HTTP 响应体内容。
	9. 掌握进行请求转发的方法，能够通过 RequestDispatcher 对象实现请求转发。
	10. 掌握进行重定向的方法，能够通过 sendRedirect()方法实现重定向。

在 Web 程序中，客户端发送给服务器的请求需要经过服务器的处理才能返回请求结果，这种用于处理 Web 请求的技术称为服务器端技术。在 Java Web 开发中，常用的服务器端技术包括 Servlet、JSP 等，本章将对 Servlet 技术的相关知识进行详细讲解。

3.1 Servlet 概述

Servlet 是运行在 Web 服务器（如 Tomcat、Jetty 等）中的 Java 程序，用于处理来自客户端的请求，并生成动态的、可交互的 Web 资源响应给客户端。在 Java Web 程序中，Servlet 占有十分重要的地位，它在 Web 请求的处理方面非常强大。

下面将从 Servlet 的工作原理、继承体系，以及 Servlet 映射 3 个方面对 Servlet 进行讲解。

1. Servlet 程序的工作原理

从原理上讲，Servlet 可以处理任何类型的请求，但通常用于扩展基于 HTTP 的 Web 服务器的功能。下面通过一张图讲解 Servlet 程序的工作原理，如图 3-1 所示。

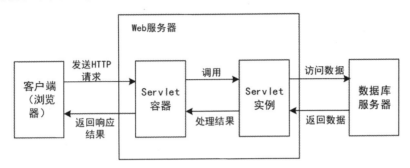

图3-1　Servlet程序的工作原理

在图 3-1 中，当客户端发送 HTTP 请求到 Web 服务器时，会由 Web 服务器中的 Servlet 容器接收请求；Servlet 容器接收到请求后，会解析请求中的 URL，并根据配置的 URL 映射规则调用对应的 Servlet 实例；Servlet 实例通过对应的方法接收请求数据，并根据业务逻辑执行相应的操作（如访问数据库服务器中的数据）；完成处理后，Servlet 实例会将设置好的响应内容作为处理结果返回给 Servlet 容器，Servlet 容器随后将响应结果返回给客户端。

2. Servlet 的继承体系

Servlet 从代码层面上来讲就是一个接口，它定义了 Servlet 程序的访问规范，是所有 Servlet 类的根基。也就是说，想要开发 Servlet 程序，就需要直接或间接实现 Servlet 接口，从而按照标准的方式处理客户端的请求。

Servlet 接口提供了 5 个用于定义 Servlet 程序规范的抽象方法，具体如表 3-1 所示。

表 3-1　Servlet 接口用于定义 Servlet 程序规范的抽象方法

方法	描述
void init(ServletConfig config)	初始化方法。此方法在 Servlet 容器创建 Servlet 实例后立即被调用，仅执行一次。容器通过传递一个 ServletConfig 对象来提供 Servlet 的初始化配置参数
ServletConfig getServletConfig()	用于获取 Servlet 的 ServletConfig 对象，该对象中封装了 Servlet 的配置信息
void service(ServletRequest req, ServletResponse resp)	用于处理请求并做出响应的服务方法，当容器接收到客户端请求时会调用此方法。容器会创建一个表示客户端请求信息的 ServletRequest 对象和一个用于响应客户端的 ServletResponse 对象，并将它们作为参数传递给 service()方法
String getServletInfo()	用于获取 Servlet 的信息，例如作者、版本和版权信息等
void destroy()	销毁方法。用于释放 Servlet 实例占用的资源，在 Servlet 实例销毁之前调用

Servlet 接口只是定义了与 Servlet 程序规范相关的方法，而没有进行任何具体的实现。为了简化 Servlet 开发，Java 提供了两个默认的 Servlet 实现类 GenericServlet 和

HttpServlet，其中，GenericServlet 是一个抽象类，HttpServlet 类是 GenericServlet 类的子类，它们与 Servlet 接口构成了 Servlet 的核心继承体系，如图 3-2 所示。

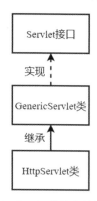

图3-2　Servlet的核心继承体系

GenericServlet 类为 Servlet 接口中的大部分方法提供了默认的空实现（即重写方法中不包含任何业务逻辑），这种实现方式使得开发人员可以更专注于实现特定的功能而不必重写所有方法。HttpServlet 类扩展了 GenericServlet 类的功能，重写了 GenericServlet 类的 service()方法，同时针对不同类型的 HTTP 请求提供了对应的处理方法。

HttpServlet 类常用的方法如表 3-2 所示。

表 3-2　HttpServlet 类常用的方法

方法	描述
void doGet(HttpServletRequest req, HttpServletResponse resp)	用于处理 HTTP GET 请求，常用于获取资源或数据的请求
void doPost(HttpServletRequest req, HttpServletResponse resp)	用于处理 HTTP POST 请求，常用于提交表单数据等操作
void doPut(HttpServletRequest req, HttpServletResponse resp)	用于处理 HTTP PUT 请求，常用于更新资源等操作
void doDelete(HttpServletRequest req, HttpServletResponse resp)	用于处理 HTTP DELETE 请求，常用于删除资源等操作

在 Java Web 的实际开发中，通常处理的请求是 HTTP 请求，因此编写 Servlet 程序时通常会自定义类继承 HttpServlet 类。

3. Servlet 映射

当 Web 服务器接收到 HTTP 请求后，为了使其能够正确调用对应的 Servlet 实例处理该请求，需要建立请求的 URL 路径与 Servlet 实现类（以下简称 Servlet 类）的关联，这一过程称为 Serlvet 映射。

配置 Servlet 映射主要有基于 web.xml 文件和基于@WebServlet 注解两种方式，这两种方式的说明如下。

（1）基于 web.xml 文件配置 Servlet 映射

在 Servlet 3.0 之前，Servlet 映射只能在 web.xml 文件中进行配置。在 web.xml 文件中配置 Servlet 映射需要用到<servlet>标签和<servlet-mapping>标签。下面分别讲解这两个标签的使用。

① <servlet>标签：用于注册 Servlet 类，它包含两个主要的子元素<servlet-name>和<servlet-class>，分别用于设置 Servlet 类的注册名称和全限定类名。

② <servlet-mapping>标签：用于映射一个已注册的 Servlet 类的请求路径，它包含两个子元素<servlet-name>和<url-pattern>，分别用于指定 Servlet 类的注册名称和该 Servlet 类处理的 URL。

下面通过一个示例展示如何为 com.itheima 包下名称为 HelloServlet 的 Servlet 类配置映射，具体代码如下。

```
1  <servlet>
2      <servlet-name>HelloServlet</servlet-name>
3      <servlet-class>com.itheima.HelloServlet</servlet-class>
4  </servlet>
5  <servlet-mapping>
6      <servlet-name>HelloServlet</servlet-name>
7      <url-pattern>/servlet/HelloServlet</url-pattern>
8  </servlet-mapping>
```

在上述示例代码中，第 1~4 行代码用于注册 com.itheima 包下的 HelloServlet 类，并指定该 Servlet 类注册的名称为 HelloServlet。第 5~8 行代码用于将注册名称为 HelloServlet 的 Servlet 类映射到 URL 路径/servlet/HelloServlet 上。当用户的请求路径与该 URL 路径匹配时，服务器会调用 HelloServlet 类来处理该请求。

（2）基于@WebServlet 注解配置 Servlet 映射

如果一个 Web 程序中包含多个 Servlet 类，那么基于 web.xml 文件配置 Servlet 映射需要编写大量的代码，这导致开发过程变得烦琐。为此，Servlet 3.0 之后提供了一个类级别的注解@WebServlet，该注解提供了一种更简洁的方式来配置 Servlet 映射，简化了 Servlet 开发过程。

@WebServlet 注解提供了多个属性，用于直接在 Servlet 类上指定 URL 路径和其他配置信息。@WebServlet 的常用属性如表 3-3 所示。

表 3-3　@WebServlet 的常用属性

属性	描述
name	指定 Servlet 类的注册名称，等价于<servlet-name>。如果没有显式指定，则使用 Servlet 类的名称作为其注册名称
urlPatterns	指定 Servlet 类的一个或多个 URL 映射，等价于<url-pattern>标签。如果指定了多个 URL 映射，当用户的请求路径与这组 URL 映射中任意一个匹配时，该 Serlvet 类就会被调用
value	等价于 urlPatterns 属性，但二者不能同时使用
loadOnStartup	指定 Servlet 类的加载顺序，当 loadOnStartup 的值大于或等于 0 时，表示容器在启动时就应该加载并初始化这个 Servlet 类，容器会按照此注解的 loadOnStartup 值从小到大依次加载；如果值小于 0 或者没有指定，则表示容器在 Servlet 类被请求时再加载和初始化这个 Servlet 类
initParams	指定一组初始化参数，需要嵌套@WebInitParam 注解来定义具体的参数名和参数值

通过@WebServlet 注解配置 HelloServlet 类映射信息的示例如下。

```
@WebServlet(name = "HelloServlet", urlPatterns = {"/urlPattern1", …})
public class HelloServlet extends HttpServlet {

}
```

在上述示例代码中，urlPatterns 属性指定的路径需要以"/"开头，否则将无法访问。如果指定多个路径，需要用逗号分隔并用大括号进行标识；如果只有一个路径，则可以省略大括号。当@WebServlet 注解只有 urlPatterns 一个属性时，可以省略"urlPatterns ="。

随着 Web 技术的不断发展和演进，Servlet 技术也在持续更新和完善。Servlet 技术的不断创新与发展，为我们提供了更加广阔的舞台和无限的可能。作为新时代的开发者，我们要敢于挑战自我，勇于探索未知领域，不断突破技术瓶颈，为行业进步和社会发展贡献自己的智慧和力量。同时，我们也要关注技术创新的伦理边界和道德风险，确保技术成果的应用不会给社会公共利益和共同价值带来负面影响。

3.2　Servlet 开发入门

在掌握 Servlet 的核心概念之后，下面通过对 Servlet 入门程序的开发，以及对 Servlet 生命周期的阐述，引领读者掌握 Servlet 开发，为后续 Java Web 程序开发奠定基础。

3.2.1　Servlet 入门程序

开发一个 Servlet 程序的流程大致包括以下几个关键步骤。

① 创建 Web 项目：建立一个新的 Web 程序项目，为 Servlet 提供运行的基础环境。

② 引入项目依赖：在项目中引入 Servlet 相关的依赖，以便在编写和运行 Servlet 程序时能正常使用 Servlet 的 API。

③ 配置运行环境：配置 Servlet 容器（如 Tomcat），并设置相关的环境变量和配置文件，确保项目能够在该容器中正确运行。

④ 编写 Servlet 程序代码：根据 Servlet 的规范自定义 Servlet 类，在该类中定义业务逻辑，处理客户端请求。

下面根据上述步骤编写 Servlet 入门程序，要求当在浏览器中向 Servlet 发送请求时，Servlet 向页面响应"Hello Servlet"，并展示在请求页面，具体实现如下。

1. 创建 Web 项目

第 2 章介绍了 Java 项目的构建和管理工具 Maven，它可以便捷地构建和部署 Web 程序，在此选择基于 Maven 创建 Web 项目。在 IDEA 中基于 Maven 的 Web 项目骨架创建一个名称为 chapter03 的 Web 项目。

2. 引入项目依赖

开发 Servlet 程序需要添加 Servlet 所需的依赖包。在 chapter03 项目的 pom.xml 文件中引入对应的依赖信息，具体如文件 3-1 所示。

文件 3-1　pom.xml

```
1  <project xmlns="http://maven.apache.org/POM/4.0.0"
2          xmlns:xsi="http://www.w3.org/2001/XMLSchema-instance"
3          xsi:schemaLocation="http://maven.apache.org/POM/4.0.0
4          http://maven.apache.org/maven-v4_0_0.xsd">
5      <modelVersion>4.0.0</modelVersion>
6      <groupId>com.itheima</groupId>
7      <artifactId>chapter03</artifactId>
8      <packaging>war</packaging>
9      <version>1.0-SNAPSHOT</version>
10     <name>chapter03 Maven Webapp</name>
11     <url>http://maven.apache.org</url>
12     <properties>
13         <maven.compiler.source>17</maven.compiler.source>
14         <maven.compiler.target>17</maven.compiler.target>
15         <project.build.sourceEncoding>UTF-8
16         </project.build.sourceEncoding>
17     </properties>
18     <dependencies>
19         <!-- Servlet 依赖-->
20         <dependency>
21             <groupId>jakarta.servlet</groupId>
22             <artifactId>jakarta.servlet-api</artifactId>
23             <version>6.0.0</version>
24         </dependency>
25     </dependencies>
26 </project>
```

在上述代码中，第 12～17 行代码用于指定 Java 源代码的编译版本、编译后生成的字节码目标版本以及项目的源代码编码格式；第 20～24 行代码用于添加 Servlet 的相关依赖。

3. 配置运行环境

为了使 Servlet 程序能够在 Servlet 容器中运行，需要为 chapter03 项目配置运行环境，也就是添加 Tomcat 配置，并指定项目的部署路径、部署方式等信息。

添加 Tomcat 配置的具体过程可以参考 2.3.3 小节，这里不重复介绍，添加完成的 Tomcat 配置如图 3-3 所示。

图3-3　添加完成的Tomcat配置

在图 3-3 中可以看到，项目的 URL 设置为 http://localhost:8080/chapter03/，后续可以通过该路径访问到该项目。接着，单击"OK"按钮，完成运行环境的配置。

4. 编写 Servlet 程序代码

基于 Maven 的 Web 项目骨架创建的项目，默认不会生成存放 Java 源代码的文件夹，因此需要先在项目的 src\main 目录下创建名称为 java 的文件夹，然后在 java 文件夹下创建包 com.itheima.servlet，在该包下创建 HelloServlet 类，并让该类继承 HttpServlet 类。

当前 Servlet 程序需要接收客户端请求，并向客户端响应文字，由于客户端的请求方式没有说明，因此可以在 HelloServlet 类中重写父类的 service() 方法接收请求并处理响应，该方法可以自适应客户端的请求方式。

为了能够在浏览器中输出内容，可以调用响应对象的 getWriter() 方法获取 PrintWriter 对象，PrintWriter 对象提供的 println() 方法可以将数据写入准备发送给客户端（浏览器）的响应体，这些数据在响应结束或显式调用 flush() 时会被发送到客户端。HelloServlet 类代码如文件 3-2 所示。

文件 3-2　HelloServlet.java

```
1  import jakarta.servlet.ServletException;
2  import jakarta.servlet.annotation.WebServlet;
3  import jakarta.servlet.http.HttpServlet;
4  import jakarta.servlet.http.HttpServletRequest;
5  import jakarta.servlet.http.HttpServletResponse;
6  import java.io.IOException;
```

```
7    import java.io.PrintWriter;
8    @WebServlet(urlPatterns = "/hello")
9    public class HelloServlet extends HttpServlet {
10       @Override
11     protected void service(HttpServletRequest req,
12        HttpServletResponse resp) throws IOException {
13         //获取输出流对象
14         PrintWriter printWriter = resp.getWriter();
15         //向响应体中写入文本
16         printWriter.println("Hello Servlet");
17     }
18 }
```

在上述代码中，第 11～17 行代码重写了 HttpServlet 类的 service()方法，其中，第 14 行代码通过响应对象 resp 获取了输出流对象；第 16 行代码用于向响应体中写入文本。

5. 测试效果

启动项目，在浏览器中通过地址 http://localhost:8080/chapter03/hello 访问 HelloServlet，效果如图 3-4 所示。

图3-4　访问HelloServlet的效果

从图 3-4 可以看到，浏览器页面中展示了文本 Hello Servlet，这说明浏览器发起的请求成功访问到 HelloServlet，并且 HelloServlet 成功处理了客户端的请求并进行了响应。

3.2.2　Servlet 生命周期

Servlet 由 Servlet 容器负责创建和管理，一个 Servlet 从被创建并初始化，到处理请求以及最终销毁的整个过程构成了 Servlet 的生命周期。Servlet 的生命周期主要分为 3 个阶段，分别是初始化阶段、服务阶段和销毁阶段。对于每个阶段，Servlet 都提供了对应的方法，分别是 init()、service()、destroy()，这些方法由 Servlet 容器自动调用，开发者可以重写这些方法以实现一些特定的需求。下面对这 3 个阶段进行介绍。

1. 初始化阶段

初始化阶段是指 Servlet 容器创建 Servlet 实例并调用 init()方法进行初始化的过程。需要注意的是，在 Servlet 的整个生命周期内，init()方法只会执行一次。

2. 服务阶段

服务阶段是指在 Servlet 容器接收到客户端请求后，调用 service()方法处理请求并生成响应的过程。在 Servlet 的整个生命周期内，Servlet 容器会为每个请求创建一个 ServletRequest 对象和一个 ServletResponse 对象，并将它们作为参数传递给 service() 方法，用于处理请求和生成响应。

3. 销毁阶段

销毁阶段是指在 Servlet 容器关闭或 Web 程序被移出容器时，Serlvet 容器销毁 Servlet 实例的过程。在这个过程中，Servlet 容器会调用 destroy() 方法，用于执行一些清理操作，例如释放资源、关闭数据库连接等。在 Servlet 的整个生命周期内，destroy() 方法只会被调用一次。

在了解 Servlet 生命周期之后，下面通过一个案例演示 Servlet 生命周期方法的执行效果。

在 com.itheima.servlet 包中创建 LifeCycleServlet 类继承 HttpServlet 类，并重写 HttpServlet 类的 init() 方法、service() 方法和 destroy() 方法，具体如文件 3-3 所示。

文件 3-3　LifeCycleServlet.java

```
1  import jakarta.servlet.ServletConfig;
2  import jakarta.servlet.annotation.WebServlet;
3  import jakarta.servlet.http.HttpServlet;
4  import jakarta.servlet.http.HttpServletRequest;
5  import jakarta.servlet.http.HttpServletResponse;
6  @WebServlet("/lifecycle")
7  public class LifeCycleServlet extends HttpServlet {
8      @Override
9      public void init(ServletConfig config) {
10         System.out.println("执行 init()方法");
11     }
12     @Override
13     protected void service(HttpServletRequest req,
14         HttpServletResponse resp) {
15         System.out.println("执行 service()方法，开始处理请求");
16     }
17     @Override
18     public void destroy() {
19         System.out.println("执行 destroy()方法");
20     }
21  }
```

在文件 3-3 中，第 9～11 行代码重写了 init() 方法，在该方法中输出初始化 Servlet 对象的提示；第 13～16 行代码重写了 service() 方法，在该方法中输出 Servlet 处理请求的提示；第 18～20 行代码重写了 destroy() 方法，在该方法中输出 Servlet 对象被销毁的提示。

启动项目，在浏览器中通过地址 http://localhost:8080/chapter03/lifecycle 访问 LifeCycleServlet，IDEA 控制台输出信息如图 3-5 所示。

图3-5　IDEA控制台输出信息

从图 3-5 可以看出，在第一次发送 HTTP 请求时，首先输出了初始化 Servlet 对象的提示，说明 Servlet 容器首先调用 init()方法初始化 Servlet 对象；然后输出了处理请求的提示，说明 Servlet 容器调用了 service()方法处理请求。

再发送 3 次 HTTP 请求，查看 IDEA 控制台输出信息，如图 3-6 所示。

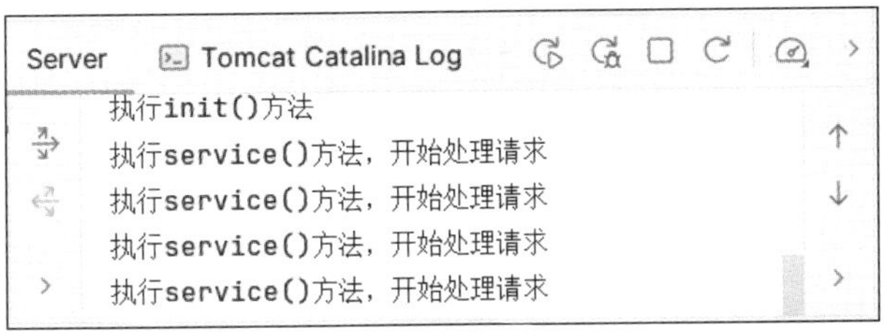

图3-6　再发送3次HTTP请求的IDEA控制台输出信息

从图 3-6 可以看出，控制台输出了"执行 service()方法，开始处理请求"，说明 init() 方法只在第一次发送请求时执行，而 service()方法则在每次发送请求时都执行。

Tomcat 停止运行时会执行正常的关闭流程，其中包括销毁 Servlet 容器中的 Servlet 对象。单击 IDEA 工具栏中的 ◻ 按钮停止 Tomcat 的运行，IDEA 控制台输出信息如图 3-7 所示。

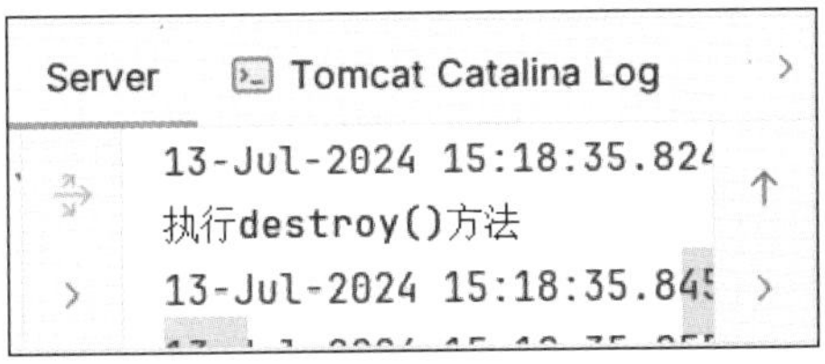

图3-7　停止Tomcat的运行后IDEA控制台的输出信息

从图 3-7 可以看到，控制台中输出了 Servlet 对象被销毁的提示，说明在销毁过程中，Tomcat 会调用 Servlet 的 destroy()方法。

3.3　ServletConfig 和 ServletContext

在进行 Java Web 开发时可能需要对 Servlet 进行一些初始化配置，以及在整个应用程序中共享一些数据，这些任务就可以通过 ServletConfig 和 ServletContext 实现。ServletConfig

和 ServletContext 分别提供配置信息和上下文环境，使得 Servlet 程序能够更加方便地获取所需的信息和资源，从而实现高效、灵活的 Web 应用开发。下面分别对 ServletConfig 和 ServletContext 进行讲解。

3.3.1　ServletConfig

ServletConfig 是用于封装 Servlet 配置信息的接口，当 Servlet 容器初始化 Servlet 实例时，会为每个 Servlet 实例创建一个 ServletConfig 对象，这个对象包含特定 Servlet 实例的配置参数，如初始化参数、Servlet 名称等。通过 ServletConfig 对象，Servlet 实例可以访问 Servlet 配置信息。

ServletConfig 接口定义了一系列获取配置信息的方法，具体如表 3-4 所示。

表 3-4　ServletConfig 接口获取配置信息的方法

方法	描述
String getServletName()	获取 Servlet 名称
String getInitParameter(String name)	根据参数名称获取初始化参数值，若参数名称不存在，则返回 null
Enumeration getInitParameterNames()	获取包含所有参数名称的枚举，若没有初始化参数，则返回空枚举
ServletContext getServletContext()	获取 Servlet 的上下文对象

下面通过一个案例演示 ServletConfig 接口常用方法的使用。

在 chapter03 项目中创建一个 ConfigServlet 类继承 HttpServlet 类，然后在该类上添加一些初始化配置，并重写 HttpServlet 类的 service()方法，在该方法中获取 ServletConfig 对象，通过 ServletConfig 对象获取并输出初始化参数的值，具体如文件 3-4 所示。

文件 3-4　ConfigServlet.java

```
1  import jakarta.servlet.ServletConfig;
2  import jakarta.servlet.annotation.WebInitParam;
3  import jakarta.servlet.annotation.WebServlet;
4  import jakarta.servlet.http.HttpServlet;
5  import jakarta.servlet.http.HttpServletRequest;
6  import jakarta.servlet.http.HttpServletResponse;
7  import java.io.IOException;
8  import java.io.PrintWriter;
9  @WebServlet(urlPatterns = "/configservlet",
10     initParams = {@WebInitParam(name = "encoding",value = "UTF-8")})
11 public class ConfigServlet extends HttpServlet {
12     @Override
13     protected void service(HttpServletRequest req,
14         HttpServletResponse resp) throws  IOException {
```

```
15          resp.setContentType("text/html;charset=UTF-8");
16          PrintWriter pw = resp.getWriter();
17          //获取 ServletConfig 对象
18          ServletConfig config = this.getServletConfig();
19          //获取名称为 encoding 的初始化参数的值
20          String param = config.getInitParameter("encoding");
21          pw.println("参数 encoding 的值为: "+ param);
22      }
23 }
```

在上述代码中，第 9、10 行代码通过@WebServlet 注解指定了该 Servlet 的访问路径，并设置了一个初始化参数 encoding，它的值为 UTF-8。第 13～22 行代码重写了 service() 方法，其中，第 18 行代码用于获取该 Servlet 实例的 ServletConfig 对象；第 20 行代码通过 getInitParameter()方法获取了名称为 encoding 的初始化参数的值；第 21 行代码用于向响应体中写入获取到的参数值。

启动项目，在浏览器中通过地址 http://localhost:8080/chapter03/configservlet 访问 ConfigServlet，效果如图 3-8 所示。

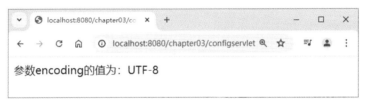

图3-8　访问ConfigServlet的效果

从图 3-8 可以看到，浏览器页面中展示了参数 encoding 的值为 UTF-8，这说明通过 ServletConfig 对象成功读取到 Servlet 实例的配置参数信息。

3.3.2　ServletContext

ServletContext 是代表整个 Web 程序环境的对象，通常被称为 Servlet 程序的上下文对象。当 Servlet 容器启动时，它会为每个 Web 程序创建一个唯一的 ServletContext 对象，该对象被所有的 Servlet 共享。

通过 ServletContext 可以获取 Web 程序的全局初始化参数、访问 Web 程序的资源文件、实现 Servlet 之间的数据共享等。下面分别讲解 ServletContext 的作用。

1. 获取 Web 程序的全局初始化参数

ServletContext 对象可以存储全局初始化参数，在整个 Web 程序中都可以访问。全局初始化参数可以在 web.xml 文件中进行配置，具体格式如下。

```
<context-param>
    <param-name>参数名称</param-name>
    <param-value>参数值</param-value>
</context-param>
```

在上述语法格式中，<param-name>用于指定参数的名称，<param-value>用于指定参数的值。

ServletContext 提供的获取全局初始化参数的方法如表 3-5 所示。

表 3-5　ServletContext 提供的获取全局初始化参数的方法

方法	描述
String getInitParameter(String name)	根据参数名称获取初始化参数值，若参数名称不存在，则返回 null
Enumeration getInitParameterNames()	获取一个包含所有参数名称的枚举，若没有初始化参数，则返回空的 Enumeration

下面通过一个案例演示如何通过 ServletContext 获取 Web 程序的全局初始化参数，具体如下。

（1）配置全局初始化参数

在 chapter03 项目的 web.xml 文件中配置一个全局初始化参数，具体如文件 3-5 所示。

文件 3-5　web.xml

```
1  <web-app xmlns="http://xmlns.jcp.org/xml/ns/javaee"
2          xmlns:xsi="http://www.w3.org/2001/XMLSchema-instance"
3          xsi:schemaLocation="http://xmlns.jcp.org/xml/ns/javaee
4      http://xmlns.jcp.org/xml/ns/javaee/web-app_4_0.xsd" version="4.0">
5   <context-param>
6    <param-name>databaseURL</param-name>
7    <param-value>jdbc:mysql://localhost/mydb</param-value>
8   </context-param>
9  </web-app>
```

在上述代码中，第 5～8 行代码添加了一个名称为 databaseURL、值为 jdbc:mysql://localhost/mydb 的全局初始化参数。

（2）编写 Servlet 类

在 com.itheima.servlet 包中创建一个 ContextServlet01 类继承 HttpServlet 类，然后在该类中重写 HttpServlet 类的 service()方法，在该方法中获取 ContextServlet 对象，通过 ContextServlet 对象获取并输出全局初始化参数。具体如文件 3-6 所示。

文件 3-6　ContextServlet01.java

```
1  import jakarta.servlet.ServletContext;
2  import jakarta.servlet.ServletException;
3  import jakarta.servlet.annotation.WebServlet;
4  import jakarta.servlet.http.HttpServlet;
5  import jakarta.servlet.http.HttpServletRequest;
6  import jakarta.servlet.http.HttpServletResponse;
7  import java.io.IOException;
8  import java.io.PrintWriter;
```

```
9  @WebServlet("/contextservlet01")
10 public class ContextServlet01 extends HttpServlet {
11     @Override
12     protected void service(HttpServletRequest req,
13         HttpServletResponse resp) throws IOException {
14         resp.setContentType("text/html;charset=UTF-8");
15         PrintWriter pw = resp.getWriter();
16         //获取 ServletContext 对象
17         ServletContext context = this.getServletContext();
18         //获取参数 databaseURL 的值
19         String param = context.getInitParameter("databaseURL");
20         pw.println("数据库连接 URL: "+ param);
21     }
22 }
```

在上述代码中，第 17 行代码获取了 ServletContext 对象；第 19 行代码通过 getInitParameter()方法获取了参数 databaseURL 的值；第 20 行代码用于将获取的参数值写入响应体。

（3）测试效果

启动项目，在浏览器中通过地址 http://localhost:8080/chapter03/contextservlet 访问 ContextServlet01，效果如图 3-9 所示。

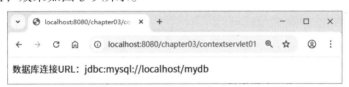

图3-9　访问ContextServlet01的效果

从图 3-9 可以看到，浏览器中输出了 databaseURL 参数对应的参数值，这说明通过 ServletContext 成功获取 Web 程序的全局配置参数。

2. 访问 Web 程序的资源文件

通过 ServletContext 接口可以访问 Web 程序的资源文件，如 HTML 页面、CSS 样式表、Properties 配置文件等。Servlet 容器根据资源文件相对于 Web 程序的路径，返回关联资源文件的 I/O（Input/Output，输入输出）流、资源文件在文件系统中的绝对路径等信息。ServletContext 接口访问资源文件的相关方法如表 3-6 所示。

表 3-6　ServletContext 接口访问资源文件的相关方法

方法	描述
Set\<String\> getResourcePaths(String path)	以 Set 集合的形式返回指定路径下的所有资源文件和目录
String getRealPath(String path)	返回指定路径的绝对路径
URL getResource(String path)	获取指定路径下的 URL 对象
InputStream getResourceAsStream(String path)	获取指定路径下的资源文件的输入流

为了让读者熟悉如何通过 ServletContext 接口访问 Web 程序的资源文件，下面通过一个案例进行演示。

（1）创建配置文件

在 chapter03 项目的 resource 目录下新建一个配置文件 db.properties，并在该文件中写入如下配置信息。

```
username = root
userpassword = root
```

（2）创建 Servlet 类

在 com.itheima.servlet 包中创建一个 ContextServlet02 类继承 HttpServlet 类，然后在该类中重写 HttpServlet 类的 service()方法，在该方法中获取 ContextServlet 对象，通过 ContextServlet 对象访问 db.properties 配置文件，并输出该文件中的信息，具体如文件 3-7 所示。

文件 3-7　ContextServlet02.java

```
1   import jakarta.servlet.ServletContext;
2   import jakarta.servlet.annotation.WebServlet;
3   import jakarta.servlet.http.HttpServlet;
4   import jakarta.servlet.http.HttpServletRequest;
5   import jakarta.servlet.http.HttpServletResponse;
6   import java.io.IOException;
7   import java.io.InputStream;
8   import java.io.PrintWriter;
9   import java.util.Properties;
10  @WebServlet("/contextservlet02")
11  public class ContextServlet02 extends HttpServlet {
12      @Override
13      protected void service(HttpServletRequest req,
14          HttpServletResponse resp) throws IOException {
15          resp.setContentType("text/html;charset=UTF-8");
16          ServletContext context = this.getServletContext();
17          //获取指定路径下的资源文件的输入流
18          InputStream in = context.getResourceAsStream(
19            "/WEB-INF/classes/db.properties");
20          //创建 Properties 对象
21          Properties prop = new Properties();
22          //将 db.properties 文件中的内容加载到 Properties 对象
23          prop.load(in);
24          //获取 Properties 对象
```

```
25          PrintWriter pw = resp.getWriter();
26          pw.println("username 的值: "+prop.getProperty("username") +
27              "<br>");
28          pw.println(
29              "userpassword 的值: "+prop.getProperty("userpassword"));
30      }
31 }
```

在文件 3-7 中，第 18、19 行代码获取了 db.properties 文件的输入流；第 21 行代码创建了一个 Properties 对象，用于封装 db.properties 文件的配置信息；第 23 行代码将 db.properties 文件中的内容加载到 Properties 对象；第 26～29 行代码用于获取 Properties 对象中参数 username 和 userpassword 的值并将其写入响应体。

（3）测试效果

启动项目，在浏览器中通过地址 http://localhost:8080/chapter03/contextservlet02 访问 ContextServlet02，效果如图 3-10 所示。

图3-10　访问ContextServlet02的效果

从图 3-10 可以看到，浏览器中输出了 db.properties 文件中的配置信息，这说明通过 ServletContext 接口可以访问 Web 程序的资源文件。

3. 实现 Servlet 之间的数据共享

在 Web 应用程序中，所有 Servlet 实例共用一个全局的 ServletContext 对象，这使得存储在 ServletContext 中的属性对应用内的所有 Servlet 均可见并可访问。ServletContext 接口提供了 4 个核心方法来便捷地操作这些属性，包括添加、移除和读取属性，从而促进了组件之间的信息交流与数据共享。ServletContext 接口操作属性的相关方法如表 3-7 所示。

表 3-7　ServletContext 接口操作属性的相关方法

方法	描述
Enumeration getAttributeNames()	获取所有存放在 ServletContext 中的属性的名称
Object getAttribute(String name)	根据属性名称获取对应的属性值
void removeAttribute(String)	根据属性名称删除对应的属性
void setAttribute(String name, Object obj)	根据指定的属性名称和属性值设置对应的属性

下面通过一个案例演示如何使用 ServletContext 实现不同 Servlet 之间的数据共享，具体如下。

在 com.itheima.servlet 包中创建一个 Servlet01 类继承 HttpServlet 类，然后在该类中重写 HttpServlet 类的 service()方法，在该方法中设置 ServletContext 中的属性，具体如文件 3-8 所示。

文件 3-8　Servlet01.java

```java
1   import jakarta.servlet.ServletContext;
2   import jakarta.servlet.annotation.WebServlet;
3   import jakarta.servlet.http.HttpServlet;
4   import jakarta.servlet.http.HttpServletRequest;
5   import jakarta.servlet.http.HttpServletResponse;
6   @WebServlet("/servlet01")
7   public class Servlet01 extends HttpServlet {
8       @Override
9       protected void service(HttpServletRequest req,
10          HttpServletResponse resp) {
11          ServletContext context = this.getServletContext();
12          //通过 setAttribute()方法设置属性
13          context.setAttribute("name","张三");
14      }
15  }
```

在上述代码中，第 13 行代码通过 setAttribute()方法为 ServletContext 对象设置了一个属性，其中，属性名称为 name，属性值为张三。

在 com.itheima.servlet 包中创建一个 Servlet02 类继承 HttpServlet 类，然后在该类中重写 HttpServlet 类的 service()方法，在该方法中获取 ServletContext 中属性 name 的值，具体如文件 3-9 所示。

文件 3-9　Servlet02.java

```java
1   import jakarta.servlet.ServletContext;
2   import jakarta.servlet.ServletException;
3   import jakarta.servlet.annotation.WebServlet;
4   import jakarta.servlet.http.HttpServlet;
5   import jakarta.servlet.http.HttpServletRequest;
6   import jakarta.servlet.http.HttpServletResponse;
7   import java.io.IOException;
8   import java.io.PrintWriter;
9   @WebServlet("/servlet02")
10  public class Servlet02 extends HttpServlet {
```

```
11      @Override
12      protected void service(HttpServletRequest req,
13       HttpServletResponse resp) throws IOException {
14        resp.setContentType("text/html;charset=UTF-8");
15        PrintWriter pw = resp.getWriter();
16        ServletContext context = this.getServletContext();
17        //通过 getAttribute()方法获取属性值
18        Object attribute = context.getAttribute("name");
19        pw.println("name 属性的值: "+ attribute);
20      }
21  }
```

在上述代码中，第 18、19 行代码通过 getAttribute()方法获取 name 属性的值，并将其写入响应体。

启动项目，先在浏览器中通过地址 http://localhost:8080/chapter03/servlet01 访问 Servlet01，接着在浏览器中通过地址 http://localhost:8080/chapter03/servlet02 访问 Servlet02，此时浏览器的显示效果如图 3-11 所示。

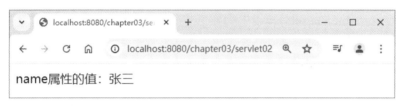

图3-11　浏览器的显示效果

从图 3-11 可以看到，浏览器中输出了 ServletContext 中 name 属性的值，这说明 ServletContext 对象存储的数据可以被多个 Servlet 共享。

3.4　HttpServletRequest

HttpServletRequest 是 ServletRequest 的一个子接口，用于处理 HTTP 请求。当一个 HTTP 请求到达 Servlet 容器时，Servlet 容器会解析这个请求，并将请求中的请求行、请求头、请求体的全部信息封装到一个 HttpServletRequest 对象中。本节将介绍如何通过 HttpServletRequest 对象获取客户端请求报文中的请求行信息、请求头信息和请求参数。

3.4.1　获取请求行信息

HTTP 请求报文的请求行包括请求方法、请求的 URL 和 HTTP 版本三部分，HttpServletRequest 接口提供了一系列用于获取请求行相关信息的方法，常用方法如表 3-8 所示。

表 3-8　HttpServletRequest 接口获取请求行相关信息的常用方法

方法	描述
String getMethod()	获取请求行中的 HTTP 方法名，如 GET、POST 等
StringBuffer getRequestURL()	获取客户端发出请求时使用的 URL 的字符串表示形式，包括协议、主机名、端口号以及请求路径等信息，但不包括查询参数
String getContextPath()	获取当前请求所映射的 Servlet 上下文的路径，即 Web 应用的根目录对应的 URL 部分
String getServletPath()	获取请求的 URL 中对应于 Servlet 的路径部分，不包含上下文路径和查询字符串
String getRequestURI()	获取请求行中的请求 URI，即请求的 URL 的路径部分，包含上下文路径和 Servlet 路径，但不包括查询字符串
String getQueryString()	获取请求的 URL 中的查询字符串部分（即 "?" 后面的内容）。如果请求的 URL 中不包含查询字符串，则返回 null
String getProtocol()	获取请求所使用的协议及版本号，格式为 "协议/版本号"

表 3-8 中列出了 HttpServletRequest 接口获取请求行相关信息的常用方法，下面通过一个案例演示这些方法的使用。

1. 创建 Servlet 类

在项目的 com.itheima.servlet 包中创建一个 RequestServlet01 类继承 HttpServlet 类，在重写的 service()方法中通过 HttpServletRequest 对象获取并输出请求行的相关信息，具体如文件 3-10 所示。

文件 3-10　RequestServlet01.java

```
1  import jakarta.servlet.annotation.WebServlet;
2  import jakarta.servlet.http.HttpServlet;
3  import jakarta.servlet.http.HttpServletRequest;
4  import jakarta.servlet.http.HttpServletResponse;
5  @WebServlet("/requestservlet01")
6  public class RequestServlet01 extends HttpServlet {
7      @Override
8      protected void service(HttpServletRequest req,
9          HttpServletResponse  resp) {
10         System.out.println("请求方法: " + req.getMethod());
11         System.out.println("请求 URL: " +
12              req.getRequestURL().toString());
13         System.out.println("Servlet 上下文的路径: " +
14              req.getContextPath());
15         System.out.println("URL 中对应于 Servlet 的路径: " + req.getServletPath());
16         System.out.println("请求 URI: " + req.getRequestURI());
17         System.out.println("请求的 URL 中的查询字符串: " + req.getQueryString());
```

```
18        System.out.println("请求协议和版本号: " + req.getProtocol());
19    }
20 }
```

在上述代码中,第 8～19 行代码通过 HttpServletRequest 对象提供的方法获取了请求行的各种信息并输出。

2. 测试效果

启动项目,在浏览器中通过地址 http://localhost:8080/chapter03/requestservlet01?username=zhangsan 访问 RequestServlet01,此时 IDEA 控制台的输出信息如图 3-12 所示。

图3-12　访问RequestServlet01时IDEA控制台的输出信息

从图 3-12 可以看到,控制台中输出了发送 HTTP 请求时的请求行信息。由此可见,通过 HttpServletRequest 可以很方便地获取请求行信息。

3.4.2　获取请求头信息

HTTP 请求的请求头中可以传递一些附加信息,为了访问这些由客户端发送到服务器的附加信息,HttpServletRequest 接口提供了一系列获取请求头信息的方法,常用方法如表 3-9 所示。

表 3-9　HttpServletRequest 接口获取请求头信息的常用方法

方法	描述
String getHeader(String name)	根据提供的请求头名称,获取该请求头的首个值,若没有则返回 null
Enumeration<String> getHeaders(String name)	获取指定名称的所有请求头的值,并封装在 Enumeration 对象中返回
Enumeration<String> getHeaderNames()	获取所有请求头字段,并封装在 Enumeration 对象中返回
String getContentType()	获取 Content-Type 字段的值
String getCharacterEncoding()	获取请求报文的实体部分的字符编码,通常从 Content-Type 字段中截取

表 3-9 中列举了 HttpServletRequest 接口获取请求头信息的常用方法,下面通过一个案例演示这些方法的使用。

1. 创建 Servlet 类

在项目的 com.itheima.servlet 包中创建一个 RequestServlet02 类继承 HttpServlet 类,在重写的 service()方法中通过 HttpServletRequest 对象获取所有请求头字段的名称和对应值并输出在控制台,具体如文件 3-11 所示。

文件 3-11　RequestServlet02.java

```
1   import jakarta.servlet.annotation.WebServlet;
2   import jakarta.servlet.http.HttpServlet;
3   import jakarta.servlet.http.HttpServletRequest;
4   import jakarta.servlet.http.HttpServletResponse;
5   import java.util.Enumeration;
6   @WebServlet("/requestservlet02")
7   public class RequestServlet02 extends HttpServlet {
8       @Override
9       protected void service(HttpServletRequest req,
10                      HttpServletResponse resp) {
11          String contentType = req.getContentType();
12          String contentType2 = req.getHeader("content-type");
13          System.out.println("getContentType()方法获取 Content-Type 字段的值: "
14            +contentType);
15          System.out.println("getHeader()方法获取 Content-Type 字段的值: "
16            +contentType2);
17          //获取所有请求头字段的名称和对应值
18          System.out.println("所有请求头字段的名称和对应值: ");
19          Enumeration<String> headerNames = req.getHeaderNames();
20          while(headerNames.hasMoreElements()){
21              String s = headerNames.nextElement();
22              System.out.println(s + ": " + req.getHeader(s));
23          }
24          System.out.println("--------------------------");
25          //获取请求的字符编码
26          String encoding = req.getCharacterEncoding();
27          System.out.println("请求的字符编码: " + encoding);
28      }
29  }
```

在上述代码中，第 11～16 行代码通过 HttpServletRequest 对象的 getContentType()方法和 getHeader()方法获取 Content-Type 字段的值并输出在控制台；第 19～23 行代码获取了所有请求头字段的名称，然后根据字段名称获取对应字段的值并输出在控制台；第 26、27 行代码获取了请求的字符编码并输出在控制台。

2. 测试效果

在 HTTP 请求中，请求头字段 Content-Type 用于指示请求体的媒体类型，POST 请求包含请求体，在此以 POST 请求发送表单数据。测试表单数据的发送除了在浏览器页面中创建表单进行发送，还可以通过 API 开发工具实现。

API 开发工具允许用户直接构造和发送 HTTP 请求到 Web 应用程序的后端服务器，而无须通过浏览器。Postman 是一个流行的 API 开发工具，它提供了强大的功能，可以帮助开发人员在开发、测试和调试 API 时更高效地工作。本书的配套资源中提供了 Postman 的安装包，其安装方式比较简单，在此不进行演示，读者可以自行安装。

下面通过 Postman 实现本案例的测试。启动项目和 Postman 后，在 Postman 中填写测试数据模拟表单数据的发送，其中，请求的 HTTP 方法为 POST，请求的 URL 为 http://localhost:8080/chapter03/requestservlet02，携带的表单参数包含 name，具体如图 3-13 所示。

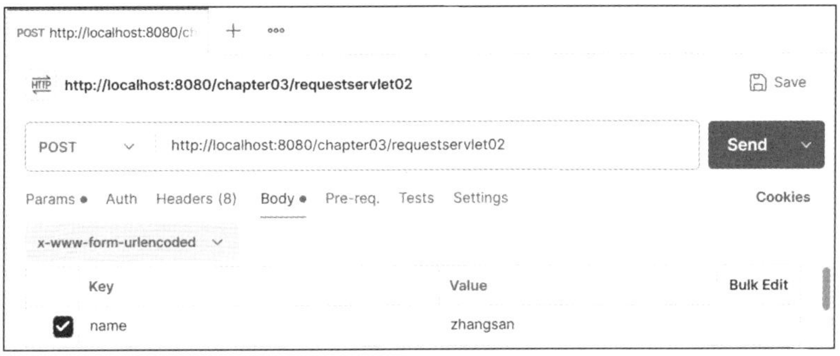

图3-13　在Postman中填写测试数据（1）

填写好测试数据后，单击"Send"按钮发送请求，发送请求后 IDEA 控制台输出获取的请求头信息，如图 3-14 所示。

图3-14　获取的请求头信息

从图 3-14 中的信息可以得出，getContentType()方法和 getHeader()方法获取的 Content-Type 字段的值都为 application/x-www-form-urlencoded，说明这两个方法都成功获取请求头中 Content-Type 字段的值。同时，IDEA 控制台输出了 HTTP 请求所有请求头字段的名称和对应值以及请求的字符编码，这说明通过 HttpServletRequest 对象成功获取请求头信息。

3.4.3　获取请求参数

请求参数是客户端在发送 HTTP 请求时向服务器传递的参数，例如登录时的用户名、密码等。为了在开发时获取这些参数并进行操作，HttpServletRequest 接口提供了一系列获取请求参数的方法，常用方法如表 3-10 所示。

表 3-10　HttpServletRequest 接口获取请求参数的常用方法

方法	描述
String getParameter(String name)	获取指定参数名称对应的参数值
String[] getParameterValues(String name)	获取指定参数名称对应的多个参数值
Enumeration<String> getParameterNames()	获取请求中的所有参数名称
Map<String, String[]> getParameterMap()	获取所有请求参数的键值对集合

表 3-10 列出了 HttpServletRequest 接口获取请求参数的常用方法，下面通过一个案例演示这些方法的使用。

1．创建 Servlet 类

在项目的 com.itheima.servlet 包中创建一个 RequestServlet03 类继承 HttpServlet 类，在重写的 service()方法中通过 HttpServletRequest 对象获取请求中的参数并将其输出在控制台，具体如文件 3-12 所示。

文件 3-12　RequestServlet03.java

```
1   import jakarta.servlet.ServletException;
2   import jakarta.servlet.annotation.WebServlet;
3   import jakarta.servlet.http.HttpServlet;
4   import jakarta.servlet.http.HttpServletRequest;
5   import jakarta.servlet.http.HttpServletResponse;
6   import java.io.IOException;
7   import java.util.Arrays;
8   import java.util.Enumeration;
9   import java.util.Map;
10  @WebServlet("/requestservlet03")
11  public class RequestServlet03 extends HttpServlet {
12      @Override
13      protected void service(HttpServletRequest req, HttpServletResponse
14          resp) throws ServletException, IOException {
15          //获取请求中的所有参数名称
16          Enumeration<String> parameterNames = req.getParameterNames();
17          System.out.println("请求中的所有参数名称：");
18          while (parameterNames.hasMoreElements()) {
19              String paramName = parameterNames.nextElement();
20              System.out.println(paramName);
21          }
22          //获取指定参数名称对应的参数值
23          String username = req.getParameter("username");
24          System.out.println("请求中参数 username 的值：" + username);
```

```
25          //获取指定参数名称对应的多个参数值
26          String[] sports = req.getParameterValues("sports");
27          System.out.println("请求中参数 sports 的值: ");
28          for(String sport : sports){
29              System.out.println(sport + " ");
30          }
31          //获取所有请求参数的键值对集合
32          Map<String, String[]> parameterMap = req.getParameterMap();
33          System.out.println("所有请求参数的键值对集合: ");
34          for (Map.Entry<String, String[]> entry : parameterMap.entrySet()) {
35              String paramName = entry.getKey();
36              String[] paramValues = entry.getValue();
37              System.out.println("Name: " + paramName +
38                      ", Values: " + Arrays.toString(paramValues));
39          }
40      }
41 }
```

在上述代码中，第 16～21 行代码通过 getParameterNames()方法获取请求中的所有参数名称；第 23、24 行代码通过 getParameter()方法获取参数 username 的值；第 26～30 行代码通过 getParameterValues()方法获取参数 sports 对应的多个参数值；第 32～39 行代码通过 getParameterMap()方法获取所有请求参数的键值对集合。

2. 测试效果

下面使用 Postman 对本案例进行测试。启动项目和 Postman，在 Postman 中填写测试数据模拟表单数据的发送，其中，请求的 HTTP 方法为 POST，请求的 URL 为 http://localhost:8080/chapter03/requestservlet03，携带的表单参数包含 username 和 sports，具体如图 3-15 所示。

图3-15　在Postman中填写测试数据（2）

填写好测试数据后，单击"Send"按钮发送请求，发送请求后 IDEA 控制台输出获取的请求参数信息，如图 3-16 所示。

图3-16　获取的请求参数信息

从图 3-16 可以看到，IDEA 控制台输出了表单提交的请求参数值。由此可见，通过 HttpServletRequest 对象的相关方法成功获取了请求参数。

3.5　HttpServletResponse

HttpServletResponse 接口是 ServletResponse 接口的子接口，它专门用于处理 HTTP 响应。当客户端发送 HTTP 请求到服务器时，Servlet 容器会接收这个请求并将其转发给相应的 Servlet 进行处理，最终通过 HttpServletResponse 对象来构造并发送 HTTP 响应给客户端。通过 HttpServletResponse 对象可以设置 HTTP 响应报文的各种信息。本节将介绍如何通过 HttpServletResponse 对象设置 HTTP 响应报文的各种信息。

3.5.1　设置状态行和响应头

通过 HttpServletResponse 对象可以设置 HTTP 响应报文的状态行和响应头，下面讲解如何设置状态行和响应头。

1. 设置状态行

状态行由 HTTP 版本、状态码、状态描述三部分组成，其中 HTTP 版本和状态描述往往由服务器或框架根据协议自动处理，在开发过程中需要设置的通常只有状态码，HttpServletResponse 接口提供了一些设置状态码的方法，具体如表 3-11 所示。

表 3-11　HttpServletResponse 接口设置状态码的方法

方法	描述
void setStatus(int sc)	用于设置 HTTP 响应报文的状态码，参数 sc 表示要设置的状态码
void sendError(int sc)	用于向客户端发送错误响应，并且会自动设置响应的状态码为给定的 sc 值
void sendError(int sc, String msg)	用于发送错误响应给客户端，并设置响应状态码为 sc 和错误信息 msg

表 3-11 中的方法比较简单，这里不单独演示它们的使用。

2. 设置响应头

HttpServletResponse 接口定义了一系列设置响应头的方法，常见方法如表 3-12 所示。

表 3-12　HttpServletResponse 接口设置响应头的常见方法

方法	描述
void setHeader(String name, String value)	设置指定名称和值的响应头。如果该响应头已经存在，则新值将覆盖原有的值
void addHeader(String name, String value)	添加指定名称和值的响应头。如果该响应头已经存在，该方法会在原有的值后面添加一个新的值，多个值之间用逗号（,）分隔
void setIntHeader(String name, int value)	设置指定名称和整数值的响应头。如果该响应头已经存在，则新值将覆盖原有的值
void addIntHeader(String name, int value)	添加指定名称和整数值的响应头。如果该响应头已经存在，该方法会在原有的值后面添加一个新的值，多个值之间用逗号（,）分隔
void setContentType(String type)	设置响应头 Content-Type 的值。通常用于指定响应的内容类型和字符编码，例如 "text/html;charset=UTF-8"

下面通过一个案例演示 HttpServletResponse 接口设置响应头的常见方法的使用，具体如下。

（1）创建 Servlet 类

在项目的 com.itheima.servlet 包中创建一个 ResponseServlet01 类继承 HttpServlet 类，在重写的 service() 方法中通过 HttpServletResponse 对象设置响应报文的响应头信息，具体如文件 3-13 所示。

文件 3-13　ResponseServlet01.java

```
1   import jakarta.servlet.ServletException;
2   import jakarta.servlet.annotation.WebServlet;
3   import jakarta.servlet.http.HttpServlet;
4   import jakarta.servlet.http.HttpServletRequest;
5   import jakarta.servlet.http.HttpServletResponse;
6   import java.io.IOException;
7   import java.io.PrintWriter;
8   @WebServlet("/responseservlet01")
9   public class ResponseServlet01 extends HttpServlet {
10    @Override
11      protected void service(HttpServletRequest req, HttpServletResponse
12        resp) throws ServletException, IOException {
13      // 指定响应的内容类型和字符编码
14      resp.setContentType("text/html;charset=UTF-8");
15      // 设置指定名称和整数值的响应头
16      resp.setIntHeader("Refresh", 20); // 每 20s 刷新一次页面
17      // 设置一个缓存控制响应头，指示浏览器禁止缓存当前响应的内容
```

```
18          resp.setHeader("Cache-Control",
19              "no-cache, no-store, must-revalidate");
20          // 添加两个额外的响应头
21          resp.addHeader("X-Custom-Header", "Version 1.0");
22          resp.addHeader("X-Custom-Header", "Admin");
23          //输出响应内容
24          PrintWriter pw = resp.getWriter();
25          pw.println("<p>2024 年 3 月 20 日，鹊桥二号中继星成功发射。</p>");
26      }
27  }
```

在上述代码中，第 14～22 行代码设置了一系列响应头信息，包括响应的内容类型、字符编码、刷新页面时间、缓存控制等；第 24～25 行代码向响应体中写入一段 HTML 代码。

（2）测试效果

启动项目，在确保浏览器的开发者工具打开的前提下，在浏览器中通过地址 http://localhost:8080/chapter03/responseservlet01 访问 ResponseServlet01，访问后在浏览器的开发者工具中查看名称为 responseservlet01 的响应头信息，如图 3-17 所示。

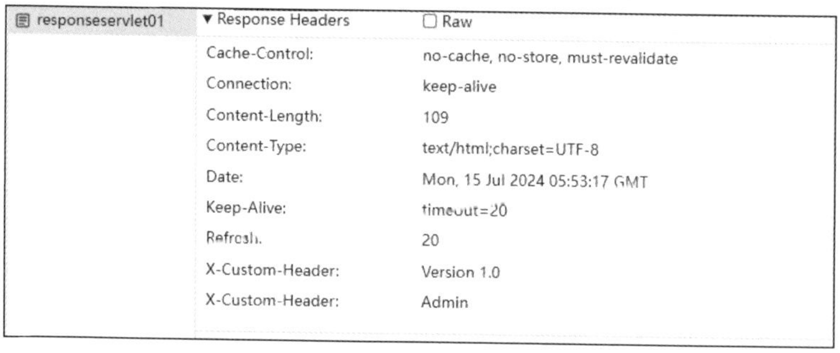

图3-17　名称为responseservlet01的响应头信息

从图 3-17 可以看到，响应头字段对应的值和文件 3-13 中设置的一致，同时浏览器页面每 20s 会自动刷新页面，说明通过 HttpServletResponse 对象成功设置响应头信息。

3.5.2　设置响应体

在 HTTP 响应中，大量数据都是通过响应体发送的，为了能够动态生成和设置这些响应内容，HttpServletResponse 接口基于 I/O 流提供了两种设置响应体的方法，用于获取输出流，以便向响应体中写入数据，具体如表 3-13 所示。

表 3-13　HttpServletResponse 接口设置响应体的方法

方法	描述
PrintWriter getWriter()	返回一个 PrintWriter 对象，用于向客户端发送字符数据。通常用于发送文本内容，例如 HTML、JSON 等格式的文件
ServletOutputStream getOutputStream()	返回一个 ServletOutputStream 对象，用于向客户端发送字节数据。通常用于发送二进制数据

在表 3-13 中，第一个方法在前面已经使用过了，下面通过一个向浏览器发送图片的案例演示第二个方法的使用。

1.　创建 Servlet 类

在 chapter03 项目的 webapp 目录下创建一个名称为 img 的文件夹，然后在该文件夹中放置一张名称为 image.jpg 的图片。在项目的 com.itheima.servlet 包中创建一个 ResponseServlet02 类继承 HttpServlet 类，在重写的 service() 方法中通过 HttpServletResponse 对象获取输出流，将该图片发送到客户端，具体如文件 3-14 所示。

文件 3-14　ResponseServlet02.java

```
1  import jakarta.servlet.ServletException;
2  import jakarta.servlet.annotation.WebServlet;
3  import jakarta.servlet.http.HttpServlet;
4  import jakarta.servlet.http.HttpServletRequest;
5  import jakarta.servlet.http.HttpServletResponse;
6  import java.io.File;
7  import java.io.FileInputStream;
8  import java.io.IOException;
9  import java.io.OutputStream;
10 @WebServlet("/responseservlet02")
11 public class ResponseServlet02 extends HttpServlet {
12     @Override
13     protected void service(HttpServletRequest req, HttpServletResponse
14             resp) throws ServletException, IOException {
15         // 获取图片的绝对路径
16         String imagePath =
17                 getServletContext().getRealPath("/img/image.jpg");
18         File imageFile = new File(imagePath);
19         resp.setContentType("image/jpeg");        // 设置响应内容类型为图片类型
20         // 设置响应头
21         resp.setHeader("Content-Disposition", "inline; filename=\"" +
22                 imageFile.getName() + "\"");
23         // 获取输出流
24         OutputStream out = resp.getOutputStream();
25         // 读取图片文件并写入响应体
26         FileInputStream fis = new FileInputStream(imageFile);
27         byte[] buffer = new byte[4096];
28         int bytesRead;
29         while ((bytesRead = fis.read(buffer)) != -1) {
```

```
30              out.write(buffer, 0, bytesRead);
31          }
32      fis.close();
33      out.flush();
34      out.close();
35      }
36 }
```

在上述代码中，第 16~18 行代码用于获取图片 image.jpg 的绝对路径，并根据获取的路径创建 File 对象；第 19 行代码用于设置响应内容类型为图片类型；第 21、22 行代码设置了一个响应头，用于告诉浏览器直接显示图片；第 24~31 行代码获取输出流，并将图片内容写入响应体中。

2. 测试效果

启动项目，在浏览器中通过地址 http://localhost:8080/chapter03/responseservlet02 访问 ResponseServlet02，效果如图 3-18 所示。

图3-18　访问ResponseServlet02的效果

从图 3-18 可以看到，浏览器中成功展示了图片 image.jpg，这说明通过输出流成功将图片内容写入响应体中。

3.6　请求转发和重定向

在实际开发中，Web 程序往往涉及多个页面和组件之间的交互，使用单一 Servlet 处理所有请求的方式逐渐显得不够高效。为了应对这一挑战，Servlet 技术提供了两种核心机制——请求转发和重定向，这两种机制可以灵活地在不同页面或组件间导航和传递信息。下面将对 Servlet 程序中的请求转发和重定向进行讲解。

3.6.1　请求转发

请求转发是服务器内部的一种资源跳转方式，在这个过程中，当客户端发送一个请求到服务器时，服务器上的某个 Servlet 接收到这个请求，可以决定将请求转发给服务器上的另一个 Servlet 或 JSP 页面进行处理。这个转发过程对客户端来说是透明的，即客户端只知道它最初向服务器发送了一个请求，并最终从服务器接收到了一个响应，但并不知道在服务器内部请求是如何被传递和处理的。

请求转发只能转发当前项目内部的资源，不能转发当前项目外部的资源。请求转发的运行逻辑如图 3-19 所示。

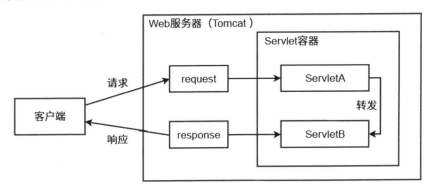

图3-19　请求转发的运行逻辑

从图 3-19 可以看出，当客户端发送请求到 Web 服务器后，首先请求对象 request 会调用 ServletA 处理请求，然后 ServletA 将请求转发给目标资源 ServletB 来进行处理，最后 Servlet 容器将 ServletB 处理后的结果封装到响应对象 response 中，并返回给客户端。

ServletA 将请求转发给 ServletB 的过程需要通过调用 RequestDispatcher 对象的 forward()方法来实现，而 RequestDispatcher 对象可以通过 HttpServletRequest 提供的 getRequestDispatcher()方法来获取。

getRequestDispatcher()方法的声明格式具体如下。

```
RequestDispatcher getRequestDispatcher(String path);
```

在上述格式中，path 是目标资源的访问路径，以 "/" 开头。

在调用 forward()方法转发请求时，原始请求和响应对象会被传递给目标资源，目标资源可以获取并修改这些对象中的数据，然后生成新的响应并将其返回给客户端。请求转发可以将请求转发给其他 Servlet、JSP 页面等动态资源，也可以转发给一些静态资源，如 HTML 文件，以实现页面的跳转。

为了帮助读者更好地理解请求转发的实现过程，下面通过一个案例演示如何实现请求转发。

1. 创建 Servlet 类

在项目的 com.itheima.servlet 包中创建一个 ForwardServlet01 类继承 HttpServlet 类，在重写的 service()方法中获取 RequestDispatcher 对象，并调用其 forward()方法转发请求，具体代码如文件 3-15 所示。

文件 3-15　ForwardServlet01.java

```
1   import jakarta.servlet.RequestDispatcher;
2   import jakarta.servlet.ServletException;
3   import jakarta.servlet.annotation.WebServlet;
4   import jakarta.servlet.http.HttpServlet;
5   import jakarta.servlet.http.HttpServletRequest;
6   import jakarta.servlet.http.HttpServletResponse;
7   import java.io.IOException;
8   @WebServlet("/forwardservlet01")
9   public class ForwardServlet01 extends HttpServlet {
10      @Override
11      protected void service(HttpServletRequest req,
12       HttpServletResponse resp) throws ServletException, IOException {
13          //设置请求属性
14          req.setAttribute("username","lisi");
15          //获取 RequestDispatcher 对象
16          RequestDispatcher dispatcher =
17                  req.getRequestDispatcher("/forwardservlet02");
18          //调用 forward()方法转发请求
19          dispatcher.forward(req,resp);
20      }
21  }
```

在上述代码中，第 14 行代码在请求对象中设置了一个名称为 username、值为 lisi 的属性；第 16、17 行代码获取了一个 RequestDispatcher 对象，并设置目标资源访问路径为/forwardservlet02；第 19 行代码通过 forward()方法将 HttpServletRequest 对象和 HttpServletResponse 对象转发给目标资源。

在项目的 com.itheima.servlet 包中创建一个 ForwardServlet02 类继承 HttpServlet 类，在重写的 service()方法中，从 HttpServletRequest 对象中获取 username 属性的值，并通过输出流将该值响应到客户端，具体代码如文件 3-16 所示。

文件 3-16　ForwardServlet02.java

```
1   import jakarta.servlet.ServletException;
2   import jakarta.servlet.annotation.WebServlet;
3   import jakarta.servlet.http.HttpServlet;
4   import jakarta.servlet.http.HttpServletRequest;
5   import jakarta.servlet.http.HttpServletResponse;
6   import java.io.IOException;
7   import java.io.PrintWriter;
```

```
8  @WebServlet("/forwardservlet02")
9  public class ForwardServlet02 extends HttpServlet {
10    @Override
11    protected void service(HttpServletRequest req,
12      HttpServletResponse resp) throws ServletException, IOException {
13        resp.setContentType("text/html;charset=UTF-8");
14        //获取指定属性的值
15        String username = (String) req.getAttribute("username");
16        //输出响应
17        PrintWriter pw = resp.getWriter();
18        if (username != null){
19            pw.println("username 属性的值: " + username);
20        }
21    }
22 }
```

在上述代码中，第 15 行代码从 HttpServletRequest 对象中获取了 username 属性的值；第 17～20 行代码将获取的属性值写入输出流中响应给客户端。

2. 测试效果

启动 Tomcat，在浏览器中通过地址 http://localhost:8080/chapter03/forwardservlet01 访问 ForwardServlet01，效果如图 3-20 所示。

图3-20　访问ForwardServlet01的效果

从图 3-20 可以看到，username 属性的值被输出，但浏览器中的路径仍然是 ForwardServlet01 的请求路径，这说明 ForwardServlet01 的请求将自动转发到 ForwardServlet02，最终由 ForwardServlet02 进行了响应。

3.6.2　重定向

重定向是指当服务器接收到客户端的请求后，可能由于某些条件的限制而无法访问当前请求的资源，于是告诉客户端需要重新发送请求到另外的 URL 的过程。

重定向的运行逻辑如图 3-21 所示。

在图 3-21 中，request 表示请求对象，response 表示响应对象。客户端发送请求到 ServletA，ServletA 接收到请求后不会直接返回结果，而是发送一个重定向到 ServletB 的响应，告诉客户端需要重新发送请求到 ServletB 以获取响应结果。

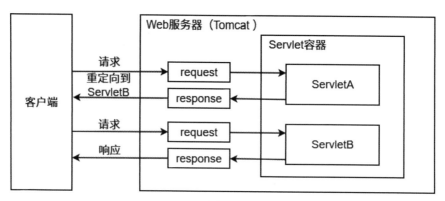

图3-21　重定向的运行逻辑

Servlet 发送重定向响应的过程需要通过 HttpServletResponse 提供的 sendRedirect() 方法来实现。sendRedirect() 方法的声明格式具体如下。

```
void sendRedirect(String location) throws IOException
```

在上述格式中，location 表示重定向目标的 URL。这个 URL 可以是一个相对于当前 Servlet 的相对路径，也可以是一个绝对路径。

重定向是通过客户端发送新的请求实现的，会产生新的 HttpServletRequest 对象，所以原始请求中的数据无法传递给新的请求。此外，重定向的目标资源可以是其他 Servlet 动态资源，也可以是一些静态资源，还可以是当前项目以外的外部资源。

为了帮助读者更好地理解重定向的实现过程，下面通过一个用户登录的案例演示如何实现响应重定向。

1. 创建页面

在 chapter03 项目的 webapp 目录下创建一个登录页面 login.html 和一个登录成功的欢迎页面 welcome.html，具体如文件 3-17 和文件 3-18 所示。

文件 3-17　login.html

```
1   <!DOCTYPE html>
2   <html lang="en">
3       <head>
4           <meta charset="UTF-8">
5           <title>登录页面</title>
6       </head>
7       <body>
8           <form action="/chapter03/redirectservlet" method="post">
9               用户名: <input type="text" name="username"><br>
10              密   码: <input type="password"
11                      name="password"><br>
12              <br>
13              <input type="submit" value="登录">
14          </form>
```

```
15      </body>
16  </html>
```

文件 3-18　welcome.html

```
1   <!DOCTYPE html>
2   <html lang="en">
3      <head>
4          <meta charset="UTF-8">
5          ·<title>欢迎页面</title>
6      </head>
7      <body>
8          恭喜你，登录成功！
9      </body>
10  </html>
```

2. 创建 Servlet 类

在项目的 com.itheima.servlet 包中创建一个 RedirectServlet 类，该类继承自 HttpServlet 类，在重写的 service()方法中获取 HttpServletRequest 对象中 username 和 password 属性的值，并判断用户名和密码是否为 admin 和 123456，如果是，则重定向到登录成功的欢迎页面，否则重定向到登录页面，具体如文件 3-19 所示。

文件 3-19　RedirectServlet.java

```java
1   import jakarta.servlet.annotation.WebServlet;
2   import jakarta.servlet.http.HttpServlet;
3   import jakarta.servlet.http.HttpServletRequest;
4   import jakarta.servlet.http.HttpServletResponse;
5   import java.io.IOException;
6   @WebServlet("/redirectservlet")
7   public class RedirectServlet extends HttpServlet {
8       @Override
9       protected void service(HttpServletRequest req,
10                     HttpServletResponse resp) throws  IOException {
11          resp.setContentType("text/html;charset=UTF-8");
12          //获取用户名和密码
13          String username = req.getParameter("username");
14          String password = req.getParameter("password");
15          //假设正确的用户名和密码为 admin 和 123456
16          if(username.equals("admin") &&  password.equals("123456")){
17              //用户名和密码正确，重定向到登录成功的欢迎页面
18              resp.sendRedirect("welcome.html");
```

```
19          }else{
20              //用户名和密码错误，重定向到登录页面
21              resp.sendRedirect("login.html");
22          }
23      }
24  }
```

在上述代码中，第 13、14 行代码从请求对象中获取了用户名和密码；第 16～22 行代码判断请求的用户名和密码与正确的用户名和密码是否匹配，若匹配，则将响应重定向到登录成功的欢迎页面，否则将响应重定向到登录页面。

3. 测试效果

启动项目，在浏览器中通过地址 http://localhost:8080/chapter03/login.html 访问登录页面，并在登录页面输入正确的用户名和密码（即 admin 和 123456）进行登录，效果如图 3-22 所示。

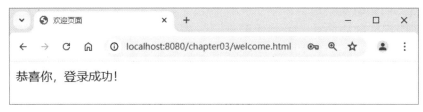

图3-22　输入正确的用户名和密码的登录效果

从图 3-22 可以得出，输入正确的用户名和密码进行登录后，浏览器跳转到了登录成功的欢迎页面，并且此时浏览器中显示的路径发生了改变。

重新访问登录页面，并输入错误的用户名和密码进行登录，例如输入 admin 和 123123 进行登录，效果如图 3-23 所示。

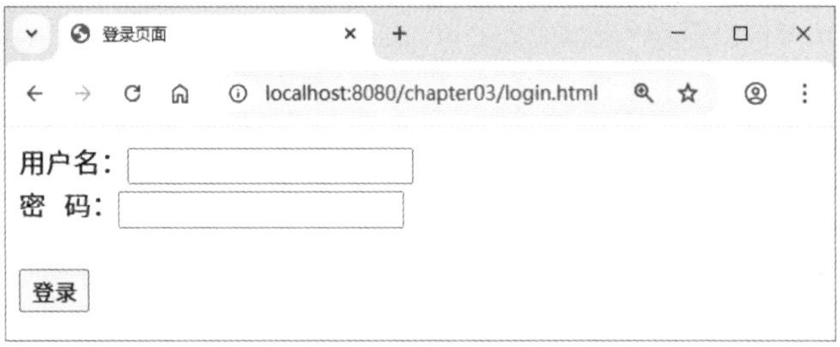

图3-23　输入错误的用户名和密码的登录效果

从图 3-23 可以看到，登录表单中已输入的用户名和密码被清除，这是因为登录失败后，浏览器重新访问了登录页面。

AI 编程任务：用户注册与登录

请扫描二维码，查看任务的具体实现过程。

3.7　本章小结

本章主要介绍了 Servlet 技术。首先讲解了 Servlet 概述；其次讲解了 Servlet 开发入门，开发了一个 Servlet 入门程序，并介绍了 Servlet 生命周期；然后讲解了 ServletConfig 和 ServletContext；接着讲解了 HttpServletRequest 和 HttpServletResponse；最后讲解了请求转发和重定向。通过本章的学习，读者能够熟练掌握 Servlet 相关技术，并能够使用 Servlet 独立开发 Java Web 程序。

3.8　课后习题

请扫描二维码，查看课后习题。

第 **4** 章

会话及会话技术

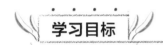
学习目标

知识目标	1. 了解会话，能够简述什么是会话以及常见的两种会话技术。 2. 了解 Cookie，能够简述 Cookie 的作用以及 Cookie 的工作原理。 3. 了解 Session，能够简述 Session 的作用以及 Session 保存用户信息的原理。
技能目标	1. 掌握 Cookie 类的相关知识，能够简述 Cookie 的常用方法，并基于 Cookie 对象封装和管理 Cookie 数据。 2. 掌握 HttpSession 接口的相关知识，能够简述 HttpSession 的常用方法，能够使用 HttpSession 对象管理 Session 数据。

当用户通过浏览器访问 Web 应用时，通常情况下，服务器需要对用户的状态进行跟踪。例如，当用户在网站结算商品时，Web 服务器必须根据请求用户的身份找到该用户所购买的商品。在 Web 开发中，服务器跟踪用户信息的技术称为会话技术，本章将针对会话及会话技术进行详细讲解。

4.1　会话概述

在学习会话技术之前，了解一下什么是会话。会话可以类比于日常的电话通话，从接通到挂断，其间所有互动构成了一次完整的会话过程。在 Web 应用中，会话则是指客户端与 Web 服务器之间持续进行的一系列请求与响应交互的总和。例如，用户在购物网站上从浏览商品到最终完成购买的整个流程便构成了一次典型的 Web 会话。

用户在购物过程中通常会发送多个请求，例如在网页中选择某个商品、加入购物车、再返回网页选择其他商品、结算付款等。这些请求通常会携带和访问许多数据，例如用户的身份信息、浏览记录、购物车内容等。为了使服务器能够识别来自同一个用户的请求，并在多个请求间共享这些数据，服务器需要保存和跟踪用户的状态。

HTTP 是一个基于请求与响应模式的无状态协议，这意味着 HTTP 本身不会保存任何关于用户会话状态的信息。每次客户端向服务器发送的请求都是独立的，且不关联先前的请求，所以，为了在客户端与服务器交互时保存和跟踪用户的状态，需要使用其他方案解决，会话技术就是最常见的解决方案之一。

会话技术是用于维护客户端和服务器在同一次会话中数据的状态的技术，常用的会话技术包括 Cookie 和 Session 两种，本章后续将对这两种会话技术进行详细讲解。

4.2　Cookie

Cookie 是一种客户端会话技术，它能够在客户端保存少量数据，例如用户状态、身份信息等。服务器通过设置 Cookie 来向客户端发送这些信息，客户端会在后续的请求中自动携带该 Cookie，从而使服务器能够在后续的请求中识别用户状态。下面对 Cookie 进行详细讲解。

4.2.1　Cookie 简介

在现实生活中，在顾客购物时商场经常会赠送顾客一张会员卡，卡上可以记录用户的个人信息、消费额度、积分额度等。若顾客接受了该会员卡，以后每次在该商场购物时都可以使用这张会员卡，商场也会根据会员卡上的消费记录计算会员的优惠额度和累计积分。

在 Web 应用中，Cookie 的功能类似于会员卡。浏览器访问 Web 服务器时，服务器上会创建 Cookie，并将用户状态等信息保存在 Cookie 中发送给客户端。之后浏览器再向同一服务器发送请求时，会通过 HTTP 请求头自动附带这些 Cookie，以便服务器对浏览器进行正确识别和响应。

服务器向客户端发送 Cookie 时，会在 HTTP 响应头字段中增加一个 Set-Cookie 字段用于设置 Cookie。在 Set-Cookie 响应头字段中设置 Cookie 的具体示例如下。

```
Set-Cookie: user=itcast; Path=/;
```

在上述示例中，设置了一个名称为 user 的 Cookie，其值为 itcast，并通过 Path 属性指定该 Cookie 对当前域下的所有路径都有效。Cookie 必须以键值对的形式存在。Cookie 属性可以有多个，属性之间使用分号"；"和空格分隔。

下面通过一张图来讲解 Cookie 的工作原理，如图 4-1 所示。

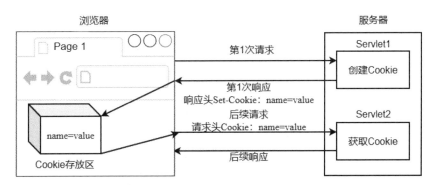

图4-1　Cookie的工作原理

从图 4-1 可以看到，当用户第 1 次向服务器发送请求时，在服务器创建 Cookie 后，会在响应头中通过 Set-Cookie 字段将 Cookie 返回给浏览器，浏览器会将 Cookie 保存起来；当用户再次向同一服务器发送请求时，浏览器会自动在请求头的 Cookie 字段中携带该 Cookie 并发送给服务器，服务器可以根据获取到的 Cookie 跟踪用户状态，并将响应信息返回给浏览器。

4.2.2　Cookie 类

为了封装和管理客户端与服务器之间的 Cookie 信息，Servlet 引入了 Cookie 类。通过该类可以在服务器端创建 Cookie 对象、设置并获取 Cookie 的属性等。Cookie 类提供了用于创建 Cookie 对象的构造方法，该构造方法的声明如下。

```
public Cookie(String name,String value)
```

在上述代码中，参数 name 用于指定 Cookie 的名称，value 用于指定 Cookie 的值。需要注意的是，Cookie 一旦创建，它的名称就不能更改；Cookie 的值可以为任意值，创建后允许更改。

创建好 Cookie 对象后，当需要向客户端发送 Cookie 时，可以使用 HttpServletResponse 对象的 addCookie()方法，添加一个 Cookie 到响应中；当服务器接收来自客户端的请求时，可以使用 HttpServletRequest 对象的 getCookies()方法，获取一个包含所有 Cookie 的数组。

Cookie 类提供了一系列用于操作 Cookie 属性（例如获取 Cookie 的名称、为 Cookie 设置有效时间、设置 Cookie 的有效路径等）的方法。Cookie 类的常用方法如表 4-1 所示。

表 4-1　Cookie 类的常用方法

方法	描述
String getName()	用于获取 Cookie 的名称
void setValue(String newValue)	用于为 Cookie 设置一个新的值
String getValue()	用于获取 Cookie 的值
void setMaxAge(int expiry)	用于设置 Cookie 在浏览器中保存的有效秒数
int getMaxAge()	用于获取 Cookie 在浏览器中保存的有效秒数
void setPath(String uri)	用于设置 Cookie 的有效路径
String getPath()	用于获取 Cookie 的有效路径

关于 Cookie 的有效时间和有效路径的相关介绍如下。

1. Cookie 的有效时间

Cookie 的有效时间即 Cookie 在浏览器中保存的有效秒数。默认情况下，Cookie 在浏览器会话期间有效，也就是说当浏览器关闭时，Cookie 会自动删除。

如果想要手动设置 Cookie 的有效时间，可以使用 setMaxAge()方法。当设置的值为正数时，表示从设置的时间开始计算，在没有超过设置的秒数之前，Cookie 都是有效的；当设置的值为负数时，大多数浏览器会将其视为会话 Cookie，即在浏览器关闭时删除 Cookie；当设置的值为 0 时，浏览器会立即删除这个 Cookie。

2．Cookie 的有效路径

在访问互联网资源时，通常不会在每次请求时都携带所有的 Cookie，而是希望在访问不同资源时根据需要携带对应的 Cookie，为此可以通过 setPath()方法设置 Cookie 的有效路径，从而限制该 Cookie 只在特定路径下发送给服务器。

为了让大家更好地理解 Cookie 类的常用方法，下面通过一个案例演示 Cookie 的使用，具体如下。

（1）创建项目

在 IDEA 中创建一个名称为 chapter04 的 Maven Web 项目，在该项目的 pom.xml 文件中导入 Servlet 的依赖，具体如文件 4-1 所示。

文件 4-1　pom.xml

```
1  <project xmlns="http://maven.apache.org/POM/4.0.0"
2  xmlns:xsi="http://www.w3.org/2001/XMLSchema-instance"
3   xsi:schemaLocation="http://maven.apache.org/POM/4.0.0
4   http://maven.apache.org/maven-v4_0_0.xsd">
5   <modelVersion>4.0.0</modelVersion>
6   <groupId>com.itcast</groupId>
7   <artifactId>chapter04</artifactId>
8   <packaging>war</packaging>
9   <version>1.0-SNAPSHOT</version>
10  <properties>
11    <maven.compiler.source>17</maven.compiler.source>
12    <maven.compiler.target>17</maven.compiler.target>
13    <project.build.sourceEncoding>UTF-8
14    </project.build.sourceEncoding>
15  </properties>
16  <dependencies>
17    <dependency>
18      <groupId>jakarta.servlet</groupId>
19      <artifactId>jakarta.servlet-api</artifactId>
20      <version>6.0.0</version>
21    </dependency>
22  </dependencies>
23 </project>
```

（2）创建 Servlet 类

在项目的 src/main 目录下新建一个名称为 java 的文件夹，在该文件夹中创建包 com.itheima.servlet，在该包中创建 CookieServlet01 类继承 HttpServlet 类，在重写的 service()方法中获取请求中的所有 Cookie，输出名称包含 "cookie" 的 Cookie 信息，同时，创建两个名称包含"cookie"的 Cookie，分别为它们设置不同的有效路径，并为其中之一设置有效时间，然后将这两个 Cookie 添加到 HttpServletResponse 对象中进行响应。具体如文件 4-2 所示。

文件 4-2　CookieServlet01.java

```java
1   import jakarta.servlet.annotation.WebServlet;
2   import jakarta.servlet.http.Cookie;
3   import jakarta.servlet.http.HttpServlet;
4   import jakarta.servlet.http.HttpServletRequest;
5   import jakarta.servlet.http.HttpServletResponse;
6   @WebServlet("/cookie01")
7   public class CookieServlet01 extends HttpServlet {
8       @Override
9       protected void service(HttpServletRequest req,
10                      HttpServletResponse resp) {
11          //获取请求中的所有 Cookie
12          Cookie[] cookies = req.getCookies();
13          for (Cookie cookie : cookies) {
14              if (cookie.getName().contains("cookie"))
15                  System.out.println(cookie.getName() + ":" +
16                          cookie.getValue());
17          }
18          Cookie cookie1 = new Cookie("cookie1", "cookie1_value");
19          Cookie cookie2 = new Cookie("cookie2", "cookie2_value");
20          cookie1.setPath("/chapter04/cookie01");
21          cookie2.setPath("/chapter04/cookie02");
22          //设置 cookie1 的有效时间为 15s
23          cookie1.setMaxAge(15);
24          //将 cookie1 和 cookie2 添加到 HttpServletResponse 对象中进行响应
25          resp.addCookie(cookie1);
26          resp.addCookie(cookie2);
27      }
28  }
```

在上述代码中，第 12～17 行代码获取了请求中的所有 Cookie，并输出名称包含"cookie"的 Cookie 信息；第 18、19 行代码创建了两个 Cookie 对象，其名称都包含"cookie"；第 20、21 行代码分别为创建的两个 Cookie 对象设置不同的有效路径；第 23 行代码设置 cookie1 有效时间为 15s；第 25、26 行代码将这两个 Cookie 对象添加到 HttpServletResponse 对象中进行响应。

在 com.itheima.servlet 包中创建 CookieServlet02 类继承 HttpServlet 类，在重写的 service()方法中获取请求中的所有 Cookie，输出其中名称包含"cookie"的 Cookie 信息。具体如文件 4-3 所示。

文件 4-3　CookieServlet02.java

```java
1  import jakarta.servlet.annotation.WebServlet;
2  import jakarta.servlet.http.Cookie;
3  import jakarta.servlet.http.HttpServlet;
4  import jakarta.servlet.http.HttpServletRequest;
5  import jakarta.servlet.http.HttpServletResponse;
6  @WebServlet("/cookie02")
7  public class CookieServlet02 extends HttpServlet {
8      @Override
9      protected void service(HttpServletRequest req,
10                     HttpServletResponse resp) {
11         //获取请求中的所有 Cookie
12         Cookie[] cookies = req.getCookies();
13          for(Cookie cookie : cookies){
14              if (cookie.getName().contains("cookie"))
15                  System.out.println(cookie.getName() + ":" +
16                       cookie.getValue());
17          }
18      }
19 }
```

在上述代码中，第 12～17 行代码获取请求中的所有 Cookie，并输出名称包含"cookie"的 Cookie 信息。

（3）测试效果

启动项目，在确保浏览器的开发者工具打开的前提下，在浏览器中通过地址 http://localhost:8080/chapter04/cookie01 访问 CookieServlet01，访问后在浏览器的开发者工具中查看名称为 cookie01 的响应头信息，如图 4-2 所示。

图4-2　名称为cookie01的响应头信息

从图 4-2 中可以看到，响应头的 Set-Cookie 字段中包含名称为 cookie1 和 cookie2 的

Cookie，其中，cookie1 的有效时间为 15s，其 Path 的值为/chapter04/cookie01，cookie2 没有设置有效时间，其 Path 的值为/chapter04/cookie02。

确保访问 SendCookieServlet01 间隔时间未超过 15s 的情况下再次访问 http://localhost:8080/chapter04/cookie01，查看 IDEA 控制台的输出信息，如图 4-3 所示。

图4-3　访问CookieServlet01时控制台的输出信息（1）

从图 4-3 可以看到，控制台中输出了名称为 cookie1 的 Cookie 信息，说明当前请求只携带有效路径与该路径匹配的 Cookie。

间隔 15s 之后，再次访问 http://localhost:8080/chapter04/cookie01，查看 IDEA 控制台的输出信息，如图 4-4 所示。

图4-4　访问CookieServlet01时控制台的输出信息（2）

从图 4-4 可以看出，控制台并没有再次输出名称为 cookie1 的 Cookie 信息，说明本次请求并未携带该 Cookie，该 Cookie 在超过指定的有效时间后就失效了。

通过地址 http://localhost:8080/chapter04/cookie02 访问 CookieServlet02，查看控制台的输出信息，如图 4-5 所示。

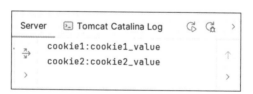

图4-5　访问CookieServlet02时控制台的输出信息（1）

从图 4-5 可以看到，控制台中输出了名称为 cookie2 的 Cookie 信息，说明访问 CookieServlet02 时携带了 cookie2，cookie2 的有效路径和访问 CookieServlet02 的路径一致。

关闭浏览器，但不关闭程序，通过地址 http://localhost:8080/chapter04/cookie02 访问 CookieServlet02，查看控制台的输出信息，如图 4-6 所示。

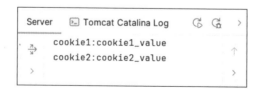

图4-6　访问CookieServlet02时控制台的输出信息（2）

从图 4-6 可以看出，控制台并没有再次输出名称为 cookie2 的 Cookie 信息，说明本次请求并未携带该 Cookie，该 Cookie 在关闭浏览器之后就失效了。

AI 编程任务：使用 Cookie 记录上次访问时间

请扫描二维码，查看任务的具体实现过程。

4.3　Session

Cookie 技术可以将用户的信息保存在用户的浏览器中，并且可以在多次请求下实现数据的共享。但是，浏览器对 Cookie 存储的数据量有限制，同时一些敏感数据存储在客户端，存在被篡改或被窃取等安全风险。为了克服 Cookie 的这些局限性，Servlet 技术引入了 Session，Session 可以将用户会话数据存储在服务器中，本节将对 Session 进行详细讲解。

4.3.1　Session 简介

通常顾客去酒店办理入住时，酒店前台人员会给顾客分配一个房间，并给顾客一把对应房间的钥匙，顾客只需拿着这把钥匙就可以使用这个房间，并且钥匙在顾客整个入住期间有效，直到退房。Session 技术的工作原理和办理酒店入住的流程类似，当浏览器访问 Web 服务器时，Servlet 容器就会创建一个 Session 对象和 ID 属性，Session 对象就相当于办理酒店入住后分配的房间，ID 就相当于房间的钥匙。当后端后续访问服务器时，只要将 ID 传递给服务器，服务器就能判断出该请求是哪个客户端发送的，从而选择与之对应的 Session 对象为其服务。

Session 指的是用户与应用程序之间的一系列交互，这些交互被组织成一个逻辑上的会话。为了帮助读者更好地理解 Session，下面以网站购物为例，通过一张图描述 Session 保存用户信息的原理，如图 4-7 所示。

从图 4-7 中可以看到，用户甲和用户乙都调用 BuyServlet 将商品添加到购物车，调用 PayServlet 进行商品结算。由于用户甲和用户乙购买商品的过程类似，在此，以用户甲为例进行详细说明。当用户甲访问购物网站时，服务器为用户甲创建了一个 Session 对象（相当于购物车）。当用户甲将西瓜添加到购物车时，西瓜的信息便存放到了 Session 对象中。同时，服务器将 Session 对象的 ID 属性以 Cookie（Set-Cookie: JSESSIONID=111）的形式返回给用户甲的浏览器。当用户甲完成购物进行结账时，需要向服务器发送结账请求，这时，浏览器自动在请求头中将 Cookie（Cookie: JSESSIONID=111）信息发送给服务器，服务器根据 ID 属性找到为用户甲所创建的 Session 对象，并将 Session 对象中所存放的西瓜信息取出进行结算。

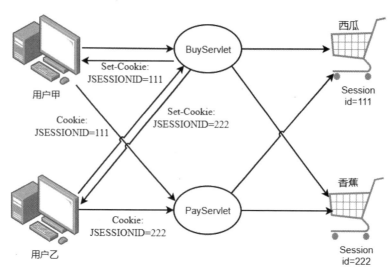

图4-7　Session保存用户信息的原理

从图 4-7 所示的 Session 保存用户信息的原理可以知道，Session 将关键数据存储在服务器中，而客户端仅存储了 JSESSIONID。相比于 Cookie 将数据存储在客户端，Session 能够有效避免因客户端遭遇攻击而导致关键信息泄露的问题，提供了更为安全的用户数据管理方式。

4.3.2　HttpSession 接口

为了有效管理 Web 会话，Servlet API 提供了 HttpSession 接口，并由 Servlet 容器提供了 HttpSession 接口的默认实现，从而提供 Session 管理机制。HttpSession 对象可以通过 HttpServletRequest 接口的 getSession()方法获取，该方法有两种重载形式，具体如下。

```
public HttpSession getSession(boolean create)
public HttpSession getSession()
```

上述两种重载形式的 getSession()方法的返回值都是与当前请求相关的 HttpSession 对象。不同的是，第一种重载形式的 getSession()方法可以根据传递的参数决定是否创建新的 HttpSession 对象。如果当前请求相关的 HttpSession 对象存在，则参数为 true 和参数为 false 的效果相同，该方法都会直接返回该 HttpSession 对象；如果当前请求相关的 HttpSession 对象不存在，则当参数为 true 时会创建并返回新的 HttpSession 对象，否则返回 null。

第二种重载形式的 getSession()方法相当于第一个方法参数为 true 的情况，在相关的 HttpSession 对象不存在时总是创建新的 HttpSession 对象。

要想使用 HttpSession 对象处理 Session 数据，不仅需要获取 HttpSession 对象，还需要了解 HttpSession 接口提供的操作 Session 数据的相关方法。HttpSession 接口常用的方法如表 4-2 所示。

表 4-2　HttpSession 接口常用的方法

方法	描述
String getId()	用于获取当前 HttpSession 的唯一标识符，这个标识符在会话创建时由服务器生成
isNew()	用于获取当前请求是否为与某会话关联的第一个请求。如果是，则返回 true；否则返回 false
void setMaxInactiveInterval(int interval)	用于设置当前 HttpSession 可空闲的以 s 为单位的最长时间，也就是修改当前会话的默认超时时间
void invalidate()	用于强制使当前 HttpSession 对象无效
ServletContext getServletContext()	用于返回当前 HttpSession 对象所属的 Web 应用程序对象
void setAttribute(String name,Object value)	用于在当前 HttpSession 对象中存储一个属性数据，其中，参数 name 为属性名称，value 为对象类型的属性值
String getAttribute(String name)	用于从当前 HttpSession 对象中获取指定名称的属性值
void removeAttribute(String name)	用于从当前 HttpSession 对象中删除指定名称的属性

Session 数据在服务器中通常并不永久存储，这是因为如果 HttpSession 对象一味地创建而不释放，服务器内存资源会被长期占用，进而影响系统性能。所以通常情况下，服务器会设置默认的 Session 超时时间，这个超时时间定义了 Session 在没有任何活动的情况下可以保持多久。一旦 Session 超过了这个时间限制，服务器就会自动将其标记为过期，并在后续的垃圾回收过程中清除过期的 Session 数据。

Tomcat 默认的 Session 超时时间是 30min，这个时间是在 Tomcat 安装目录下的 conf/web.xml 文件中指定的，具体如下。

```
<session-config>
    <session-timeout>30</session-timeout>
</session-config>
```

上述配置信息中，设置的时间值以 min 为单位。如果想要手动修改当前项目的 Session 超时时间，可以在当前项目的 web.xml 文件中进行配置，配置格式与上述代码中的配置信息相同。

除了通过 web.xml 配置 Session 的超时时间，还可以在 Servlet 程序中通过 HttpSession 接口提供的 setMaxInactiveInterval() 方法设置当前 HttpSession 对象的超时时间，该方法的参数为超时时间，单位为 s。例如，设置超时时间为 60min 的示例代码如下。

```
session.setMaxInactiveInterval(60 * 60);
```

上述代码中，session 表示 HttpSession 对象。如果该方法的参数值为负数，则代表该 Session 永不超时；如果该方法的参数值为 0，则代表该 Session 会立即失效。

了解了 HttpSession 的常用方法和 Session 的时效性后，下面通过一个案例来演示 Session 的使用。本案例模拟用户去银行开户，并且存款、取款的过程。使用 HttpSession 的标识符模拟银行卡号，当用户存款或取款时，服务器会根据该 HttpSession 的标识符定位用户，并为用户提供存款、取款操作，具体如下。

（1）创建 Servlet 类

在项目的 com.itheima.servlet 中创建 DepositServlet 类继承 HttpServlet 类，在重写的

service()方法中通过 HttpSession 对象存储用户的存款金额，并输出用户的银行卡号和存款余额。需要注意的是，该类中需要判断该用户是否为第一次存款，若不是第一次存款，则余额为本次存款金额加存款前的余额。DepositServlet 类具体如文件 4-4 所示。

文件 4-4　DepositServlet.java

```java
1  import jakarta.servlet.annotation.WebServlet;
2  import jakarta.servlet.http.HttpServlet;
3  import jakarta.servlet.http.HttpServletRequest;
4  import jakarta.servlet.http.HttpServletResponse;
5  import jakarta.servlet.http.HttpSession;
6  @WebServlet("/deposit")
7  public class DepositServlet extends HttpServlet {
8      @Override
9      protected void service(HttpServletRequest req,
10                             HttpServletResponse resp) {
11         //获取请求参数中的存款金额
12         double depositAmount =
13                 Double.parseDouble(req.getParameter("amount"));
14         //获取 HttpSession 对象
15         HttpSession session = req.getSession();
16         //存款操作
17         //如果是第一次存款，则余额为存款金额
18         double balance = depositAmount;
19         Object b = session.getAttribute("balance");
20         //判断当前 HttpSession 对象是否存在 balance 属性
21         if(b!=null){
22             //若不为 null，则说明不是第一次存款，余额为本次存款金额加存款前的余额
23             balance = (double) b + depositAmount;
24         }
25         //存储余额数据
26         session.setAttribute("balance", balance);
27         System.out.println("您的银行卡号为: " + session.getId());
28         System.out.println("本次存款金额(元)" + depositAmount );
29         System.out.println("您的余额(元)" + balance );
30     }
31 }
```

在上述代码中，第 12、13 行代码用于获取请求参数中的存款金额；第 15 行代码用于获取 HttpSession 对象；第 18 行代码表示在用户第一次存款时，将存款金额作为余额；第

19～24 行代码用于获取 session 中 balance 属性的值，即当前余额，如果获取的余额不为 null，将本次存款金额与存款前的余额相加，计算出本次存款后的新余额；第 26 行代码用于将最终的余额数据存储到 session 对象中；第 27～29 行代码用于输出银行卡号、本次存款金额和余额，其中银行卡号使用 Session 的 ID 模拟表示。

在项目的 com.itheima.servlet 中创建 WithdrawServlet 类继承 HttpServlet 类，在重写的 service()方法中通过 HttpSession 对象获取取款前的余额，然后根据余额和取款金额处理取款操作，具体如文件 4-5 所示。

文件 4-5 WithdrawServlet.java

```java
1   import jakarta.servlet.annotation.WebServlet;
2   import jakarta.servlet.http.HttpServlet;
3   import jakarta.servlet.http.HttpServletRequest;
4   import jakarta.servlet.http.HttpServletResponse;
5   import jakarta.servlet.http.HttpSession;
6   @WebServlet("/withdraw")
7   public class WithdrawServlet extends HttpServlet {
8       @Override
9       protected void service(HttpServletRequest req,
10                          HttpServletResponse resp) {
11          //获取请求参数中的取款金额
12          double withdrawAmount =
13                  Double.parseDouble(req.getParameter("amount"));
14          //获取 HttpSession 对象
15          HttpSession session = req.getSession();
16          //获取取款前的余额
17          Double balance = (Double) session.getAttribute("balance");
18          System.out.println("您的银行卡号为: " + session.getId());
19          System.out.println("取款前的余额(元)" + balance);
20          System.out.println("本次取款金额(元)" + withdrawAmount);
21          //取款操作
22          balance = balance - withdrawAmount;
23          if(balance >= 0){
24              session.setAttribute("balance", balance);
25              System.out.println("您的余额(元)" + balance);
26          }else {
27              System.out.println("余额不足! ");
28          }
29      }
30  }
```

在上述代码中，第 12、13 行代码用于获取请求参数中的取款金额；第 15 行代码用于获取 HttpSession 对象；第 17 行代码用于从 HttpSession 对象中获取取款前的余额；第 18～20 行代码用于输出银行卡号、取款前的余额以及本次取款金额；第 23～28 行代码用于进行取款操作，将取款前的余额减去本次取款金额作为最新余额，并将最新余额存储到 session 对象中。

（2）测试效果

启动项目，以存款 200 元为例，在浏览器中通过地址 http://localhost:8080/chapter04/deposit?amount=200 访问 DepositServlet，控制台输出信息如图 4-8 所示。

图4-8　控制台输出信息（1）

从图 4-8 中可以看到，控制台输出了银行卡号、本次存款金额和余额，由于是第一次存款，所以余额为存款金额。这里的银行卡号取自 Session 的 ID，所以读者生成的可能不一样。

然后模拟继续向银行卡中存款 500 元，在浏览器中通过地址 http://localhost:8080/chapter04/deposit?amount=500 访问 DepositServlet，控制台输出信息如图 4-9 所示。

图4-9　控制台输出信息（2）

从图 4-9 中可以看到，用户的银行卡号没有发生变化，并且存款 500 元后，余额变为 700 元，这说明在当前请求中获取到的 HttpSession 对象和第一次访问 DepositServlet 时获取的 HttpSession 对象是同一个。

最后模拟取款 100 元，在浏览器中通过地址 http://localhost:8080/chapter04/withdraw?amount=100 访问 WithdrawServlet，控制台输出信息如图 4-10 所示。

图4-10　控制台输出信息（3）

从图 4-10 可以看到，当取款 100 元后，控制台输出了该用户的银行卡号、取款前的余额、本次取款金额以及余额，其中，银行卡号和存款时的一样，并且取款前的余额和上次存款后的余额一致，说明在一次会话中通过 HttpSession 对象成功共享和管理了用户会话数据。

Cookie 与 Session 作为 Web 会话管理的两大基石，它们在提供个性化服务、保持用户状态的同时，面临着隐私泄露和信息安全的风险。因此，在运用这些技术时，我们必须时刻牢记守护用户隐私的职责，严格遵守相关法律法规，采取有效的安全措施，如限制 Cookie 的作用域和生命周期、定期清理 Session 数据等，筑牢信息安全的第一道防线。这不仅是对用户的尊重和保护，更是我们作为技术从业者应有的担当。

AI 编程任务：使用 Session 记录用户登录状态

请扫描二维码，查看任务的具体实现过程。

4.4　本章小结

本章主要介绍了会话技术。首先讲解了会话概述，让读者了解了什么是会话，以及常用的会话技术有 Cookie 和 Session 两种；然后讲解了 Cookie，包括 Cookie 简介以及 Cookie 类；最后讲解了 Session，包括 Session 简介以及 HttpSession 接口。通过本章的学习，读者能够了解什么是会话技术，并熟练掌握 Cookie 对象和 Session 对象的使用。

4.5　课后习题

请扫描二维码，查看课后习题。

第 5 章

JSP

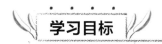
学习目标

知识目标	1. 熟悉 JSP，能够简述 JSP 的运行原理和特点。
	2. 掌握 JSP 基本语法，能够说出 3 种类型的 JSP 脚本元素及其作用。
	3. 掌握 JSP 内置对象，能够说出 9 个 JSP 内置对象及其作用。
技能目标	1. 掌握 JSP 指令的相关知识，能够使用 page 指令设置 JSP 页面属性、使用 include 指令在当前页面中包含其他文件的内容、使用 taglib 指令在 JSP 文件中引入标签库。
	2. 掌握 JSP 动作的相关知识，能够使用<jsp:include>动作在 JSP 页面中引入其他文件、使用<jsp:forward>动作实现请求转发、使用<jsp:useBean>动作实例化 JavaBean 对象。
	3. 掌握 EL 的使用，能够使用 EL 表达式获取 JSP 的 4 种作用域中的数据。
	4. 掌握 JSTL 的使用，能够使用 JSTL 核心标签库中的标签实现流程控制、迭代、条件判断。

在 Web 应用开发实践中，为了提升用户体验与系统效率，网页内容常需实时从服务器动态获取。以新闻报道的浏览次数为例，这一数据需动态生成并及时展示给用户。若单纯依赖 Servlet 来实现 HTML 页面与动态数据的整合，往往会引发代码冗余的问题。因为 Servlet 中需包含大量用于输出 HTML 的 Java 代码，这导致静态页面中展示层代码与业务逻辑代码高度耦合，进而造成代码结构混乱、维护难度增加的问题。

为了解决上述问题，开发者可以使用 JSP。JSP 允许在 HTML 代码中嵌入 Java 代码片段，以实现页面布局与业务逻辑的清晰分离。这种分离不仅简化了开发过程，还使得后续代码维护和升级变得更加高效和灵活。本章将围绕 JSP 的相关知识进行讲解。

5.1 JSP 概述

JSP（Java Server Pages，Java 服务器页面）作为一种高效的动态网页开发技术，是 Servlet 的高级别扩展。JSP 在本质上其实是一个 Servlet。当用户首次通过浏览器访问 JSP 页面时，请求被发送到服务器，服务器上的 JSP 引擎接收到该请求后，会将该页面对应的 JSP 文件翻译为一个 Java 源文件并完成编译。编译后的字节码文件会被加载到 Java 虚拟机中并执行，最终生成动态内容，通过 HTTP 响应发送给浏览器展示。这个过程不仅隐藏了 Servlet 编程的复杂性，还大大提升了开发效率，使得开发者能更专注于业务逻辑的实现与页面布局的设计。

为了帮助读者更好地理解 JSP 的运行原理，下面通过一张图对其进行描述，如图 5-1 所示。

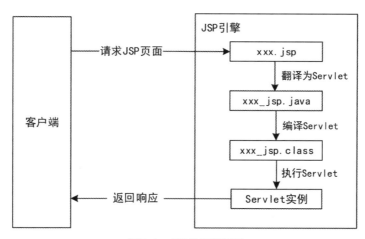

图5-1　JSP的运行原理

从图 5-1 可以看到，服务器中的 JSP 引擎会将 JSP 文件先翻译为一个 Java 源文件，再将该文件编译成相应的字节码文件，最后执行该字节码文件创建 Servlet 实例，并通过创建的 Servlet 实例返回响应。

此外，当 Servlet 容器创建了该 Servlet 实例后，客户端再次请求访问这个 JSP 页面时，服务器会直接执行已存在的 Servlet 实例，而不需要再次进行翻译和编译。如果 JSP 文件被修改了，服务器则会根据修改的内容决定是否重新进行翻译并编译。如果需要重新进行翻译并编译，则新的 Servlet 实例会替代旧的 Servlet 实例，反映最新的页面布局。

了解了 JSP 的运行原理后，下面介绍 JSP 的特点。

① 具有跨平台性。JSP 根植于 Java 平台，因此自然继承了 Java 语言的跨平台优势。这意味着 JSP 应用可以轻松部署在多种操作系统上，如 Windows、Linux 等，无须针对特定平台进行修改或重新编译，真正实现了“一次编写，到处运行”的愿景。

② 清晰的业务与表现分离。JSP 技术鼓励将页面布局与业务逻辑分离。HTML 负责页面的布局和样式，而 JSP 标签和嵌入的 Java 代码则专注于处理动态内容和业务逻辑，这种分离使得代码更加清晰、易于维护。

③ 高效的组件重用。在 JSP 中可以使用 JavaBean 编写业务组件，这些组件不仅可以在单个 JSP 页面中复用，还能在整个 Web 应用程序中共享，极大地提高了开发效率和代码的重用性。

④ 预编译。JSP 页面在首次被访问时会被自动编译成 Servlet，这一过程对用户而言是透明的。编译后的 Servlet 直接执行，之后访问 JSP 则直接执行编译好的 Servlet，提高

了页面渲染速度。尽管这一步骤在初次访问时可能引入一些额外开销，但后续的快速响应完全弥补了这一不足。

5.2　JSP 基本语法

JSP 作为一种动态网页技术，将 HTML 和 Java 技术融合在一起。一个 JSP 文件中可以包含 HTML 标签、JSP 标签、Java 代码片段等多种内容。因此，想要编写 JSP 文件，需要掌握 JSP 基本语法。本节将介绍 JSP 基本语法，包括第一个 JSP 应用程序、JSP 脚本元素和 JSP 文件的注释等内容。

5.2.1　第一个 JSP 应用程序

为了让读者能更好地理解 JSP 的构成，下面通过案例实现第一个 JSP 应用程序。

在 IDEA 中创建一个名称为 chapter05 的 Maven Web 项目，然后在 src/webapp 目录下新建一个文件夹 jsp，接着在 jsp 文件夹上单击鼠标右键，在弹出的快捷菜单中依次选择 "New" → "JSP/JSPX Page"，在弹出的 "Create JSP/JSPX Page" 对话框中选择 "JSP file"，并在弹出的文本框中输入 "hello"，然后按 "Enter" 键，创建一个名称为 hello 的 JSP 文件，创建后可以看到该文件的内容如文件 5-1 所示。

文件 5-1　hello.jsp

```
1  <%@ page contentType="text/html;charset=UTF-8" language="java" %>
2      <html>
3      <head>
4          <title>Title</title>
5      </head>
6      <body>
7
8      </body>
9  </html>
```

从上述代码可以看出，新创建的 JSP 文件与传统的 HTML 文件几乎没有什么区别，唯一不同的是 HTML 文件第一行的文档类型声明被换成了一条 Page 指令。

下面在 hello.jsp 文件中编写代码，实现在浏览器中访问该文件时显示当前系统的时间，具体如文件 5-2 所示。

文件 5-2　hello.jsp

```
1  <%@ page import="java.time.format.DateTimeFormatter" %>
2  <%@ page import="java.time.LocalTime" %>
3  <%@ page contentType="text/html;charset=UTF-8" language="java" %>
4  <html>
5      <head>
```

```
6            <title>当前系统时间</title>
7        </head>
8        <body>
9            <h2>当前系统时间</h2>
10           <%--使用 Java 代码获取时间--%>
11           <%
12               LocalTime now = LocalTime.now();
13               DateTimeFormatter formatter =
14                       DateTimeFormatter.ofPattern("HH:mm:ss");
15               String nowTime = formatter.format(now);
16           %>
17           <%--显示获取的时间--%>
18           当前系统时间为：<%= nowTime %>
19       </body>
20   </html>
```

在上述代码中，通过结合 HTML 代码和 Java 代码，动态生成了一个包含当前系统时间的页面。

其中，第 1～3 行代码是 3 条 JSP 指令，具体来说，第 1、2 行代码为导入指令，用于导入 Java 代码所需要的 Java 类；第 3 行代码为页面指令，用于指定页面的内容类型，并指定字符编码和脚本语言。

第 4～9 行代码和第 19、20 行代码是 HTML 代码，用于显示页面上的静态内容；第 10 行和第 17 行代码是 JSP 注释；第 11～16 行代码为 JSP 脚本元素，其中嵌入了 Java 代码，用于动态生成页面内容；第 18 行代码也是 JSP 脚本元素，用于输出当前系统的时间。

JSP 文件不能直接在浏览器中运行，必须部署到 Web 容器中才能显示出效果。下面将项目部署在本地 Tomcat 后启动项目，在浏览器中通过地址 http://localhost:8080/chapter05/jsp/hello.jsp 访问 hello.jsp，效果如图 5-2 所示。

图5-2　访问hello.jsp的效果

从图 5-2 可以看到，浏览器的页面中显示出了当前系统的时间，这说明 JSP 文件中嵌入的 Java 代码成功执行，并且有效地将表示当前系统时间的变量值动态地传递并显示到了 HTML 内容中。

5.2.2　JSP 脚本元素

JSP 脚本元素是指在 JSP 页面中用于嵌入 Java 代码以实现动态内容生成的元素，它分为脚本片段、脚本表达式和声明标识 3 种类型，下面对这 3 种类型的 JSP 脚本元素分别进行讲解。

1. 脚本片段

脚本片段用于在 JSP 页面中嵌入 Java 代码，执行复杂的逻辑、循环、条件语句等，它以 "<%" 开始，以 "%>" 结束。例如，文件 5-2 中的第 11～16 行代码就是一个脚本片段。脚本片段的语法格式如下。

```
<%
    Java 代码
%>
```

在上述语法格式中，Java 代码中可以定义变量和表达式、调用方法、编写控制流程语句等，但是不可以直接定义方法。脚本片段中定义的变量在当前整个页面内有效。

下面通过案例演示如何在 JSP 文件中定义和使用脚本片段。

（1）编写 JSP 代码

在 chapter05 项目的 src/webapp/jsp 目录下新建一个 JSP 文件 fragment.jsp，并在该文件中编写脚本片段，实现计算 0～9 的累加和，并将计算结果展示在浏览器页面中，具体如文件 5-3 所示。

文件 5-3　fragment.jsp

```
1   <%@ page contentType="text/html;charset=UTF-8" language="java" %>
2   <html>
3       <head>
4           <title>脚本片段</title>
5       </head>
6       <body>
7           <%--编写 Java 代码，计算 0～9 的累加和--%>
8           <%
9               int sum=0;
10              for(int i = 0; i < 10; i++){
11                  sum+=i;
12              }
13              out.println("sum: " + sum); // 将计算结果展示在浏览器页面中
14          %>
15      </body>
16  </html>
```

在上述代码中，第 8～14 行代码定义一个脚本片段，在脚本片段中定义了一个 sum 变量，并将 0～9 的累加和赋值给 sum，输出 sum 变量的值。

（2）测试效果

启动项目，在浏览器中通过地址 http://localhost:8080/chapter05/jsp/fragment.jsp 访问 fragment.jsp，效果如图 5-3 所示。

图5-3　访问fragment.jsp的效果

从图 5-3 可以看到，浏览器页面中输出了"sum:45"，这说明在 JSP 文件中通过 JSP 脚本片段成功嵌入 Java 代码，并且该 Java 代码被正确执行，计算出了 0～9 的累加和。

2. 脚本表达式

脚本表达式用于将 Java 变量或表达式的值显示到浏览器页面中，它以"<%="开始，以"%>"结束。例如，文件 5-2 中第 18 行代码中的<%= nowTime %>就是一个脚本表达式。

脚本表达式的语法格式如下：

```
<%= 变量或表达式 %>
```

需要注意的是，在脚本表达式中，变量或表达式后面不需要添加";"。

下面通过一个计算两数之和的案例演示脚本表达式的使用。

（1）编写 JSP 代码

在 chapter05 项目的 src/webapp/jsp 目录下新建一个 JSP 文件 exp.jsp，用于计算两个数值的和，并将计算结果直接展示在浏览器页面中，具体如文件 5-4 所示。

文件 5-4　exp.jsp

```
1   <%@ page contentType="text/html;charset=UTF-8" language="java" %>
2   <html>
3       <head>
4           <title>计算两个数值的和</title>
5       </head>
6       <body>
7           <%
8               int a = 5 , b = 3;
9           %>
10          a 与 b 的和：<%= a + b %>
11      </body>
12  </html>
```

在上述代码中，第 8 行代码定义了两个 int 类型的变量 a 和 b，并分别为它们赋初始值 5 和 3；第 10 行代码在脚本表达式中计算 a 与 b 的和并将结果展示在浏览器页面中。

（2）测试效果

启动项目，在浏览器中通过地址 http://localhost:8080/chapter05/jsp/exp.jsp 访问 exp.jsp，效果如图 5-4 所示。

图5-4　访问exp.jsp的效果

从图 5-4 可以看到，浏览器页面中输出了 "a 与 b 的和：8"，这说明在 JSP 文件中通过 JSP 脚本表达式成功将变量的值展示在浏览器页面中。

3. 声明标识

在 JSP 的脚本片段中，直接定义 Java 方法是不可行的。因为脚本片段主要用于执行 Java 代码，而不支持完整的 Java 方法定义。为了满足在 JSP 中定义 Java 方法的需求，开发者可以使用 JSP 的声明标识。声明标识允许我们在 JSP 页面中声明变量或定义方法，它以 "<%!" 开始，以 "%>" 结束。声明标识的语法格式如下。

```
<%!
    Java 变量或方法
%>
```

在声明标识中定义的变量或方法是全局的，也就是说，声明标识中定义的变量或方法可以在 JSP 文件的任意位置被访问，但是方法内定义的变量只在该方法内有效。

下面通过一个计算两数之和的案例演示声明标识的使用，具体如下。

（1）编写 JSP 代码

在 chapter05 项目的 src/webapp/jsp 目录下新建一个 JSP 文件 dcl.jsp，在该文件中通过声明标识定义一个方法来计算两数之和，具体如文件 5-5 所示。

文件 5-5　dcl.jsp

```
1  <%@ page contentType="text/html;charset=UTF-8" language="java" %>
2  <html>
3     <head>
4        <title>计算两个数值的和</title>
5     </head>
6     <body>
7        <%!
8           public int sum(int a,int b){
9              return a + b;
10          }
11       %>
12       3 与 5 的和：<%= sum(3,5)%>
13    </body>
14 </html>
```

在上述代码中，第 7～11 行代码为一个声明标识，在该声明标识中定义了一个 sum()

方法，用于计算两数之和；第 12 行代码在脚本表达式中将 3 和 5 作为参数调用 sum()方法，并将计算结果展示在浏览器页面中。

（2）测试效果

启动项目，在浏览器中通过地址 http://localhost:8080/chapter05/jsp/dcl.jsp 访问 dcl.jsp，效果如图 5-5 所示。

图5-5　访问dcl.jsp的效果

从图 5-5 可以看到，浏览器页面中输出了"3 与 5 的和：8"，说明在 JSP 文件中通过声明标识成功定义了方法，并使用脚本表达式成功将声明标识中的方法执行结果展示在浏览器页面中。

5.2.3　JSP 文件的注释

JSP 文件中可以加注释，注释类型主要有 3 种，分别是 HTML 注释、JSP 注释和动态注释。下面简单介绍这 3 种注释的使用场景。

1. HTML 注释

HTML 注释是 HTML 风格的注释，与 HTML 文件中的注释格式相同，以"<!--"开始，以"-->"结束。需要注意的是，在客户端浏览器是看不到 HTML 注释的内容的，但是可以通过查看页面源代码看到这些注释内容。

2. JSP 注释

JSP 注释是 JSP 文件特有的注释，它以"<%--"开始，以"--%>"结束，可以跨越多行。

JSP 注释的格式如下。

```
<%-- JSP 注释内容 --%>
```

JSP 注释的内容不仅在客户端浏览时看不到，而且通过查看页面源代码也无法看到，这种类型的注释属于隐式注释。

在 JSP 脚本元素中可以嵌入 Java 代码自己的注释，即单行注释（以"//"开始）、多行注释（以"/*"开始，以"*/"结束）和文档注释（以"/**"开始，以"*/"结束）。这些注释也属于隐式注释，无法通过查看页面源代码看到。

3. 动态注释

动态注释是指在 HTML 注释中嵌套 JSP 脚本表达式，用于动态生成注释内容。注释格式如下。

```
<!-- <%= 变量或表达式 %> -->
```

当包含动态注释的 JSP 页面被用户请求后，服务器会解析并执行注释中的 JSP 脚本表达式。JSP 脚本表达式的结果将被直接插入 HTML 注释，作为注释内容的一部分。因此，用户虽然无法直接在浏览器中看到这些注释，但是可以通过查看页面源代码发现这些由 JSP 脚本动态生成的注释内容。

5.3　JSP 指令

JSP 指令用于告诉 JSP 引擎如何处理 JSP 页面的特殊元素，它们可以在 JSP 转换成 Servlet 的过程中为 JSP 引擎提供页面级别的配置和指示，如设置页面编码、导入类、引入标签库等。JSP 指令主要有 3 种类型，分别是 page 指令、include 指令和 taglib 指令，下面对这 3 种 JSP 指令进行讲解。

5.3.1　page 指令

page 指令用于定义与整个页面相关的属性和配置，例如页面的编码方式、导入的包和类等，page 指令的具体语法格式如下。

```
<%@ page 属性1="值1" 属性2="值2" …>
```

在上述语法格式中，page 用于声明指令的名称，属性用于指定 JSP 页面的某些特性。page 指令通常放在 JSP 文件的顶部，可以有多个。

page 指令提供了一系列与 JSP 页面相关的属性，常用的属性如表 5-1 所示。

表 5-1　page 指令常用的属性

属性	描述
contentType	用于指定响应的 MIME 类型和字符编码
pageEncoding	设置当前页面的字符编码
import	导入当前页面所需要的包。JSP 引擎会自动导入 java.lang.*包和一些与 Servlet 技术相关的包
language	设置当前页面的脚本语言，默认类型为 Java
session	设置当前页面是否获取内置 Session 对象，取值有两种，分别是 true 和 false
buffer	设置 JSP 页面的流的缓冲区大小
errorPage	设置当前页面出现异常时要跳转到的错误处理页面
isErrorPage	设置当前页面是否为一个错误处理页面，取值有两种，分别是 true 和 false。其中，其值为 true 时，表示当前页面有一个内置的 Exception 对象 exception，可以直接使用。默认情况下，isErrorPage 的值为 false

表 5-1 中列举了一些 page 指令常用的属性，除了 import 属性外，其他的属性都只能出现一次，否则会编译失败。

5.3.2　include 指令

include 指令用于在当前页面中包含其他文件的内容，以实现代码重用、组件共享等功能。JSP 页面中可以包含的其他文件包括 JSP 文件、HTML 文件、文本文件等。

include 指令的具体语法格式如下。

```
<%@ include file="要包含的文件路径" %>
```

include 指令只有一个 file 属性，用于设置要包含的文件路径。

下面通过一个案例演示 include 指令的使用。在 chapter05 项目的 src/webapp/jsp 目录下新建两个 JSP 文件 head.jsp 和 foot.jsp，然后分别在这两个文件中编写新闻网页的头部内容和尾部内容，具体如文件 5-6 和文件 5-7 所示。

文件 5-6　head.jsp

```
1  <%@ page contentType="text/html;charset=UTF-8" language="java" %>
2  <html>
3     <head>
4     </head>
5     <body>
6         <h2>欢迎来到×××新闻网</h2>
7     </body>
8  </html>
```

文件 5-7　foot.jsp

```
1  <%@ page contentType="text/html;charset=UTF-8" language="java" %>
2  <html>
3     <head>
4     </head>
5     <body>
6         <i>友情链接：×××</i><br>
7         <a href="###">联系我们</a>
8     </body>
9  </html>
```

接下来，在 src/webapp/jsp 目录下新建一个 JSP 文件 news.jsp，用于编写新闻网页的主体内容，并使用 include 指令包含文件 5-6 和文件 5-7，具体如文件 5-8 所示。

文件 5-8　news.jsp

```
1  <%@ page contentType="text/html;charset=UTF-8" language="java" %>
2  <html>
3     <head>
4         <title>新闻网页</title>
5     </head>
6     <body>
7         <%--引入头部内容文件--%>
8         <%@ include file="head.jsp"%>
9         <%--页面主体内容--%>
```

```
10          <p>
11              2024 年 3 月 28 日，"探索一号"科考船搭载"奋斗者"号全海深载人潜水器顺利返回
12              三亚，圆满完成首次中国-印度尼西亚爪哇海沟联合深潜任务。<br>
13              这次深潜科考将进一步加深对全球深渊地质生命过程与地球系统演化的认识。
14          </p>
15          <%--引入尾部内容文件--%>
16          <%@ include file="foot.jsp"%>
17      </body>
18  </html>
```

在上述代码中，第 8 行代码用于引入头部内容文件 head.jsp；第 16 行代码用于引入尾部内容文件 foot.jsp。

启动项目，在浏览器中通过地址 http://localhost:8080/chapter05/jsp/news.jsp 访问 news.jsp，效果如图 5-6 所示。

图5-6   访问news.jsp的效果

从图 5-6 可以看到，浏览器虽然访问的是 news.jsp 文件，但是页面中不仅显示了新闻网页的主体内容，还显示了网页的头部内容和尾部内容。这说明通过 include 指令成功引入其他文件，所以在最终的展示页面中包含所引入的文件内容。

5.3.3   taglib 指令

taglib 指令用于在 JSP 文件中引入标签库。标签库中包含一组可以重用的标签，这些标签可以帮助开发人员更高效地编写 JSP 页面。当在 JSP 文件中引入标签库后，就可以通过指定的前缀来引用标签库中的标签。

taglib 指令的具体语法格式如下。

```
<%@ taglib uri="标签库文件路径" prefix="前缀" %>
```

在上述语法格式中，uri 属性用于指定标签库文件的路径，prefix 属性用于指定在使用该标签库中的标签时所需的访问前缀，前缀不能命名为 jsp、jspx、java、sun、servlet 和 sunw。

JSP 中的标签库有很多种，其中比较常用的是 JSTL，它是 JSP 的标准标签库。在一个 JSP 文件中引入一个 JSTL 的核心标签库的示例代码如下。

```
<%@ taglib uri="http://java.sun.com/jsp/jstl/core" prefix="c">
```

上述示例在一个 JSP 文件中引入了 JSTL 的核心标签库，并指定了使用该标签库中的标签时所需的访问前缀为字符 "c"。JSTL 的具体用法将会在 5.6 节进行详细讲解，此处不进行过多介绍。

5.4　JSP 内置对象

JSP 内置对象是 Web 容器在解析 JSP 页面时自动创建的一组对象，这些对象可以在 JSP 页面中直接使用，无须显式地创建。通过 JSP 内置对象可以轻松地访问 HTTP 请求参数、输出指定内容、存储程序数据等，大大简化了开发过程。

JSP 内置对象如表 5-2 所示。

表 5-2　JSP 内置对象

对象	类型	描述
request	HttpServletRequest	代表客户端的 HTTP 请求，主要用于接收客户端通过 HTTP 传输到服务器的数据
response	HttpServletResponse	代表对客户端的响应，主要用于向客户端发送数据，包括设置响应状态码、设置响应类型、发送重定向等
session	HttpSession	表示客户端与服务器之间的一次会话，可以用来保存会话范围内的数据，只有在包含 session="true" 的页面中才可以使用
application	ServletContext	代表整个 Web 应用的上下文信息，可以保存应用级别的数据，被所有用户共享
out	JspWriter	是一个字符输出流，用于向客户端输出内容
config	ServletConfig	表示 JSP 页面的配置信息，通过它可以访问 JSP 的初始化参数
page	Object	用于表示当前 JSP 页面的实例
exception	Throwable	用于处理 JSP 页面中产生的异常，用在 JSP 的错误处理页面
pageContext	PageContext	是 JSP 页面中的上下文对象，提供了对 JSP 页面所有对象及命名空间的访问，可以访问其他内置对象

表 5-2 中列举了 9 个 JSP 内置对象以及它们对应的类型和描述。其中，request、response、session、application、config 这 5 个对象在前面的章节中已经讲过，这里不重复讲解，而 page 对象在实际开发中并不常用，因此，下面分别介绍 out、exception 和 pageContext 这 3 个对象的用法。

1. out 对象

out 对象用于向客户端输出内容，它是一个 JspWriter 类的实例。JspWriter 是 PrintWriter 的一个间接子类，所以 out 对象中封装了许多底层输出流的相关功能和特性。其中，最常用的功能是输出内容到 HTML 页面中，常用的输出方法包括 print() 和 println()，可以输出文本、HTML 标签、动态数据等。

下面通过一个简单的案例演示 out 对象的使用。在 chapter05 项目的 src/webapp/jsp

目录下新建 1 个 JSP 文件 outTest.jsp，然后在该文件中使用 out 对象向客户端输出文本信息，如文件 5-9 所示。

文件 5-9　outTest.jsp

```
1  <%@ page contentType="text/html;charset=UTF-8" language="java" %>
2  <html>
3      <head>
4          <title>Title</title>
5      </head>
6      <body>
7          <%
8              out.println("锲而舍之，朽木不折；<br>");
9              out.println("锲而不舍，金石可镂。");
10         %>
11     </body>
12 </html>
```

在上述代码中，第 8、9 行代码使用 out 对象的 println()方法输出了两行文本。

启动项目，在浏览器中通过地址 http://localhost:8080/chapter05/jsp/outTest.jsp 访问 outTest.jsp，效果如图 5-7 所示。

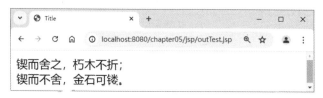

图5-7　访问outTest.jsp的效果

2. exception 对象

当 JSP 页面在执行过程中产生异常时，Servlet 容器会创建一个 exception 对象，并将其传递给指定的错误处理页面，以处理产生的异常。

exception 对象只能在错误处理页面中使用。错误处理页面是一个特殊的 JSP 页面，通过 page 指令的 isErrorPage 属性进行指定。通过 exception 对象可以获取关于异常的信息，例如异常类型、异常消息、堆栈信息等。

下面通过一个案例演示 exception 对象的使用。在 chapter05 项目的 src/webapp/jsp 目录下新建 1 个 JSP 文件 exceptionPage.jsp，然后在该文件中编写会发生异常的代码，并使用 page 指令的 errorPage 属性指定要跳转的错误处理页面，如文件 5-10 所示。

文件 5-10　exceptionPage.jsp

```
1  <%@ page contentType="text/html;charset=UTF-8"
2          language="java" errorPage="exceptionTest.jsp" %>
3  <html>
4      <head>
```

```
5      </head>
6      <body>
7        <%
8            String s = null;
9            out.println(s.length());  //此处会发生异常
10       %>
11     </body>
12  </html>
```

在上述代码中，第 2 行代码指定当前页面出现异常时要跳转到的错误处理页面 exceptionTest.jsp；第 8 行代码定义了一个字符串 s，并为其赋初值 null；第 9 行代码用于获取字符串 s 的长度并输出。

在项目的 src/webapp/jsp 目录下新建 1 个 JSP 文件 exceptionTest.jsp，在该文件中获取在 exceptionPage.jsp 页面产生异常时传递过来的 exception 对象，并输出异常信息，具体如文件 5-11 所示。

文件 5-11　exceptionTest.jsp

```
1   <%@ page contentType="text/html;charset=UTF-8"
2           language="java" isErrorPage="true" %>
3   <html>
4      <head>
5        <title>错误处理页面</title>
6      </head>
7      <body>
8        异常信息: <%= exception.getMessage() %> <br>
9        异常类型: <%= exception.getClass().getName()%>
10     </body>
11  </html>
```

在上述代码中，第 8、9 行代码分别输出了从其他页面获取到的异常信息和异常类型。

启动项目，在浏览器中通过地址 http://localhost:8080/chapter05/jsp/exceptionPage.jsp 访问 exceptionPage.jsp，效果如图 5-8 所示。

图5-8　访问exceptionPage.jsp的效果

从图 5-8 可以看到，页面展示了异常信息和异常类型等内容，说明当 exceptionPage.jsp 页面产生异常时会自动调用 exceptionTest.jsp 页面进行异常处理。

3. pageContext 对象

pageContext 对象代表当前 JSP 页面的上下文，通过 pageContext 对象可以获取 JSP 的其他 8 个内置对象，同时还能够访问 page、request、session、application 这 4 个作用域中的属性。

pageContext 对象提供的获取 JSP 的其他 8 个内置对象的方法较为简单，方法名都是以 get 开头，后面紧跟内置对象的名称，并将对象名称首字母大写。例如，获取 request 对象的方法为 getRequest()。

pageContext 对象除了作为访问其他内置对象的桥梁外，自身也是一个重要的存储容器，可以设置和获取不同作用域中的属性。pageContext 对象设置和获取属性的方法如表 5-3 所示。

表 5-3　pageContext 对象设置和获取属性的方法

方法	描述
Object findAttribute (String AttributeName)	按作用域 page、request、session、application 的顺序根据属性名称查找指定的属性，并返回对应的属性值。如果没有相应的属性，则返回 null
Object getAttribute (String AttributeName, int Scope)	在指定作用域内获取指定属性的值
void removeAttribute(String AttributeName, int Scope)	在指定作用域内删除某属性
void setAttribute(String AttributeName, Object AttributeValue, int Scope)	在指定作用域内设置属性和属性值

表 5-3 中，page、request、session、application 代表 4 种 JSP 的作用域，分别表示当前页面、当前请求、当前会话、整个 Web 应用程序。这 4 个作用域对应的值具体如下。

① 当前页面：PageContext.PAGE_SCOPE。

② 当前请求：PageContext.REQUEST_SCOPE。

③ 当前会话：PageContext.SESSION_SCOPE。

④ 整个 Web 应用程序：PageContext.APPLICATION_SCOPE。

下面通过一个案例演示如何在 JSP 页面中使用 pageContext 对象设置和获取不同作用域的属性。在 chapter05 项目的 src/webapp/jsp 目录下新建一个 JSP 文件 pageContextTest.jsp，然后在该文件中设置不同作用域的属性，并根据属性名称获取这些属性的值，具体如文件 5-12 所示。

文件 5-12　pageContextTest.jsp

```
1  <%@ page contentType="text/html;charset=UTF-8"
2         language="java"  %>
3  <html>
4     <head>
5        <title>JSP 内置对象 pageContext</title>
6     </head>
```

```
7      <body>
8          <%
9              // 在 page 作用域中设置属性
10             pageContext.setAttribute("att1", "page_value",
11                     PageContext.PAGE_SCOPE);
12             // 在 request 作用域中设置属性
13             pageContext.setAttribute("att2", "request_value",
14                     PageContext.REQUEST_SCOPE);
15             // 在 application 作用域中设置属性
16             pageContext.setAttribute("att1","app_value",
17                     PageContext.APPLICATION_SCOPE);
18             pageContext.setAttribute("att2", "app_value",
19                     PageContext.APPLICATION_SCOPE);
20         %>
21         <%--获取属性值--%>
22         att1 的属性值: <%=pageContext.findAttribute("att1")%> <br>
23         att2 的属性值: <%=pageContext.findAttribute("att2")%>
24     </body>
25 </html>
```

在上述代码中，第 10～19 行代码分别在 page、request 和 application 这 3 种作用域中设置了 4 个属性；第 22、23 行代码用于根据属性名称获取属性值并输出。

启动项目，在浏览器中通过地址 http://localhost:8080/chapter05/jsp/pageContextTest.jsp 访问 pageContextTest.jsp，效果如图 5-9 所示。

图5-9　访问pageContextTest.jsp的效果

从图 5-9 可以看到，浏览器中输出了 att1 和 att2 的属性值，这两个属性值分别是在 page 和 request 作用域中设置的。这说明通过 pageContext()对象可以方便地设置和获取不同作用域的属性，并且在未指定作用域时，会按照 page、request、session、application 的顺序进行查找。

5.5　JSP 动作

JSP 动作是指 JSP 在页面中可以执行的操作，用于在 JSP 页面中嵌入 Java 代码以外的功能，如包含其他资源、请求转发、JavaBean 的实例化等。JSP 动作通过 XML 标签的形式表示，并且在开始标签中以 "<jsp:" 开头。下面对常用的 JSP 动作进行讲解。

5.5.1 <jsp:include>动作

<jsp:include>动作用来在 JSP 页面中引入其他文件，这些文件可以是 HTML 文件、JSP 文件、文本文件等。通过<jsp:include>动作可以实现页面的复用，例如在多个页面中嵌入相同的头部页面和尾部页面。

<jsp:include>动作的语法格式如下。

```
<jsp:include page="要引入的文件路径" flush="true"/>
```

在上述语法格式中，page 属性用于指定要引入的文件路径；flush 属性用于指定在引入文件前是否将当前页面的输出内容刷新到客户端，默认值为 false。

需要注意的是，虽然 JSP 的<jsp:include>动作和 include 指令都可以在页面中引入其他文件，但是二者是有区别的。<jsp:include>动作在运行时执行，因此包含的内容可以根据每次请求的情况动态生成；而 include 指令在 JSP 页面的翻译阶段将被包含的资源嵌入当前页面，因此包含的内容是静态的。

为了帮助读者更好地理解 JSP 中<jsp:include>动作和 include 指令的区别，下面通过一个案例演示二者在引入页面时的不同之处。

在 chapter05 项目的 src/webapp/jsp 目录下新建两个 JSP 文件 includePage.jsp 和 includeContext.jsp。在 includePage.jsp 文件中设置一个 page 作用域的属性，然后在 includeContext.jsp 文件中根据属性的名称获取属性值，最后在 includePage.jsp 文件中分别通过 include 指令和<jsp:include>动作引入 includeContext.jsp 页面内容。具体代码如文件 5-13 和文件 5-14 所示。

文件 5-13　includePage.jsp

```
1   <%@ page contentType="text/html;charset=UTF-8" language="java"%>
2   <html>
3     <head>
4       <title>jsp:include 动作</title>
5     </head>
6     <body>
7       <%
8           pageContext.setAttribute("name", "张三",
9               PageContext.PAGE_SCOPE);
10      %>
11      通过 include 指令引入的页面内容<br>
12      <%@include file="includeContext.jsp"%>
13      <br>
14      通过 jsp:include 动作引入的页面内容<br>
```

```
15        <jsp:include page="includeContext.jsp"/>
16    </body>
17 </html>
```

在上述代码中，第 8、9 行代码在 page 作用域内设置了一个名称为 name、值为张三的属性；第 12～15 行代码分别通过 include 指令和<jsp:include>动作引入 includeContext.jsp 页面内容。

文件 5-14　includeContext.jsp

```
1  <%@ page contentType="text/html;charset=UTF-8" language="java"%>
2  <html>
3    <head>
4       <title>jsp:include 动作</title>
5    </head>
6    <body>
7       <%
8          Object name = pageContext.getAttribute("name",
9                 PageContext.PAGE_SCOPE);
10      %>
11      name 的属性值：<%=name%>
12    </body>
13 </html>
```

在上述代码中，第 8、9 行代码在 page 作用域内获取了名称为 name 的属性的值；第 11 行代码输出了 name 的属性值。

启动项目，在浏览器中通过地址 http://localhost:8080/chapter05/jsp/includePage.jsp 访问 includePage.jsp，效果如图 5-10 所示。

图5-10　访问includePage.jsp的效果

从图 5-10 中可以看出，通过 include 指令引入 includeContext.jsp 页面内容时，该页面能够获取到 name 的属性值，而通过<jsp:include>动作引入 includeContext.jsp 页面内容时，该页面无法获取到 name 的属性值。

由此可见，include 指令是通过将被包含的页面内容视为主页面的一部分引入页面内容的，因此被包含的页面可以获取到主页面范围的属性；而<jsp:include>动作则创建了一个独立的请求，导致作用域隔离，因此被包含的页面无法获取到主页面范围的属性。

5.5.2　<jsp:forward>动作

<jsp:forward>动作用于将请求转发到一个资源，然后由目标资源来处理该请求，并将生成的响应返回给客户端。<jsp:forward>动作的请求转发功能相当于 RequestDispatcher 接口的 forward()方法的功能。

<jsp:forward>动作的语法格式如下。

```
<jsp:forward page="目标资源路径"/>
```

在上述语法格式中，page 属性用于指定请求转发的目标资源路径。在使用<jsp:forward>动作时，如果需要传递参数，可以使用如下格式。

```
<jsp:forward page="目标资源路径">
    <jsp:param name="参数名称" value="参数值" />
</jsp:forward>
```

在上述语法格式中，通过<jsp:param>动作传递的参数可以在目标资源中通过 request.getParameter()方法进行获取。

下面通过一个案例演示<jsp:forward>动作的使用。

在项目的 src/webapp/jsp 目录下新建两个 JSP 文件 srcPage.jsp 和 targetPage.jsp。在 srcPage.jsp 文件中将请求转发到 targetPage.jsp 页面，并传递两个参数，然后在 targetPage.jsp 文件中获取参数值并输出。具体代码如文件 5-15 和文件 5-16 所示。

文件 5-15　srcPage.jsp

```
1  <%@ page contentType="text/html;charset=UTF-8" language="java"%>
2  <html>
3    <head>
4      <title>jsp:forward动作</title>
5    </head>
6    <body>
7      <jsp:forward page="targetPage.jsp">
8        <jsp:param name="username" value="张三" />
9        <jsp:param name="password" value="123456" />
10     </jsp:forward>
11   </body>
12 </html>
```

文件 5-16　targetPage.jsp

```
1  <%@ page contentType="text/html;charset=UTF-8" language="java" %>
2  <html>
3    <head>
4      <title>jsp:forward动作</title>
5    </head>
6    <body>
```

```
7          <%
8              String username = request.getParameter("username");
9              String password = request.getParameter("password");
10         %>
11         姓名：<%= username %> <br>
12         密码：<%= password %>
13     </body>
14 </html>
```

启动项目，在浏览器中通过地址 http://localhost:8080/chapter05/jsp/srcPage.jsp 访问 srcPage.jsp，效果如图 5-11 所示。

图5-11　访问srcPage.jsp的效果

虽然在浏览器中访问的是 srcPage.jsp 文件，但是在浏览器页面中展示了 targetPage.jsp 文件的内容，这说明通过<jsp:forward>动作成功实现了请求转发的功能，同时通过 <jsp:param>动作实现了参数的传递。

5.5.3　<jsp:useBean>动作

JavaBean 是 Java 类的一种设计规范，它要求类中的成员变量都为私有的，并且提供公共的无参构造方法，以及相应的 getter 方法和 setter 方法。符合这种规范的 Java 类称为 JavaBean，其实例对象称为 JavaBean 对象。

<jsp:useBean>动作用于创建一个 JavaBean 对象，并将其存储在指定的作用域中。如果指定的作用域中已经存在同名的 JavaBean 对象，则返回已经存在的对象。

<jsp:useBean>动作的语法格式如下。

```
<jsp:useBean id="JavaBean 对象名" class = "JavaBean 类的全限定类名" scope = "JavaBean 的作用域" />
```

在上述语法格式中，id 属性用于指定该 JavaBean 对象的名称；class 属性用于指定 JavaBean 类的全限定类名；scope 属性用于指定 JavaBean 的作用域，该属性可以有 4 个取值，分别是 page、request、session 和 application。

可以通过<jsp:setProperty>和<jsp:getProperty>动作设置和获取 JavaBean 对象的属性，具体格式如下。

```
<jsp:useBean id="myBean" class="com.example.MyBean" scope="request"/>
<jsp:setProperty name="myBean" property="属性名称" value="属性值"/>
<jsp:getProperty name="myBean" property="属性名称"/>
```

为了帮助读者更好地理解<jsp:useBean>动作的使用，下面通过一个案例进行演示。

在项目的 src/main 目录下创建一个 java 文件夹，在 java 文件夹中新建一个名称为 com.itheima 的包，然后在该包中新建一个 User 类，用于封装用户的姓名和年龄，具体如文件 5-17 所示。

文件 5-17　User.java

```java
1  public class User {
2      private String name;
3      private int age;
4      public void setName(String name) {
5          this.name = name;
6      }
7      public void setAge(int age) {
8          this.age = age;
9      }
10     public String getName() {
11         return name;
12     }
13     public int getAge() {
14         return age;
15     }
16 }
```

在项目的 src/webapp/jsp 目录下新建一个 JSP 文件 useBean.jsp，在该文件中创建 User 类的实例对象，并设置和获取其属性值，如文件 5-18 所示。

文件 5-18　useBean.jsp

```jsp
1  <%@ page contentType="text/html;charset=UTF-8" language="java" %>
2  <html>
3      <head>
4          <title>jsp:useBean 动作</title>
5      </head>
6      <body>
7          <%--创建 User 类的实例对象并设置其属性值--%>
8          <jsp:useBean id="user" class="com.itheima.User" scope="request"/>
9          <jsp:setProperty name="user" property="name" value="李四"/>
10         <jsp:setProperty name="user" property="age" value="18"/>
11         <%--获取并输出属性值--%>
12         姓名: <jsp:getProperty name="user" property="name" /> <br>
13         年龄: <jsp:getProperty name="user" property="age"/>
```

```
14     </body>
15 </html>
```

在文件 5-18 中，第 8 行代码在 request 作用域中实例化了一个 User 类的对象 user；第 9、10 行代码为 user 对象的两个属性赋值；第 12、13 行代码用于获取并输出已设置的属性值。

启动项目，在浏览器中通过地址 http://localhost:8080/chapter05/jsp/useBean.jsp 访问 useBean.jsp，效果如图 5-12 所示。

图5-12　访问useBean.jsp的效果

从图 5-12 中可以看到，控制台中输出了用户的姓名和年龄，这说明在 useBean.jsp 中成功实例化了 User 类的对象，并设置和获取了用户对象的属性值。

5.6　EL 和 JSTL

在 JSP 开发中，可以通过 JSP 表达式来输出变量或页面之间传递的参数，但是这种方式大大降低了页面代码的可读性。为了简化这一过程，Sun 公司在 JSP 2.0 规范中引入了 EL（Expression Language，表达式语言）表达式。EL 表达式凭借其简洁明了的语法，允许开发者直接在 JSP 页面中访问和操作 Java 对象，提高了 JSP 页面的可读性。此外，Sun 公司还提供了一个标准标签库——JSTL（Java Server Pages Standard Tag Library，JSP 标准标签库），使得在 JSP 页面中进行逻辑控制、数据迭代等操作更加简单。下面将对 EL 表达式和 JSTL 进行讲解。

5.6.1　EL 表达式

EL 是一种简化 JSP 页面中数据访问和操作的表达式语言，主要用于代替 JSP 页面中的表达式脚本，简化 JSP 页面中的数据访问和输出。EL 表达式的语法格式如下。

```
${expression}
```

在上述语法格式中，expression 是一个表达式，用于指定要输出的数据（可以是字符串，也可以是由 EL 运算符组成的表达式）。

JSP 从 2.0 版本开始引入了 EL 表达式，JSP 2.0 对 Servlet 版本的最低要求是 Servlet 2.4。通常情况下，Web 应用的版本（web.xml 文件中<web-app>标签的 version 属性值）与 Servlet 版本一致，对此，使用 EL 表达式时需要先确保 Web 应用的版本符合要求。Web 应用的版本设置方式在 2.4.4 小节中已经讲解，读者可以自行参考。

1. 获取数据

通过 EL 表达式可以轻松地获取 JSP 的 4 种作用域中的数据，这些数据的类型可以是基本数据类型、List 集合、Map 集合、JavaBean 对象等。

在 JSP 作用域中，数据是以属性名称和属性值的键值对形式存储的。在使用 EL 表达式获取数据时，可以通过属性名称查找对应的属性值，并且可以选择是否指定该属性的作用域，若不指定作用域，则会按照 page、request、session、application 的顺序进行查找。

下面介绍如何通过 EL 表达式获取 JSP 作用域中常见数据类型的数据。

（1）获取基本数据类型的数据

使用 EL 表达式可以获取不同作用域中的基本数据类型的数据，示例代码如下。

```
1  <%
2      pageContext.setAttribute("name","张三");
3      request.setAttribute("age",15);
4      session.setAttribute("name","王五");
5      application.setAttribute("age",18);
6  %>
7  ${name}                  <!--输出结果：张三-->
8  ${requestScope.age}      <!--输出结果：15-->
9  ${applicationScope.age}  <!--输出结果：18-->
```

在上述代码中，第 2～5 行代码用于在 page、request、session、application 这 4 种作用域中存储 String 类型和 int 类型的数据；第 7 行代码用于在不指定作用域的情况下获取名称为 name 的属性的值；第 8 行代码用于在 request 作用域中获取名称为 age 的属性的值；第 9 行代码用于在 application 作用域中获取名称为 age 的属性的值。

（2）获取 List 集合中的数据

使用 EL 表达式可以根据 List 集合的索引获取集合中的数据，也可以调用 List 集合的 size() 方法获取集合的长度，示例代码如下。

```
1  <%
2     List<String> arrayList = new ArrayList<>();
3     arrayList.add("自立");
4     arrayList.add("自信");
5     arrayList.add("自强");
6     request.setAttribute("list",arrayList);
7  %>
8  ${requestScope.list[1]}       <!--输出结果：自信-->
9  ${requestScope.list[2]}       <!--输出结果：自强-->
10 ${requestScope.list.size()}   <!--输出结果：3-->
```

上述示例代码中，第 2～5 行代码用于创建一个 List 集合，并在该集合中添加 3 个元素；第 6 行代码用于将该 List 集合存储在 request 作用域中，并指定其属性名称为 list；第 8、9 行代码用于获取 request 作用域中属性 list 中指定索引的数据；第 10 行代码用于获取 List 集合的长度。

（3）获取 Map 集合中的数据

使用 EL 表达式可以根据 Map 集合中的键获取对应的值，示例代码如下。

```
1  <%
2    HashMap<String,String> hashMap = new HashMap<>();
3    hashMap.put("张三","A班");
4    hashMap.put("李四","B班");
5    hashMap.put("王五","C班");
6    request.setAttribute("map", hashMap);
7  %>
8  ${requestScope.map["张三"]}    <!--输出结果: A班-->
9  ${requestScope.map["李四"]}    <!--输出结果: B班-->
```

上述示例代码中，第 2～5 行代码用于创建一个 Map 集合，并在该集合中添加 3 个键值对数据；第 6 行代码用于将该 Map 集合存储在 request 作用域中，并指定其属性名称为 map；第 8、9 行代码用于获取 request 作用域中属性 map 中指定键对应的值。

需要注意的是，EL 表达式中的数字默认是 Long 类型的。因此，如果 Map 集合中的键的类型为 Integer，则应在数值后加上 L 以确保类型匹配。

（4）获取 JavaBean 对象中的数据

使用 EL 表达式可以访问 JavaBean 对象的属性，也可以调用 JavaBean 对象的方法。为了方便演示，这里以文件 5-17 中的 User 类作为 JavaBean 类，下面通过示例代码演示如何使用 EL 表达式访问该 JavaBean 对象的属性，具体如下所示。

```
1  <%
2    User user=new User();
3    user.setName("张三");
4    user.setAge(20);
5    request.setAttribute("user",user);
6  %>
7  ${user.name}    <!--输出结果: 张三-->
8  ${user.age}     <!--输出结果: 20-->
```

上述示例代码中，第 2～4 行代码用于创建一个 User 对象，并设置该对象的属性值；第 5 行代码用于将该 User 对象存储在 request 作用域中，并指定其属性名称为 user；第 7、8 行代码用于获取页面中 user 对象对应的属性值。

2. EL 运算

EL 表达式提供了多种用于对数据进行运算的运算符，包括算术运算符、关系运算符、逻辑运算符、empty 运算符、条件运算符等。

在上述运算符中，除了 empty 运算符，其他运算符都与 Java 中的运算符类似，唯一不同的是，在 EL 表达式中，除了可以使用原始的运算符，还可以使用一些字符串来代替某些运算符，具体如下。

① and、or、not 可以代替逻辑运算符中的&&、||、!。

② eq、ne 可以代替关系运算符中的==、!=。

③ lt、gt、le、ge 可以代替关系运算符中的<、>、<=、>=。

除了 empty 运算符，其他运算符的使用和 Java 代码中的类似，下面介绍 empty 运算符的使用。

empty 运算符是 EL 表达式中一个特殊的运算符，用于判断一个对象是否为空，如果为空，则返回 true；否则返回 false。使用 empty 运算符判断对象是否为空的语法格式如下。

```
${empty object}
```

在上述语法格式中，object 是需要判断的对象，它可以是任何引用数据类型的数据，例如字符串、集合、数组、JavaBean 对象等。empty 运算符判断对象为空的情况有以下几种。

① 字符串的值为 null。

② 字符串为一个空值，即""。

③ 数组的长度为 0。

④ List 集合或 Map 集合的长度为 0。

⑤ JavaBean 对象的引用为 null。

empty 运算符还可以与"!"运算符结合使用，以判断一个对象是否非空。下面通过示例代码演示 empty 运算符的使用，具体如下。

```
1  <%
2      request.setAttribute("str",null);
3      request.setAttribute("emptyStr","");
4      request.setAttribute("arr",new String[]{});
5      List<String> list = new ArrayList<>();
6      request.setAttribute("list",list);
7      Map<String,Integer> map = new HashMap<>();
8      map.put("钢笔",45);
9      request.setAttribute("map",map);
10     Object obj = null;
11     request.setAttribute("object",obj);
12 %>
13 ${!empty str}          <!--输出结果：false-->
14 ${empty emptyStr}      <!--输出结果：true-->
15 ${empty arr}           <!--输出结果：true-->
16 ${empty list}          <!--输出结果：true-->
17 ${empty map}           <!--输出结果：false-->
18 ${empty obj}           <!--输出结果：true-->
```

在上述示例代码中，第 2～11 行代码用于在 request 作用域中存储不同类型的数据，其中，第 2 行代码用于存储一个值为 null 的字符串；第 3 行代码用于存储一个空字符串；第 4 行代码用于存储一个长度为 0 的数组；第 5、6 行代码用于存储一个长度为 0 的 List 集合；第 7～9 行代码用于存储一个长度为 1 的 Map 集合；第 10、11 行代码用于设置一个初始值为 null 的 Object 对象；第 13～18 行代码用于判断 request 作用域中存储的数据是否为空。

5.6.2　JSTL 概述

JSTL 是一个定制标签库的集合，它提供了一组预定义的标签，能够代替 Java 代码执行一些常见的任务，例如循环、条件判断、格式化数据等，从而提高 JSP 程序的可读性和可维护性。

JSTL 包含 5 类标准标签库，它们分别是核心标签库、格式化标签库、SQL（Structure Query Language，结构查询语言）标签库、XML 标签库和函数标签库。在使用这些标签库之前，必须在 JSP 页面中使用@taglib 指令定义引用的标签库和访问前缀。

在 5 种 JSTL 中，最常用的是核心标签库，它包含基本输入输出、流程控制、迭代操作、URL 操作等功能。在 JSP 页面中引入核心标签库的具体语法格式如下。

```
<%@ taglib uri="http://java.sun.com/jsp/jstl/core" prefix="c">
```

在上述语法格式中，prefix 属性用于指定访问核心标签库的前缀字符。这个前缀字符可以自定义，但是为了保持一致性，通常选择字符 c 作为统一的前缀。要在页面中引用核心标签库中的标签，只需要在标签名前加上"c:"即可。

要想在 JSP 页面中使用 JSTL，需要在项目中导入 JSTL 的依赖包。对于 Maven 项目，只需要在 pom.xml 文件中添加 JSTL 的相关依赖即可，具体如下所示。

```
1  <!--JSTL 依赖，用于指定 JSTL 标签的接口-->
2    <dependency>
3      <groupId>jakarta.servlet.jsp.jstl</groupId>
4      <artifactId>jakarta.servlet.jsp.jstl-api</artifactId>
5      <version>3.0.0</version>
6    </dependency>
7  <!--JSTL 依赖，用于解析和执行 JSTL 标签-->
8    <dependency>
9      <groupId>org.glassfish.web</groupId>
10     <artifactId>jakarta.servlet.jsp.jstl</artifactId>
11     <version>2.0.0</version>
12   </dependency>
```

5.6.3　JSTL 的核心标签库

JSTL 的核心标签库中包含一组用于流程控制、迭代、条件判断等常见任务的标签，JSTL 的核心标签库中常见的标签有表达式标签、流程控制标签、循环标签。接下来对这 3 类标签进行介绍。

1．表达式标签

表达式标签主要用于在 JSP 页面中执行简单的表达式计算和数据输出。常用的表达式标签有<c:out>、<c:set>和<c:remove>，下面对这 3 个标签进行介绍。

（1）<c:out>标签

<c:out>标签用于将一段文本内容或表达式的结果输出到客户端。<c:out>标签的语法
格式如下。

```
<c:out value="要输出的内容" [escapeXml="true|false"] />
```

在上述语法格式中，value 属性用于指定要输出的内容，它可以是常量、变量或其他
有效的 EL 表达式；escapeXml 属性是可选的，用于指定是否对输出内容进行转义，默认
值为 true。当 escapeXml 属性的值为 true 时，输出内容中的特殊字符（如<、>、&等）
会被转义为相应的实体直接显示在页面上，而不会被解析为 HTML 或 XML 标签，从而
避免破坏页面结构。

（2）<c:set>标签

<c:set>标签用于在指定的 JSP 作用域内设置一个变量或属性，并为该变量赋值。
<c:set>标签的语法格式如下。

```
<c:set var="变量名称" value="变量值"
    [scope="page|request|session|application"] />
```

在上述语法格式中，var 属性用于指定变量的名称；value 属性用于指定要为变量赋
的值，可以是字符串或 EL 表达式；scope 属性是可选的，用于指定变量的作用域，默认
值为 page，即当前页面。

（3）<c:remove>标签

<c:remove>标签用于移除指定的 JSP 作用域内的变量。<c:remove>标签的语法格式
如下。

```
<c:remove var="变量名称" [scope="page|request|session|application"] />
```

在上述语法格式中，var 属性用于指定要移除的变量名称；scope 属性是可选的，用
于指定要移除的变量的作用域，默认值为 page。需要注意的是，在一个页面中，如果在
两个不同的作用域中存在同名变量，当不指定作用域移除该变量时，这两个作用域中的
变量都会被移除。

为了帮助读者更好地理解上述 3 个标签的使用，下面通过一个案例进行演示。

在项目的 pom.xml 中引入 JSTL 的依赖后，在项目的 src/webapp/jsp 目录下新建一个
JSP 文件 esp.jsp，然后在该文件中演示<c:out>、<c:set>和<c:remove>这 3 个标签的使用，
具体如文件 5-19 所示。

文件 5-19　esp.jsp

```
1  <%@ page contentType="text/html;charset=UTF-8" language="java" %>
2  <%@ taglib uri="http://java.sun.com/jsp/jstl/core" prefix ="c"%>
3  <html>
4      <head>
5          <title>表达式标签</title>
6      </head>
```

```
7        <body>
8            <c:set var="number" scope="page" value="${20*5}"/>
9            移除 number 前的值: <c:out value="${pageScope.number}"/> <br>
10           <c:remove var="number" scope="page"/>
11           移除 number 后的值: <c:out value="${pageScope.number}"/>
12       </body>
13   </html>
```

在上述代码中，第 8 行代码用于在 page 作用域中设置一个名称为 number 的变量，并为其赋值 20*5 的结果；第 9 行代码用于在页面中输出变量 number 的值；第 10 行代码用于移除 page 作用域中的变量 number；第 11 行代码用于再次在页面中输出变量 number 的值。

启动项目，在浏览器中通过地址 http://localhost:8080/chapter05/jsp/esp.jsp 访问 esp.jsp，效果如图 5-13 所示。

图5-13 访问esp.jsp的效果

从图 5-13 可以看出，浏览器中输出了移除变量 number 前的值，但是没有输出移除变量 number 后的值。这说明变量 number 被成功添加到 page 作用域中，并且在输出一次后被成功移除。

2. 流程控制标签

流程控制标签用于在 JSP 页面中控制程序的执行流程，它们的作用类似于 Java 中的流程控制语句的作用。流程控制标签包括<c:if>、<c:choose>、<c:when>和<c:otherwise>，下面对这 4 个标签进行介绍。

（1）<c:if>标签

<c:if>标签用于执行条件判断，如果条件为 true，则执行标签体内的内容。<c:if>标签的语法格式如下。

```
<c:if test="${判断条件}" [var="变量名称"]
        [scope="page|request|session|application"]>

    <!--主体内容-->
</c:if>
```

在上述语法格式中，test 属性用于指定判断条件，其值为一个 EL 表达式；var 属性是可选的，用于指定一个存储判断条件结果的变量；scope 属性也是可选的，用于指定 var 属性的作用域，默认值为 page。

下面通过一个案例演示<c:if>标签的使用。在项目的 src/webapp/jsp 目录下新建一个 JSP 文件 if.jsp，然后在该文件中使用<c:if>标签根据分数判断成绩是否合格，具体如文件 5-20 所示。

文件 5-20　if.jsp

```
1  <%@ page contentType="text/html;charset=UTF-8" language="java" %>
2  <%@ taglib uri="http://java.sun.com/jsp/jstl/core" prefix ="c"%>
3  <html>
4    .<head>
5    </head>
6    <body>
7       <c:set var="score" scope="page" value="85"/>
8       <c:if test="${score >= 60}">
9          您的成绩为：<c:out value="合格"/>
10      </c:if>
11   </body>
12 </html>
```

在上述代码中，第 7 行代码用于在 page 作用域中设置一个变量 score，并为其赋值为 85；第 8～10 行代码用于判断 score 的值是否大于或等于 60，若是，则输出"您的成绩为：合格"。

启动项目，在浏览器中通过地址 http://localhost:8080/chapter05/jsp/if.jsp 访问 if.jsp，效果如图 5-14 所示。

图5-14　访问if.jsp的效果

从图 5-14 可以看出，浏览器中输出了"您的成绩为：合格"，这说明通过<c:if>标签成功实现了条件判断。

（2）<c:choose>、<c:when>和<c:otherwise>标签

<c:choose>、<c:when>和<c:otherwise>这 3 个标签通常一起使用，它们的作用类似于 Java 中的 switch 语句的作用，用于在众多选项中做出选择。其中，<c:choose>标签作为条件选择结构的开始；<c:when>标签类似 case 语句，可以多次嵌套在<c:choose>标签内部，以检查多个条件；<c:otherwise>标签类似 default 语句，用于指定当所有<c:when>标签的条件都不满足时执行的语句。

上述 3 个标签的语法格式如下。

```
<c:choose>
    <c:when test="${判断条件 1}"><!--执行语句 1--></c:when>
    <c:when test="${判断条件 2}"><!--执行语句 2--></c:when>
    <c:when test="${判断条件 3}"><!--执行语句 3--></c:when>
    ……
```

```
     <c:otherwise> <!-所有条件都不满足时执行的语句--></c:otherwise>
     </c:choose>
```

在上述语法格式中，<c:when>标签用于定义每个分支的判断条件和执行内容，其中的 test 属性用于指定判断条件。<c:otherwise>标签用于定义当所有条件都不满足时要执行的语句，它是可选的。

下面通过一个案例演示<c:choose>、<c:when>和<c:otherwise>这 3 个标签的使用。在项目的 src/webapp/jsp 目录下新建一个 JSP 文件 choose.jsp，然后在该文件中使用上述 3 个标签根据分数判断成绩等级，具体如文件 5-21 所示。

文件 5-21　choose.jsp

```
1  <%@ page contentType="text/html;charset=UTF-8" language="java" %>
2  <%@ taglib uri="http://java.sun.com/jsp/jstl/core" prefix ="c"%>
3  <html>
4     <head>
5     </head>
6     <body>
7         <c:set var="score" value="85"/>
8         您的成绩等级为:
9         <c:choose>
10            <c:when test="${score>90}">优秀</c:when>
11            <c:when test="${score<=90 and score>80}">良好</c:when>
12            <c:when test="${score<=80 and score>70}">合格</c:when>
13            <c:otherwise>不合格</c:otherwise>
14        </c:choose>
15     </body>
16  </html>
```

在上述代码中，第 7 行代码用于在 page 作用域中设置一个变量 score，并为其赋值 85；第 10～13 行代码用于根据 score 的值的范围输出对应的等级。

启动项目，在浏览器中通过地址 http://localhost:8080/chapter05/jsp/choose.jsp 访问 choose.jsp，效果如图 5-15 所示。

图5-15　访问choose.jsp的效果

从图 5-15 可以看出，浏览器中输出了"您的成绩等级为：良好"，这说明通过<c:choose>、<c:when>和<c:otherwise>这 3 个标签成功实现了多条件判断。

3. 循环标签

循环标签用于在 JSP 页面中重复地执行一段代码。最常用的循环标签是<c:forEach>，它用于根据循环条件重复地执行包含在标签体内的代码。<c:forEach>标签有两种常见的使用方式，具体如下。

（1）基于索引范围迭代

基于索引范围迭代是指在指定的索引范围内进行循环遍历，语法格式如下。

```
<c:forEach [var="当前迭代的元素"] begin="索引起始位置" end="索引终止位置"
    [step="每次迭代的步长"] [varStatus="循环状态"]>
  <!--执行语句-->
</c:forEach>
```

在上述语法格式中，var 属性用于指定当前迭代的元素；begin 属性和 end 属性分别用于指定索引的起始位置和终止位置；step 属性用于指定每次迭代的步长；varStatus 属性用于指定循环状态。

（2）基于集合或数组迭代

基于集合或数组迭代类似于 Java 中的增强型 for 循环迭代，语法格式如下。

```
<c:forEach [var="当前迭代的元素"] items="${集合变量}" [varStatus="循环状态"]>
  <!--执行语句-->
</c:forEach>
```

在上述语法格式中，items 属性用于指定将要迭代的集合变量。

为了帮助读者更好地理解<c:forEach>标签的使用，下面通过一个案例演示它的两种使用方式。在项目的 src/webapp/jsp 目录下新建一个 JSP 文件 forEach.jsp，然后在该文件中使用<c:forEach>标签的两种使用方式对集合进行遍历，具体如文件 5-22 所示。

文件 5-22　forEach.jsp

```
1  <%@ page import="java.util.List" %>
2  <%@ page import="java.util.ArrayList" %>
3  <%@ page contentType="text/html;charset=UTF-8" language="java" %>
4  <%@ taglib uri="http://java.sun.com/jsp/jstl/core" prefix ="c"%>
5  <html>
6    <head>
7      <title>表达式标签</title>
8    </head>
9    <body>
10     <%
11        List<String> list= new ArrayList<>();
12        list.add("张三");
13        list.add("李四");
14        list.add("王五");
```

```
15          request.setAttribute("list",list);
16      %>
17      基于索引范围迭代 list:
18      <c:forEach begin="0" end="${list.size() - 1}" var="index">
19          ${list[index]}  
20      </c:forEach>
21      <br>
22      基于集合迭代 list:
23      <c:forEach items="${list}" var="item">
24          ${item}  
25      </c:forEach>
26  </body>
27 </html>
```

在文件 5-22 中，第 11～15 行代码用于创建一个包含 3 个字符串元素的 List 集合，并将其存储在名称为 list 的属性中；第 18～20 行代码使用基于索引范围迭代的方式遍历该 List 集合，通过索引访问列表元素并将其输出到页面上；第 23～25 行代码使用基于集合迭代的方式遍历该 List 集合，将每次迭代的元素存储在变量 item 中，并将其输出到页面上。

启动项目，在浏览器中通过地址 http://localhost:8080/chapter05/jsp/forEach.jsp 访问 forEach.jsp，效果如图 5-16 所示。

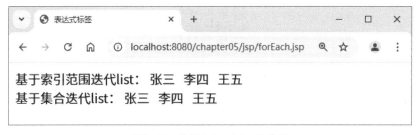

图5-16　访问forEach.jsp的效果

从图 5-16 可以看出，浏览器中输出了两次遍历 List 集合的结果，这说明成功基于<c:forEach>标签的两种使用方式遍历集合。

JSTL 为 JSP 开发提供了丰富的标准标签库，极大地简化了 JSP 页面的开发过程。这些标准标签如同一套通用语言，使不同开发者能够更容易地理解和协作。JSTL 的引入，恰如团队中不同角色的成员，各自拥有专长，能通过统一的规范和流程协调合作。在日常开发中，我们应认识到团队协作的强大之处，通过相互信任、沟通与配合，创造出超越个体能力的卓越成果。

AI 编程任务：简易购物车

请扫描二维码，查看任务的具体实现过程。

5.7　本章小结

　　本章主要介绍了 JSP 技术。首先讲解了 JSP 概念以及 JSP 的运行原理；其次讲解了 JSP 的基本语法，包括 JSP 的构成、JSP 脚本元素和 JSP 文件的注释；然后讲解了 JSP 指令和 JSP 内置对象；接着讲解了 JSP 动作；最后讲解了能够简化 JSP 页面编程的 EL 表达式和 JSTL 核心标签库常见的标签。通过本章的学习，读者能够掌握 JSP 的基本知识和使用方法，灵活使用 JSP 实现动态网页的编程。

5.8　课后习题

　　请扫描二维码，查看课后习题。

第 **6** 章

Servlet高级特性

学习目标

知识目标	1. 熟悉 Filter 简介，能够简述 Filter 的工作流程，并且说出 Filter 接口的 3 个方法的作用。
	2. 了解 Listener 简介，能够简述事件源、监听器、处理器、事件的概念。
技能目标	1. 掌握 Filter 映射，能够在 web.xml 文件中配置 Filter 映射和使用@WebFilter 注解配置 Filter 映射，并能够使用 Filter 拦截请求和响应。
	2. 掌握 Filter 链的使用，能够使用 Filter 链对一个请求或响应进行多次拦截。
	3. 掌握 FilterConfig 接口的使用，能够使用 FilterConfig 接口获取 Filter 的配置信息。
	4. 掌握 Listener 接口的使用，能够使用不同的监听器监听不同类型的事件。
	5. 掌握文件上传的相关知识，能够使用 Part 接口实现文件上传操作。
	6. 掌握文件下载的相关知识，能够在 Servlet 类中通过 I/O 流实现文件下载操作。

Servlet 作为 Java Web 开发的核心技术之一，其功能和应用场景非常丰富。除了基础的请求处理和相应输出，Servlet 还提供了许多高级特性，如 Filter、Listener、文件的上传与下载等，利用这些特性可以在 Web 开发中实现更多强大的功能，本章将对这 3 个特性进行详细讲解。

6.1 Filter

Filter 也称为过滤器，它能够在 Servlet 容器调用 Servlet 处理请求和生成响应的过程中实现拦截，这种拦截能力使得开发人员可以在处理请求之前进行预处理（如身份验证、请求数据验证等），并可以对即将返回的响应进行处理（如数据格式化、添加响应头等）。Filter 可以极大地增强 Web 应用的功能性、安全性和灵活性。本节将对 Filter 的相关知识进行详解。

6.1.1 Filter 简介

在现实生活中，一些内部停车场会设立车闸以对想要进入的车辆进行拦截，如果该车辆不是内部车辆，则拒绝进入。Filter 类似内部停车场的车闸。当一个请求到达 Servlet 容器时，Filter 可以检查该请求是否符合要求，例如进行身份验证，检查用户是否登录、是否有足够的权限等。如果请求符合要求，Filter 则允许请求访问 Servlet 以及其他 Web 资源；如果请求不符合要求，Filter 可以拦截该请求，返回适当的错误信息或者重定向到其他页面等。

另外，当 Servlet 生成响应并准备将其返回给客户端时，Filter 可以对响应进行拦截，并根据业务需求对响应进行检查、修改等处理。当 Filter 对响应的处理完成后，响应可以返回给客户端。

Filter 的工作流程如图 6-1 所示。

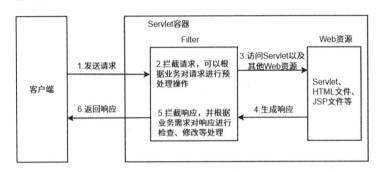

图6-1　Filter的工作流程

Filter 拦截请求和响应的实现基于 Servlet 规范提供的 Filter 接口，在编写自定义的 Filter 类时需要实现该接口。Filter 接口定义了一系列方法，允许开发者在自定义的 Filter 类中对请求和响应进行拦截与处理。Filter 接口的方法如表 6-1 所示。

表 6-1　Filter 接口的方法

方法	描述
void init(FilterConfig filterConfig)	用于初始化 Filter，在创建 Filter 实例后被调用
void doFilter(ServletRequest request, ServletResponse response, FilterChain chain)	用于完成实际的过滤操作。当请求或响应满足过滤规则时，Servlet 容器将调用该方法完成实际的过滤操作
void destroy()	用于释放被 Filter 实例占用的资源，例如关闭数据库、I/O 流等。该方法在 Web 服务器释放 Filter 实例之前被调用

表 6-1 中的 3 个方法是 Filter 生命周期中的关键方法，destroy()方法相对比较简单，下面对表 6-1 中的前 2 个方法进行进一步说明。

（1）init(FilterConfig filterConfig)方法

该方法的参数是一个 FilterConfig 类型的对象，它封装了 Filter 的配置信息。该方法的作用和 Servlet 的初始化方法 init(ServletConfig servletConfig)方法的作用类似。FilterConfig 接口的相关内容将在 6.1.4 小节进行讲解。

（2）doFilter(ServletRequest request, ServletResponse response, FilterChain chain)方法

该方法有 3 个参数，其中 request 和 response 读者应该并不陌生，它们分别表示当前的请求对象和响应对象。最后一个参数 chain 是一个 FilterChain 类型的对象，FilterChain 表示

过滤器链，它是一系列 Filter 的集合，用于通过多个 Filter 对请求或响应进行多次拦截。

通过 chain 对象可以将请求传递给过滤器链中的下一个过滤器或目标资源，以便对请求和响应进行进一步处理。FilterChain 接口的相关内容将在 6.1.3 小节详细讲解。

Filter 对进入 Web 应用的每一个请求都进行严格的筛选和处理，我们在处理日常生活和学习中的问题时，也要具备严谨的态度和精益求精的工匠精神，确保每一个细节都得到妥善处理；同时，也要学会在纷繁复杂的信息中筛选出有价值的内容，为后续的决策和行动提供有力支持。

6.1.2　Filter 映射

Filter 能够对请求和响应进行拦截与处理，然而 Web 应用程序可能包含多个 Servlet，也可能触发多个请求，要让 Filter 知道哪些请求或响应要执行哪些特定的预处理或后处理操作，就需要将特定的 Filter 与特定的 URL 或 Servlet 关联起来，这一过程就是 Filter 映射。

Filter 映射有两种配置方式，分别是在 web.xml 文件中配置 Filter 映射和使用@WebFilter 注解配置 Filter 映射。下面分别对这两种配置方式进行讲解。

1. 在 web.xml 文件中配置 Filter 映射

在 web.xml 文件中配置 Filter 映射的语法格式与在该文件中配置 Servlet 映射的语法格式类似，它们的主要区别在于使用的标签名称和内部元素值。在 web.xml 文件中配置 Filter 映射的示例代码如下。

```
1  <filter>
2      <filter-name>MyFilter</filter-name>
3      <filter-class>com.example.MyFilter</filter-class>
4  </filter>
5  <filter-mapping>
6      <filter-name>MyFilter</filter-name>
7      <url-pattern>/user</url-pattern>
8  </filter-mapping>
```

在上述代码中，<filter>标签用于注册 Filter，<filter-name>标签用于指定 Filter 的名称，<filter-class>用于指定需要映射的 Filter 的全限定类名；<filter-mapping>标签用于将 Filter 映射到特定的 URL 或 Servlet，<filter-name>用于定位已注册的 Filter，<url-pattern>用于定义该 Filter 需要拦截的 URL。

上面这段配置的作用是当有请求匹配到/user 时，Servlet 容器会调用过滤器 com.example. MyFilter 来拦截并处理请求。

2. 使用@WebFilter 注解配置 Filter 映射

@WebFilter 注解直接标注在 Filter 类上，为该 Filter 设置应该拦截的 URL、初始化参数等配置信息，它与@WebServlet 注解在用法上比较类似。

@WebFilter 注解的常用属性如表 6-2 所示。

表 6-2　@WebFilter 注解的常用属性

属性	描述
String filterName	指定过滤器的名称，默认是过滤器类的名称
String[] urlPatterns	指定一组过滤器的 URL 匹配模式，如果想让过滤器拦截用户的所有请求，可以将 urlPatterns 属性的值设置为 "/*"，表示匹配所有的 URL
String[] value	该属性等价于 urlPatterns 属性，但二者不能同时使用
String[] servletNames	指定过滤器将应用于哪些 Servlet
DispatcherType dispatcherTypes	指定过滤器的请求调度类型，具体类型包括 REQUEST、INCLUDE、FORWARD 和 ERROR
WebInitParam[] initParams	指定过滤器的一组初始化参数。在通过该属性指定初始化参数时，需要嵌套@WebInitParam 注解指定具体的参数名称和参数值

在表 6-2 列举的@WebFilter 注解的常用属性中，filterName、urlPatterns、value 和 initParams 这 4 个属性的用法与@WebServlet 注解中对应属性的用法类似。servletNames 属性比较简单，当使用该属性指定一些 Servlet 后，过滤器会拦截这些 Servlet 接收的所有请求。

dispatcherTypes 属性用于指定过滤器的请求调度类型，下面对该属性的 4 种类型进行讲解。

（1）REQUEST

当过滤器设置 dispatcherTypes 属性值为 DispatcherType.REQUEST 时，如果用户通过 RequestDispatcher 对象的 include()方法或 forward()方法访问目标资源，该过滤器不会被调用，否则，该过滤器会被调用。

上面提到的 include()方法用于在当前 Servlet 中包含其他资源的内容，这里的资源可以是另一个 Servlet、JSP 页面等。

（2）INCLUDE

当过滤器设置 dispatcherTypes 属性值为 DispatcherType.INCLUDE 时，如果用户通过 RequestDispatcher 对象的 include()方法访问目标资源，该过滤器会被调用，否则，该过滤器不会被调用。

（3）FORWARD

当过滤器设置 dispatcherTypes 属性值为 DispatcherType.FORWARD 时，如果用户通过 RequestDispatcher 对象的 forward()方法访问目标资源，该过滤器会被调用，否则，该过滤器不会被调用。

（4）ERROR

当过滤器设置 dispatcherTypes 属性值为 DispatcherType.ERROR 时，如果通过声明式异常处理机制调用目标资源，该过滤器会被调用，否则，该过滤器不会被调用。

下面通过一个案例基于@WebFilter 注解演示 Filter 的使用。

（1）创建项目

在 IDEA 中创建一个名称为 chapter06 的 Maven Web 项目，将项目部署在本地 Tomcat 中，并将应用程序的上下文路径修改为 "/chapter06"。在项目的 pom.xml 文件中引入 Servlet 的依赖，具体如文件 6-1 所示。

文件 6-1　pom.xml

```
1  <project xmlns="http://maven.apache.org/POM/4.0.0"
2  xmlns:xsi="http://www.w3.org/2001/XMLSchema-instance"
3       xsi:schemaLocation="http://maven.apache.org/POM/4.0.0
4    http://maven.apache.org/maven-v4_0_0.xsd">
5    <modelVersion>4.0.0</modelVersion>
6    <groupId>org.example</groupId>
7    <artifactId>chapter06</artifactId>
8    <packaging>war</packaging>
9    <version>1.0-SNAPSHOT</version>
10   <properties>
11      <maven.compiler.source>17</maven.compiler.source>
12      <maven.compiler.target>17</maven.compiler.target>
13      <project.build.sourceEncoding>UTF-8
14      </project.build.sourceEncoding>
15   </properties>
16   <dependencies>
17      <!-- Servlet 依赖-->
18      <dependency>
19         <groupId>jakarta.servlet</groupId>
20         <artifactId>jakarta.servlet-api</artifactId>
21         <version>6.0.0</version>
22      </dependency>
23   </dependencies>
24 </project>
```

（2）创建 Servlet 类

在项目的 src/main 目录下新建一个名称为 java 的文件夹，在该文件夹中新建一个包 com.itheima.servlet，在该包中创建一个 MyServlet 类继承 HttpServlet 类，然后在该类中重写 HttpServlet 类的 service()方法，在 service()方法中向客户端响应信息 "Hello MyServlet"，具体如文件 6-2 所示。

文件 6-2　MyServlet.java

```
1  .import jakarta.servlet.annotation.WebServlet;
2  import jakarta.servlet.http.*;
3  import java.io.*;
4  @WebServlet("/myServlet")
5  public class MyServlet extends HttpServlet {
6     @Override
```

```
7     protected void service(HttpServletRequest req,
8      HttpServletResponse resp) throws IOException {
9         PrintWriter pw = resp.getWriter();
10        pw.println("Hello MyServlet");
11    }
12 }
```

在上述代码中，第 4~12 行代码定义了一个 MyServlet 类继承 Servlet 类，并指定该类的映射路径为"/myServlet"，其中，第 10 行代码用于向响应体中写入文本"Hello MyServlet"。

（3）创建 Filter 类

在项目中创建包 com.itheima.filter，在该包中创建一个 MyFilter 类实现 Filter 类，在该类上使用@WebFilter 注解指定拦截 URL 为"/myServlet"的请求，并在该类中重写 Filter 类的 doFilter()方法，在其中向客户端输出"Hello MyFilter"，具体如文件 6-3 所示。

文件 6-3　MyFilter.java

```
1  import jakarta.servlet.*;
2  import jakarta.servlet.annotation.WebFilter;
3  import java.io.*;
4  @WebFilter("/myServlet")
5  public class MyFilter implements Filter {
6     @Override
7     public void init(FilterConfig filterConfig) {
8         System.out.println("初始化 MyFilter 实例");
9     }
10    @Override
11    public void doFilter(ServletRequest req, ServletResponse resp,
12                     FilterChain chain) throws IOException {
13        //用于拦截用户的请求，如果和当前过滤器的拦截路径相匹配，doFilter()方法会被调用
14        PrintWriter pw = resp.getWriter();
15        pw.println("Hello MyFilter");
16    }
17    @Override
18    public void destroy() {
19        System.out.println("MyFilter 实例被销毁");
20    }
21 }
```

在上述代码中，第 4 行代码使用@WebFilter 注解配置拦截 URL 为"/myServlet"的请求。第 14、15 行代码用于在拦截成功时向响应体中写入"Hello MyFilter"。

（4）测试效果

启动项目，在浏览器中通过地址 http://localhost:8080/chapter06/myServlet 访问 MyServlet，效果如图 6-2 所示。

图6-2　访问MyServlet的效果（1）

从图 6-2 中可以看到，当访问 MyServlet 时，浏览器中只显示了 MyFilter 的输出信息，并没有显示 MyServlet 的输出信息，这说明 MyFilter 过滤器成功拦截了发送到 MyServlet 的请求。

6.1.3　Filter 链

在一个 Web 应用中可以注册多个 Filter，如果这些 Filter 都拦截同一目标资源，则它们就组成了一个 Filter 链（也称过滤器链）。在 Java 的 Servlet API 中，用 FilterChain 接口表示过滤器链，FilterChain 接口用于在 Filter 之间传递请求和响应对象，并控制过滤器链中的下一个过滤器或最终的目标资源的访问顺序。

FilterChain 接口提供了一个 doFilter()方法，用于调用 Filter 链中下一个 Filter 或目标资源，实现 Filter 之间的协同工作。下面通过一张图描述 Filter 链的拦截过程，如图 6-3 所示。

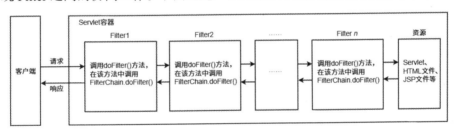

图6-3　Filter链的拦截过程

在图 6-3 中，当 Servlet 容器接收到客户端发送的请求时，需要经过 Filter1、Filter2 等多个过滤器，首先 Filter1 会对该请求进行拦截，Filter1 在完成请求处理后，会调用 FilterChain 对象的 doFilter()方法将请求传递给 Filter2，Filter2 再处理请求并调用 FilterChain 对象的 doFilter()方法将请求传递给下一个 Filter。以此类推，最后一个 Filter 会调用 FilterChain 对象的 doFilter()方法将请求发送给目标资源。

当 Web 服务器对这个请求做出响应后，响应结果也会被过滤器拦截，拦截顺序与拦截请求的顺序相反，最终将响应结果发送给客户端。

为了帮助读者更好地理解 Filter 链，下面通过一个案例演示 Filter 链的使用。该案例模拟一个成人视力筛选系统，要求只有满 18 周岁并且视力为 5.0 及以上的用户才能通过筛选。

（1）创建 Servlet 类

在 com.itheima.servlet 包中创建一个 ScreenServlet 类继承 HttpServlet 类，然后在该类重写的 service()方法中向客户端响应筛选结果的提示信息，具体如文件 6-4 所示。

文件 6-4　ScreenServlet.java

```java
1  import jakarta.servlet.annotation.WebServlet;
2  import jakarta.servlet.http.HttpServlet;
3  import jakarta.servlet.http.HttpServletRequest;
4  import jakarta.servlet.http.HttpServletResponse;
5  import java.io.IOException;
6  import java.io.PrintWriter;
7  @WebServlet("/screenServlet")
8  public class ScreenServlet extends HttpServlet {
9      @Override
10     protected void service(HttpServletRequest req,
11                     HttpServletResponse resp) throws IOException {
12         PrintWriter pw = resp.getWriter();
13         pw.println("恭喜您通过筛选！");
14     }
15 }
```

在上述代码中，第 7~15 行代码定义了 ScreenServlet 类，其中，第 7 行代码指定该类的映射路径为 "/screenServlet"，第 13 行代码用于向响应体中写入提示信息。

（2）创建 Filter 类

在 com.itheima.filter 包中创建两个 Filter 类 ScreenFilter01 和 ScreenFilter02，在这两个 Filter 类中都指定拦截 URL 为 "/screenServlet" 的请求，并在重写的 doFilter()方法中编写拦截规则，如果符合成人视力筛选的条件，则放行请求，否则不放行请求，并向客户端发送提示信息。具体如文件 6-5 和文件 6-6 所示。

文件 6-5　ScreenFilter01.java

```java
1  import jakarta.servlet.*;
2  import jakarta.servlet.annotation.WebFilter;
3  import java.io.IOException;
4  import java.io.PrintWriter;
5  //验证是否满 18 周岁
6  @WebFilter("/screenServlet")
7  public class ScreenFilter01 implements Filter {
8      @Override
9      public void doFilter(ServletRequest req, ServletResponse resp,
10         FilterChain chain) throws IOException, ServletException {
11         resp.setContentType("text/html;charset=UTF-8");
12         int age = Integer.parseInt(req.getParameter("age"));
13         if(age >= 18){
```

```
14              chain.doFilter(req,resp);
15          }else {
16              PrintWriter pw = resp.getWriter();
17              pw.println("对不起，您没有满 18 周岁！");
18          }
19      }
20  }
```

在上述代码中，第 6 行代码使用@WebFilter 注解配置拦截 URL 为 "/screenServlet" 的请求。第 12 行代码用于从请求中获取用户的年龄。第 13～18 行代码用于判断用户是否满 18 周岁，若满 18 周岁，则调用 FilterChain 对象的 doFilter()方法，将请求传递给下一个过滤器；否则拦截该请求，并向响应体中写入未通过筛选的原因。

文件 6-6 ScreenFilter02.java

```
1   import jakarta.servlet.*;
2   import jakarta.servlet.annotation.WebFilter;
3   import java.io.IOException;
4   import java.io.PrintWriter;
5   //验证视力是否大于或等于 5.0
6   @WebFilter("/screenServlet")
7   public class ScreenFilter02 implements Filter {
8       @Override
9       public void doFilter(ServletRequest req, ServletResponse resp,
10              FilterChain chain) throws IOException, ServletException {
11          resp.setContentType("text/html;charset=UTF-8");
12          double vision = Double.parseDouble(req.getParameter("vision"));
13          if(vision >= 5.0){
14              chain.doFilter(req,resp);
15          }else {
16              PrintWriter pw = resp.getWriter();
17              pw.println("对不起，您的视力不满足要求！");
18          }
19      }
20  }
```

在上述代码中，第 6 行代码使用@WebFilter 注解配置拦截 URL 为 "/screenServlet" 的请求。第 12 行代码用于从请求中获取用户的视力。第 13～18 行代码用于判断用户的视力是否满足大于或等于 5.0 的条件，若满足，则调用 FilterChain 对象的 doFilter()方法，将请求放行并发送给目标资源；否则拦截该请求，并向响应体中写入未通过筛选的原因。

（3）测试效果

启动项目，以年龄为 17、视力为 5.1 的用户为例进行验证。在浏览器中通过地址 http://localhost:8080/chapter06/screenServlet?age=17&vision=5.1 访问 ScreenServlet，效果如图 6-4 所示。

图6-4　访问ScreenServlet的效果（1）

从图 6-4 可以看出，页面展示了"对不起，您没有满 18 周岁！"的提示信息，说明过滤器 ScreenFilter01 对请求进行了拦截，年龄小于 18 周岁时没有通过筛选，ScreenFilter01 没有将请求继续传递给后续的过滤器。

下面以年龄为 20、视力为 4.5 的用户为例进行验证。在浏览器中通过地址 http://localhost:8080/chapter06/screenServlet?age=20&vision=4.5 访问 ScreenServlet，效果如图 6-5 所示。

图6-5　访问ScreenServlet的效果（2）

从图 6-5 可以看到，页面展示"对不起，您的视力不满足要求！"的提示信息，说明 ScreenFilter01 拦截到请求后，请求中的参数符合年龄要求，ScreenFilter01 将请求进行放行，由 ScreenFilter02 对请求进行了拦截，ScreenFilter02 拦截请求后验证视力没有达到要求，则将提示信息写入响应体中进行响应。

下面以年龄为 20、视力为 5.1 的用户为例进行验证。在浏览器中通过地址 http://localhost:8080/chapter06/screenServlet?age=20&vision=5.1 访问 ScreenServlet，效果如图 6-6 所示。

图6-6　访问ScreenServlet的效果（3）

从图 6-6 可以看到，页面展示"恭喜您通过筛选！"的提示信息，说明当过滤器 ScreenFilter01 和 ScreenFilter02 对请求进行处理并验证通过后，请求被发送给了 ScreenServlet 进行处理。

6.1.4　FilterConfig 接口

为了高效地访问和管理 Filter 的配置信息，Servlet API 提供了 FilterConfig 接口，此接口作为 Filter 配置信息的容器，封装了所有与 Filter 相关的配置细节，并提供了一系列直观的方法，使得开发者能够轻松地检索这些关键信息。FilterConfig 接口常见的方法如表 6-3 所示。

表 6-3　FilterConfig 接口常见的方法

方法	描述
String getFilterName()	用于获取 Filter 的名称
String getInitParameter(String name)	用于获取 Filter 配置中名称为 name 的初始化参数
Enumeration getInitParameterNames()	用于获取 Filter 配置中的所有初始化参数名称
ServletContext getServletContext()	用于获取 FilterConfig 对象中封装的 ServletContext 对象

下面通过一个案例演示 FilterConfig 接口常见的方法的使用，该案例在过滤器中设置一些初始化参数作为白名单使用，只有携带的参数在白名单之内才允许访问某个 Servlet，否则不允许访问对应的 Servlet，具体实现如下。

在 com.itheima.filter 包中创建 ConfigFilter 类实现 Filter 接口，在该类上使用@WebFilter 注解指定拦截 URL 为 "/myServlet" 的请求，并配置一些初始化参数，在重写的 doFilter() 方法中获取初始化参数，并将获取的初始化参数和请求携带的参数进行对比，如果请求携带的参数属于初始化参数，则放行请求，否则不放行请求并向客户端响应提示信息。具体实现如文件 6-7 所示。

文件 6-7　ConfigFilter.java

```
1   import jakarta.servlet.*;
2   import jakarta.servlet.annotation.WebFilter;
3   import jakarta.servlet.annotation.WebInitParam;
4   import java.io.IOException;
5   import java.io.PrintWriter;
6   import java.util.Arrays;
7   @WebFilter(urlPatterns = "/myServlet",
8           initParams = @WebInitParam(name = "username", value = "admin,lisi"))
9   public class ConfigFilter implements Filter {
10      private FilterConfig config;
11      @Override
12      public void init(FilterConfig filterConfig) {
13          this.config = filterConfig;
14      }
15      @Override
16      public void doFilter(ServletRequest req, ServletResponse resp,
17              FilterChain chain) throws IOException, ServletException {
18          //获取请求携带的参数 username 的值
19          String username = req.getParameter("username");
20          //获取初始化参数 username 的值
21          String value = config.getInitParameter("username");
22          //解析初始化参数的值
```

```
23        String[] split = value.split(",");
24        boolean contains = Arrays.asList(split).contains(username);
25        //如果请求携带的参数属于初始化参数，则放行请求
26        if (contains) {
27            chain.doFilter(req, resp);
28            return;
29        }
30        resp.setContentType("text/html;charset=UTF-8");
31        PrintWriter pw = resp.getWriter();
32        pw.println("当前账号存在风险，暂时不能为您提供服务");
33    }
34 }
```

在上述代码中，第 19 行代码获取请求携带的参数 username 的值，第 20～32 行代码获取初始化参数的值，如果请求携带的参数属于初始化参数，说明当前访问的用户在白名单中，则放行请求；否则不放行请求并向客户端响应提示信息。

文件 6-3 的 MyFilter 类也会拦截 URL 为 "/myServlet" 的请求，为了使测试效果更明显，在此将 MyFilter 类进行注释。启动项目，在浏览器中通过地址 http://localhost:8080/chapter06/myServlet?username=admin 访问 MyServlet，效果如图 6-7 所示。

图6-7　访问MyServlet的效果（2）

从图 6-7 中可以看到，在页面展示提示信息 "Hello MyServlet"，这说明 MyServlet 处理了请求。

在浏览器中通过地址 http://localhost:8080/chapter06/myServlet?username=lisi 访问 MyServlet，效果如图 6-8 所示。

图6-8　访问MyServlet的效果（3）

从图 6-8 中可以看到，在页面展示提示信息 "Hello MyServlet"，这说明当前请求也被 MyServlet 处理了。

在浏览器中通过地址 http://localhost:8080/chapter06/myServlet?username=un 访问 MyServlet，效果如图 6-9 所示。

图6-9 访问MyServlet的效果（4）

从图 6-9 中可以看到，在页面展示提示信息"当前账号存在风险，暂时不能为您提供服务"，这说明当前请求没有被 MyServlet 进行处理，而是在过滤器中直接响应，进而说明过滤器实现了白名单的过滤效果。

AI 编程任务：自动登录

请扫描二维码，查看任务的具体实现过程。

6.2 Listener

在 Web 应用开发中，经常需要对某些事件进行监听，以便在特定时间执行相应的处理。为此，Servlet 提供了 Listener，它专门用于监听 Servlet 事件。本节将对 Listener 进行讲解。

6.2.1 Listener 简介

在 Java Web 中，Listener 被称为监听器，用于监听 Web 应用中特定对象的创建、销毁、添加和修改等操作。一旦特定对象的状态发生变化，服务器会自动触发监听器进行相应的处理。

Listener 在监听过程中会涉及以下几个相关概念。

（1）事件源

事件源是指被监听的对象。Servlet 规范中的 Listener 可以监听的对象主要包括 ServletContext、ServletRequest 和 HttpSession。这 3 个对象允许在特定作用域（例如整个应用程序、一次会话或一次请求）内存储和共享数据，因此也将这 3 个对象称为域对象。

（2）处理器

处理器可以看作监听器所依附的执行逻辑部分。监听器在监听到事件发生时，会调用相应的处理器来处理事件，这些处理器通常是指监听器定义的方法，这些方法根据监听器类型和事件类型的不同，执行相应的逻辑来处理事件。

（3）事件

事件是系统中发生的某种特定情况或状态的改变，在 Java Web 上下文中，事件通常是与 ServletContext、ServletRequest、HttpSession 等域对象相关的创建、销毁、属性添加、属性移除或属性替换等操作。

6.2.2　监听器接口

Servlet 规范涵盖了 8 种监听器接口，旨在监控 ServletContext、HttpSession 及 ServletRequest 的关键生命周期阶段与属性变动情况。开发者在创建 Servlet 监听器时，需实现对应的接口，并对其中的方法进行重写以定制处理逻辑。

监听器接口如表 6-4 所示。

表 6-4　监听器接口

接口	描述
ServletContextListener	用于监听 ServletContext 对象的创建与销毁过程
HttpSessionListener	用于监听 HttpSession 对象的创建与销毁过程
ServletRequestListener	用于监听 ServletRequest 对象的创建与销毁过程
ServletContextAttributeListener	用于监听 ServletContext 对象中的属性变更
HttpSessionAttributeListener	用于监听 HttpSession 对象中的属性变更
ServletRequestAttributeListener	用于监听 ServletRequest 对象中的属性变更
HttpSessionBindingListener	用于监听 JavaBean 对象绑定到 HttpSession 对象和从 HttpSession 对象解绑的事件
HttpSessionActivationListener	用于监听 HttpSession 对象钝化和活化的过程。钝化是指该会话被序列化到磁盘或其他存储介质中以便于后续的恢复；活化是指将序列化的 HttpSession 对象反序列化为内存中的活动对象

表 6-4 中列举了 8 个监听器接口，Listener 根据监听事件的不同可以将监听器分为以下 3 类。

① 用于监听域对象创建和销毁过程的监听器：实现了 ServletContextListener 接口、HttpSessionListener 接口或 ServletRequestListener 接口的程序。

② 用于监听域对象中的属性变更的监听器：实现了 ServletContextAttributeListener 接口、HttpSessionAttributeListener 接口或 ServletRequestAttributeListener 接口的程序。

③ 用于监听 HttpSession 中对象状态变化或会话状态变化的监听器：实现了 HttpSessionBindingListener 接口或 HttpSessionActivationListener 接口的程序。

当创建上面这些监听器后，Web 服务器会根据监听器所实现的接口把它注册到各自所监听的对象上，当被监听的对象触发了相应的事件时，Web 服务器就会调用监听器中的处理器（方法）对事件进行处理。

监听器接口分别提供了用于处理对应事件的方法，下面通过表格列举这些方法，如表 6-5 所示。

表 6-5　监听器接口提供的方法

接口	方法	描述
ServletContextListener	void contextInitialized (ServletContextEvent sce)	接收 ServletContext 对象被创建的通知
	void contextDestroyed (ServletContextEvent sce)	接收 ServletContext 对象被销毁的通知
HttpSessionListener	void sessionCreated (HttpSessionEvent se)	接收 HttpSession 对象被创建的通知
	void sessionDestroyed (HttpSessionEvent se)	接收 HttpSession 对象被销毁的通知
ServletRequestListener	void requestInitialized (ServletRequestEvent sre)	接收 ServletRequest 对象被创建的通知
	void requestDestroyed (ServletRequestEvent sre)	接收 ServletRequest 对象被销毁的通知
ServletContextAttributeListener	void attributeAdded (ServletContextAttributeEvent event)	接收添加属性到 Servlet 上下文的通知
	void attributeRemoved (ServletContextAttributeEvent event)	接收从 Servlet 上下文删除属性的通知
	attributeReplaced (ServletContextAttributeEvent event)	接收 Servlet 上下文中属性修改的通知
HttpSessionAttributeListener	void attributeAdded (HttpSessionBindingEvent event)	接收添加属性到会话的通知
	void attributeRemoved (HttpSessionBindingEvent event)	接收从会话中删除属性的通知
	attributeReplaced (HttpSessionBindingEvent event)	接收会话中属性修改的通知
ServletRequestAttributeListener	void attributeAdded (ServletRequestAttributeEvent event)	接收添加属性到请求的通知
	void attributeRemoved (ServletRequestAttributeEvent event)	接收从请求中删除属性的通知
	attributeReplaced (ServletRequestAttributeEvent event)	接收请求中属性修改的通知
HttpSessionBindingListener	void valueBound (HttpSessionBindingEvent event)	接收 Java 对象正在绑定到会话的通知
	void valueUnbound (HttpSessionBindingEvent event)	接收 Java 对象正在从会话解除绑定的通知
HttpSessionActivationListener	void sessionWillPassivate (HttpSessionEvent se)	接收会话即将被钝化的通知
	void sessionDidActivate (HttpSessionEvent se)	接收会话即将被活化的通知

表 6-5 中的方法虽然较多，但是这些方法的名称是有规律的，读者可以通过对比进行记忆。需要注意的一点是，HttpSessionListener 接口中用于接收 HttpSession 对象被创建的通知的方法是 sessionCreated()而不是 sessionInitialized()。

为了使 Servlet 容器能够识别一个类作为监听器，该类需要实现 Servlet API 中定义的特定监听器接口，并且监听器需要在 Web 应用的 web.xml 中声明或通过注解进行声明。这两种声明的方式如下。

在 web.xml 文件中声明监听器的示例如下。

```
1  <listener>
2     <listener-class>com.itheima.MyListener</listener-class>
3  </listener>
```

上述示例中，com.itheima.MyListener 是需要声明的监听器类的全限定名称。

通过@WebListener 注解声明监听器是 Servlet 3.0 之后的一种简化方案，在使用上比较简单，只需要在监听器类上添加@WebListener 注解即可。

为了帮助读者更好地理解监听器是如何监听事件的，下面通过案例演示如何监听 ServletContext、HttpSession 和 ServletRequest 对象的创建和销毁事件。

在项目中创建包 com.itheima.listener，在该包下创建类 MyListener。由于监听 ServletContext、HttpSession 和 ServletRequest 对象的创建和销毁过程类似，所以可以让 MyListener 类同时实现 ServletContextListener、HttpSessionListener 和 ServletRequestListener 这 3 个接口，然后分别实现这些接口的方法并监听 3 个对象的创建和销毁。MyListener 类的代码如文件 6-8 所示。

文件 6-8　MyListener.java

```
1  import jakarta.servlet.*;
2  import jakarta.servlet.annotation.WebListener;
3  import jakarta.servlet.http.*;
4  @WebListener
5  public class MyListener implements ServletContextListener,
6          HttpSessionListener, ServletRequestListener {
7      public void contextInitialized(ServletContextEvent arg0) {
8          System.out.println("ServletContext 对象被创建");
9      }
10     public void contextDestroyed(ServletContextEvent arg0) {
11         System.out.println("ServletContext 对象被销毁");
12     }
13     public void requestInitialized(ServletRequestEvent arg0) {
14         System.out.println("ServletRequest 对象被创建");
15     }
16     public void requestDestroyed(ServletRequestEvent arg0) {
17         System.out.println("ServletRequest 对象被销毁");
18     }
19     public void sessionCreated(HttpSessionEvent arg0) {
20         System.out.println("HttpSession 对象被创建");
21     }
22     public void sessionDestroyed(HttpSessionEvent arg0) {
23         System.out.println("HttpSession 对象被销毁");
24     }
25 }
```

在上述代码中，第 7~24 行代码用于监听 ServletContext、HttpSession 和 ServletRequest 对象的创建和销毁过程，在对应的对象创建和销毁时在控制台输出提示信息。

启动项目，控制台输出信息如图 6-10 所示。

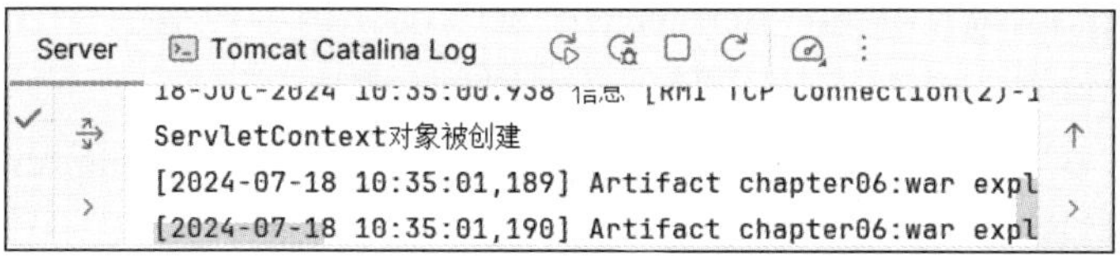

图6-10　项目启动时控制台输出信息

从图 6-10 可以看到，控制台输出了 ServletContext 对象被创建的提示信息，这说明项目启动时监听器 MyListener 监听到了 ServletContext 对象的创建，执行了 contextInitialized() 方法。

下面停止项目，控制台输出信息如图 6-11 所示。

图6-11　项目停止时控制台输出信息

从图 6-11 可以看到，控制台输出了 ServletContext 对象被销毁的提示信息，这说明项目停止时监听器 MyListener 监听到了 ServletContext 对象的销毁，执行了 contextDestroyed() 方法。

下面为了查看 HttpSession 对象和 ServletRequest 对象的创建和销毁监听效果，在项目的 com.itheima.servlet 包下创建类 ListenerServlet，在该类中重写的 service() 方法中获取 HttpSession 对象，并销毁 HttpSession 对象，具体如文件 6-9 所示。

文件 6-9　ListenerServlet.java

```java
1  import jakarta.servlet.annotation.WebServlet;
2  import jakarta.servlet.http.HttpServlet;
3  import jakarta.servlet.http.HttpServletRequest;
4  import jakarta.servlet.http.HttpServletResponse;
5  import jakarta.servlet.http.HttpSession;
6  @WebServlet("/listener")
7  public class ListenerServlet extends HttpServlet {
8      @Override
9      protected void service(HttpServletRequest req,
10          HttpServletResponse resp) {
11          System.out.println("测试监听器");
12          //获取 HttpSession 对象
13          HttpSession session = req.getSession();
14          session.setMaxInactiveInterval(10);
15      }
16  }
```

在上述代码中，第 13 行代码用于获取 HttpSession 对象，客户端第一次向服务器发起请求，获取 HttpSession 对象时 Servlet 容器会自动为该客户端创建 HttpSession 对象。第 14 行代码用于设置 HttpSession 对象的超时时间为 10s。

启动项目，在浏览器中通过地址 http://localhost:8080/chapter06/listener 访问 ListenerServlet，控制台输出信息如图 6-12 所示。

从图 6-12 可以看到，控制台中输出了 ServletRequest 对象被创建和销毁的提示信息，以及 HttpSession 对象被创建的提示信息。这说明当浏览器访问 ListenerServlet 时，Web 容器会监听 ServletRequest 对象和 HttpSession 对象的创建，当 Web 服务器完成这次请求后，ServletRequest 对象会随之销毁。

保持访问 ListenerServlet 的浏览器窗口不刷新，与之对应的 HttpSession 对象将在 10s 后被销毁，控制台输出信息如图 6-13 所示。

图6-12　访问ListenerServlet时的控制台输出信息

图6-13　控制台输出信息

AI 编程任务：监听用户登录次数

请扫描二维码，查看任务的具体实现过程。

6.3　文件的上传和下载

在 Web 应用中，文件的上传和下载是非常常见的需求，例如用户上传头像、发票，下载成绩单、报表等。Servlet 为文件的上传和下载提供了强大的支持，通过 Servlet 可以轻松解析上传的文件并读取下载的文件。本节将围绕 Servlet 如何实现文件的上传和下载功能进行详细讲解。

6.3.1　文件上传

要实现 Web 开发中的文件上传功能，通常需要完成两步操作：一是在 Web 项目的前端页面中添加上传输入项，二是在后端程序中读取上传的文件并将其保存到目标路径中。下面分别讲解这两步操作的实现。

1.　在 Web 项目的前端页面中添加上传输入项

在 Web 项目的前端页面中添加上传输入项时，需要用到<input type="file">标签。此外，由于大多数文件都通过表单形式上传，但默认情况下 HTML 表单数据编码方式的是 application/x-www-form-urlencoded，这种编码方式不支持文件上传，为了确保服务器能够正确接收并处理表单中上传的文件，必须设置表单的编码方式为 multipart/form-data。

2.　在后端程序中读取上传的文件并将其保存到目标路径中

用户发送携带文件数据的请求后，文件数据会附带在 HTTP 请求报文的请求体中传递给服务器，如果服务器先通过请求对象的 getInputStream()方法读取文件数据并解析，再上传文件，则会非常烦琐。为此，Servlet 3.0 中引入了一个接口 Part，该接口为开发者提供了更便捷的方式来解析和处理 HTTP 请求上传的文件。

Part 接口代表了通过 HTTP 请求上传的文件的各个部分，每个上传的文件都会被封装为一个 Part 对象，通过该对象可以方便地对文件进行各种操作，例如上传文件、获取文件数据等。

HttpServletRequest 接口提供了两个方法用于从请求中获取 Part 对象，具体如表 6-6 所示。

表 6-6　HttpServletRequest 接口用于获取 Part 对象的方法

方法	描述
Part getPart(String name)	用于获取请求中名称为 name 的 Part 对象（文件）
Collection<Part> getParts()	用于获取请求中的全部 Part 对象（文件）

获取了请求中的 Part 对象后，就可以对文件进行处理了。Part 接口提供了一系列用于操作文件的方法，包括上传文件到指定目录、获取文件信息等。Part 接口的常用方法如表 6-7 所示。

表 6-7　Part 接口的常用方法

方法	描述
void write(String filename)	用于将上传的文件内容写入指定文件中。参数 filename 为目标文件的名称（包括路径信息，可以是相对路径，也可以是绝对路径）
long getSize()	用于获取上传文件的大小
String getName()	用于获取请求数据中该 Part 对象的 name 属性值
String getSubmittedFileName()	用于获取上传文件的名称
String getContentType()	用于获取上传文件的类型
InputStream getInputStream()	用于获取输入流以检索文件的内容
void delete()	用于删除文件项的基础存储，以及关联的磁盘临时文件

在处理文件上传操作时，为了确保 Servlet 容器能够正确解析和处理上传的文件数据，需要在处理文件上传操作的 Servlet 类上添加@MultipartConfig 注解，以告诉 Servlet 容器该 Servlet 支持文件上传操作。

为了帮助读者更好地理解如何实现文件上传操作，下面通过一个案例演示上传本地文件到项目中，具体如下。

（1）创建 Servlet 类

在项目的 com.itheima.servlet 包下创建 FileUploadServlet 类继承 HttpServlet 类，然后在该类重写的 service()方法中通过 Part 对象将请求中携带的文件保存在项目的根目录下。具体如文件 6-10 所示。

文件 6-10　FileUploadServlet.java

```java
1  import jakarta.servlet.ServletException;
2  import jakarta.servlet.annotation.MultipartConfig;
3  import jakarta.servlet.annotation.WebServlet;
4  import jakarta.servlet.http.HttpServlet;
5  import jakarta.servlet.http.HttpServletRequest;
6  import jakarta.servlet.http.HttpServletResponse;
7  import jakarta.servlet.http.Part;
8  import java.io.IOException;
9  @WebServlet("/upload")
10 @MultipartConfig
11 public class FileUploadServlet extends HttpServlet {
12     @Override
13     public void service(HttpServletRequest req, HttpServletResponse resp)
14             throws ServletException, IOException {
15         req.setCharacterEncoding("UTF-8");
16         //获取项目的根路径
17         String targetPath = req.getServletContext().getRealPath("/");
18         //获取请求中名称为 file 的文件
19         Part file = req.getPart("file");
20         String avatarName = file.getSubmittedFileName();
21         //文件上传路径
22         String avatarPath = targetPath + "/" + avatarName;
23         //上传文件
24         file.write(avatarPath);
25     }
26 }
```

在上述代码中，第 9～26 行代码定义了 FileUploadServlet 类，并指定该类的访问路径和启用对 multipart 请求的解析。其中，第 17 行代码用于获取项目的根路径；第 19～24 行代码获取请求中名称为 file 的文件，并将该文件上传到项目根路径下。

（2）测试效果

在常规操作中，文件上传功能通常通过浏览器页面上的表单实现，表单中包含一个文件上传组件。为了更便捷地验证文件上传功能的正确性，在此采用 Postman 工具直接上传本地文件。

　　启动项目和 Postman 后，在 Postman 中填写测试数据模拟文件上传，其中，请求的 HTTP 方法为 POST，请求的 URL 为 http://localhost:8080/chapter06/upload，Body 类型为 form-data，表单中的参数名称为 file，Value 为选择上传的本地文件，具体如图 6-14 所示。

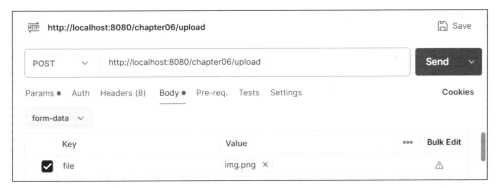

图6-14　Postman中填写文件上传测试数据

　　填写好文件上传测试数据后，单击"Send"按钮发送请求，发送请求后在 IDEA 中查看项目中的 target 目录，target 目录结构如图 6-15 所示。

　　在图 6-15 中可以看到，在部署的项目下包含一个名称为 img 的图片，打开图片验证文件是否正确上传。文件打开效果如图 6-16 所示。

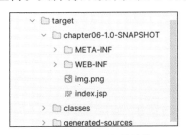

图6-15　target目录结构　　　　　　图6-16　文件打开效果

　　从图 6-16 可以看出，图片被正确打开，该图片和上传的图片相符，说明文件上传成功。

6.3.2　文件下载

　　文件下载的功能相对比较简单，直接在 Servlet 类中通过 I/O 流就可以实现。需要注意的是，由于浏览器通常会直接处理响应的数据内容，也就是说当响应数据为一个文件时，浏览器默认会尝试打开或显示该文件。所以，为了实现文件下载功能，需要在响应中设置以下两个响应头。

```
1  Content-Type: application/x-msdownload
2  Content-Disposition: attachment;filename=文件名
```

　　在上面的两个响应头中，第 1 个响应头用于指定响应内容的 MIME 类型为非标准格式。这样设置是为了确保浏览器不会按照标准 MIME 类型的处理方式自动打开或显示响应内容，从而允许实现下载操作。

第 2 个响应头用于告诉浏览器响应内容应该被视为一个附件，并且提示用户进行下载，其中"filename=文件名"部分指定了当浏览器提示用户保存文件时所使用的默认文件名。

为了帮助读者更好地理解如何实现文件下载操作，下面通过案例演示文件下载。下载 6.3.1 小节中上传到项目根路径下的文件，具体实现如下。

（1）创建 Servlet 类

在项目的 com.itheima.servlet 包下创建 FileDownloadServlet 类继承 HttpServlet 类，然后在该类重写的 service()方法中获取请求中参数的值，并基于该参数的值查找项目根路径下对应的文件，找到后通过输出流响应返回客户端。具体如文件 6-11 所示。

文件 6-11　FileDownloadServlet.java

```java
1  import jakarta.servlet.ServletOutputStream;
2  import jakarta.servlet.annotation.WebServlet;
3  import jakarta.servlet.http.HttpServlet;
4  import jakarta.servlet.http.HttpServletRequest;
5  import jakarta.servlet.http.HttpServletResponse;
6  import java.io.File;
7  import java.io.FileInputStream;
8  import java.io.IOException;
9  import java.io.InputStream;
10 @WebServlet("/download")
11 public class FileDownloadServlet extends HttpServlet {
12     @Override
13     public void service(HttpServletRequest req, HttpServletResponse resp)
14             throws IOException {
15         resp.setContentType("text/html;charset=UTF-8");
16         //获取请求中的文件名
17         String fileName = req.getParameter("fileName");
18         //参数非空判断
19         if(fileName == null || fileName.trim().isEmpty()){
20             resp.getWriter().println("请输入要下载的文件的名称！");
21             return;
22         }
23         //获取要下载的文件的存放目录
24         String folder = req.getServletContext().getRealPath("/");
25         //根据要下载的文件的名称创建 File 对象
26         File file = new File(folder + fileName);
27         //如果文件存在就进行下载
```

```
28        if(file.exists() && file.isFile()){
29            //通知浏览器以下载的方式处理响应内容
30            resp.addHeader("Content-Type","application/octet-stream");
31            resp.addHeader("Content-Disposition",
32                "attachment;filename=" + fileName);
33            //获取字节输入流
34            InputStream is = new FileInputStream(file);
35            //获取字节输出流
36            ServletOutputStream os = resp.getOutputStream();
37            byte[] bytes = new byte[1024];
38            int len;
39            //将文件内容写入响应体
40            while ((len = is.read(bytes)) != -1){
41                os.write(bytes,0,len);
42            }
43            os.close();
44            is.close();
45        }else{
46            resp.getWriter().println("文件不存在，请重试！");
47        }
48    }
49 }
```

在上述代码中，第 17 行代码用于获取请求中的文件名；第 24 行代码用于获取项目根路径，即要下载的文件的存放目录；第 26 行代码用于根据要下载的文件的名称创建 File 对象 file，以便判断该文件是否存在，并读取文件内容；第 28～44 行代码用于处理文件存在时的情况，其中，第 30～32 行代码用于增加响应头，以便浏览器以下载的方式处理响应内容，第 34～42 行代码用于读取被下载的文件，并将读取到的文件内容写入响应体中。

（2）测试效果

启动项目，在浏览器中通过地址 http://localhost:8080/chapter06/download?fileName=img.png 下载名称为 img.png 的文件，下载后打开浏览器下载内容对应的文件夹可以看到名称为 img.png 的文件，打开该文件效果与图 6-16 所示效果一致，这说明该图片和项目根路径下保存的图片一样，文件下载成功。

6.4　本章小结

本章主要讲解了 Servlet 的高级特性。首先讲解了过滤器 Filter，包括 Filter 简介、

Filter 映射、Filter 链，以及 FilterConfig 接口等内容；然后讲解了监听器 Listener，包括 Listener 简介和监听器接口等内容；最后讲解了如何使用 Servlet 实现文件的上传和下载。通过本章的学习，读者应该熟练掌握 Servlet 的过滤器 Filter 和监听器 Listener 的使用，并学会使用 Servlet 实现文件的上传与下载功能。

6.5　课后习题

请扫描二维码，查看课后习题。

第7章

Vue.js

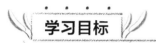

知识目标	1. 了解 Vue 简介，能够说出 Vue 的特性。
	2. 熟悉 Vue 项目的执行过程，能够简述 App.vue、index.html 和 main.js 这 3 个文件的作用以及它们之间的联系。
	3. 掌握单文件组件，能够说出单文件组件的基本构成。
技能目标	1. 熟悉 Vue 的开发环境，能够独立搭建 Vue 的开发环境。
	2. 掌握 Vue 项目的创建过程，能够独立创建 Vue 项目。
	3. 掌握数据绑定方法，能够定义数据、获取数据并将其显示到页面中。
	4. 掌握 ref()函数和 reactive()函数的使用，能够使用 ref()函数和 reactive()函数定义响应式数据。
	5. 掌握 v-bind 和 v-model 的使用，能够使用 v-bind 为元素属性动态地绑定属性值，并且能够使用 v-model 实现表单元素的双向数据绑定。
	6. 掌握 v-on 的使用，能够使用 v-on 为 DOM 元素绑定事件。
	7. 掌握 v-if 和 v-show 的使用，能够使用 v-if 和 v-show 根据某个条件来决定是否显示某个元素或组件。
	8. 掌握 v-for 的使用，能够使用 v-for 基于数组、对象或数字来循环渲染列表。
	9. 掌握组件的生命周期的相关知识，能够使用生命周期钩子函数在特定时机执行特定的操作。
	10. 掌握组件的注册与引用的相关知识，能够注册全局组件和局部组件，并能够引用组件。
	11. 掌握组件传递数据的相关知识，能够使用 props 实现父组件向子组件传递数据，以及使用自定义事件实现子组件向父组件传递数据。
	12. 掌握 Vue Router 的安装与使用，能够安装 Vue Router，并实现基本的路由功能。
	13. 掌握路由传参的相关知识，能够通过 params 传递动态路径参数、通过 query 传递查询参数、通过编程式路由实现路由跳转。

随着 Web 应用功能的日益丰富，前后端交互变得越来越复杂。传统的 JSP 等服务器端技术虽然强大，但在处理前端动态交互和用户体验方面存在一定的局限性。为了应对这一挑战，前后端分离的开发模式逐渐流行起来。在这种模式下，为了提高前端的开发效率，市面上出现了一些前端开发框架，其中，Vue.js（本书后续简称 Vue）凭借其体积小、易上手、强大的响应式数据绑定特性成为最常用的前端开发框架之一，本章将围绕 Vue 的相关知识进行讲解。

7.1　Vue 概述

7.1.1　Vue 简介

Vue 是一款用于构建用户界面的渐进式框架，其中，渐进式是指 Vue 采用自底向上的增量开发方式设计，它提供了轻量级的核心库，允许开发者在核心库的基础上根据实际需要逐步增加功能。

Vue 被广泛使用是因为它具有一些特性，下面对 Vue 的特性进行简单介绍。

1. 轻量级框架

Vue 是一个轻量级的 JavaScript 框架，它的核心库专注于视图层，容易与其他库或已有的项目整合，并且能够快速上手。

2. 虚拟 DOM

Vue 将真实的 DOM 抽象成一个轻量级的 JavaScript 对象树，即虚拟 DOM。这个对象树存在于内存中，它封装了 DOM 操作，使得开发者可以专注于数据和组件逻辑，减少了直接操作 DOM 的次数，提升了页面渲染效率。

3. MVVM 模式

Vue 采用 MVVM（Model-View-ViewModel，模型-视图-视图模型）模式进行设计，实现了数据与视图的分离。MVVM 模式中，M 即 Model，代表数据模型；V 即 View，代表视图；ViewModel 是 Model 和 View 之间的连接器，负责将 Model 中的数据与 View 进行绑定，当 Model 中的数据发生变化时，View 会自动更新。

4. 双向数据绑定

Vue 实现了双向数据绑定，即当数据发生变化时，视图也会发生变化；当视图发生变化时，数据也会同步变化。例如，在用户填写表单时，双向数据绑定可以辅助开发者在无须手动操作 DOM 的前提下，自动同步用户填写的内容数据，从而获取表单元素最新的值。

5. 组件化

Vue 可以将页面分解成独立的、可复用的组件，每个组件都包含自己的 HTML、CSS 和 JavaScript 代码，以及与之相关的数据，用于实现其独立的功能。这样做的好处是可以更好地组织和管理代码，提高代码的可维护性和可扩展性。

6. 指令

Vue 提供了许多以 "v-" 开头的内置指令，用于给 HTML 中的元素绑定特定的行为和属性。例如，v-model 指令用于实现双向数据绑定，v-if 指令用于实现页面条件渲染，v-for 指令用于实现页面列表渲染等。

7. 插件化

Vue 支持插件，通过加载插件可以扩展更多的功能。Vue 支持的插件包括 Vue Router（路由管理器）、Vuex（状态管理器）等。

Vue 目前主要有 2 个广泛使用的版本，分别是 Vue 2 和 Vue 3。相较于 Vue 2，Vue 3 在性能方面有显著的提升，本书将基于 Vue 3 进行讲解。

作为 Java 技术开发人员，虽然主要工作领域是后端技术，但 Vue 等前端技术也不容忽视。为了确保代码与前端页面实现无缝交互，我们需要保持对前端技术的敏感度，并秉持持续学习、不断进步的积极心态，接纳新知识、新技能，紧跟技术发展的潮流，通过不懈地努力和实践，不断提升自我，以更好地适应和引领时代的变化。

7.1.2　Vue 开发环境

想要开发 Vue 项目，需要先搭建 Vue 开发环境。搭建 Vue 开发环境所需要的关键组件包括 Node.js 和 npm 包管理工具，它们分别提供了 JavaScript 的运行环境和项目依赖的管理功能。此外，为了更快速地搭建 Vue 项目，还需要安装一个脚手架工具 Vue CLI。下面对这些组件和工具进行介绍。

1. Node.js

Node.js 是一个基于 V8 引擎的 JavaScript 运行环境，Vue 项目开发过程中用到的一些工具和模块通常需要在 Node.js 环境下运行。下面讲解 Node.js 的安装步骤。

（1）下载 Node.js 安装包

读者可以在 Node.js 官网中下载 Node.js 的安装包，也可以从本书的配套资源中获取。本书以 Node v20.12.2 为例讲解 Node.js 的安装。

（2）安装 Node.js

下载完 Node.js 的安装包后，会得到一个名称为 node-v20.12.2-x64.msi 的安装包文件。双击该文件，会弹出一个 Node.js 安装向导窗口，如图 7-1 所示。

接下来根据安装向导进行安装，安装过程中，除了安装路径可以根据个人需求修改，其他步骤全部使用默认值，直至安装完成。

（3）测试 Node.js 是否安装成功

安装完成后，测试 Node.js 是否安装成功。按"Win+R"快捷键，在弹出的"运行"对话框的文本框中输入"cmd"，按"Enter"键，打开命令提示符窗口，在窗口中输入如下命令，然后按"Enter"键执行该命令，查看当前安装的 Node.js 版本。

```
node -v
```

在命令提示符窗口中输入并执行上述命令的效果如图 7-2 所示。

图7-1　Node.js安装向导窗口

图7-2　在命令提示符窗口输入并执行上述命令的效果

从图 7-2 可以看到，命令提示符窗口中输出了 Node.js 的版本号，说明 Node.js 安装成功。

2. npm 包管理工具

在 Vue 项目开发中，经常需要通过各种第三方的包来扩展项目的功能，项目中所用到的包称为项目的依赖。为了更方便地管理这些第三方包，需要用到包管理工具。包管理工具可以让开发人员轻松地下载、升级、卸载包。

npm 是常用的包管理工具之一，也是 Node.js 默认的包管理工具，它可以安装代码包，以及共享和分发代码，还可以管理项目的依赖关系。在安装 Node.js 时会自动安装相应版本的 npm，不需要单独安装。使用"npm -v"命令可以查看 npm 的版本。

npm 提供了快速操作包的命令，只需要执行简单的命令就可以很方便地对第三方包进行管理。npm 中常用的命令如下。

① npm install 包名：可以简写为"npm i 包名"，用于为项目安装指定名称的包。如果加上-g 选项，则会把包安装为全局包，否则只把包安装到本项目中。

② npm uninstall 包名：用于卸载指定名称的包。

③ npm update 包名：用于更新指定名称的包。

在使用 npm 安装第三方包时，包的下载速度可能比较慢，这是因为提供包的服务器在国外。为了加快包的下载速度，建议将下载源切换成国内镜像服务器。为 npm 设置镜像地址的具体命令如下。

```
npm config set registry https://registry.npmmirror.com/
```

在命令提示符窗口中执行上述命令后，可以通过如下命令验证镜像地址是否设置成功。

```
npm config get registry
```

执行上述命令后，若输出了设置的镜像地址，则说明镜像地址设置成功。

3. Vue CLI

Vue CLI 是一个 Vue 的官方命令行工具，它提供了构建、开发和部署 Vue 应用的脚手架，用于快速、便捷地创建和管理 Vue 项目。

通过 npm 可以全局安装 Vue CLI，具体命令如下。

```
npm install -g @vue/cli@5.0.8
```

上述代码中，npm install 表示使用 npm 安装或更新 npm 包，-g 选项表示全局安装，@vue/cli 表示要安装的是 Vue CLI，@5.0.8 表示指定安装的 Vue CLI 的版本号为 5.0.8。

在命令提示符窗口中执行上述命令后，会自动安装 5.0.8 版本的 Vue CLI，命令执行效果如图 7-3 所示。

图7-3　命令执行效果

从图 7-3 中可以看到，命令提示符窗口中输出了"added 852 packages in 1m"，表示 Vue CLI 安装完成。为了测试 Vue CLI 是否安装成功，可以通过如下命令查看当前安装的 Vue CLI 的版本号。

```
vue -V
```

需要注意上述命令的选项中的"V"为大写字母，执行上述命令的效果如图 7-4 所示。

从图 7-4 中可以看到，命令提示符窗口中输出了 Vue CLI 的版本号为 5.0.8，这说明 Vue CLI 安装成功。

图7-4　执行上述命令的效果

7.2　Vue 项目的创建和执行过程

Vue 开发环境搭建好后，就可以通过 Vue CLI 工具创建 Vue 项目。本节将对 Vue 项目的创建和执行过程进行讲解。

7.2.1　Vue 项目的创建

Vue CLI 提供了一种基于命令行的方式，能够快速地创建并配置 Vue 项目，下面通过这种方式创建一个名称为 chapter07 的 Vue 项目。

首先打开用于存放项目的文件夹，在地址栏中输入"cmd"后按"Enter"键，在当前目录下打开命令提示符窗口，然后通过如下命令创建一个名称为 chapter07 的项目。

```
vue create chapter07
```

执行完上述命令后，需要选择项目创建的预设配置，如图 7-5 所示。

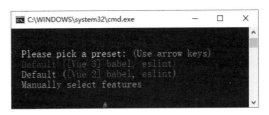

图7-5　选择项目创建的预设配置

从图 7-5 可以看到，Vue CLI 提供了 3 个预设配置选项。其中，第 1 个和第 2 个分别是基于 Vue 3 和 Vue 2 的默认配置，第 3 个是手动选择项目所需的配置。默认配置通常包含基本的项目结构和必要的依赖，因此对初学者来说，选择基于默认配置来进行创建更加简单。由于本书基于 Vue 3，所以这里选择第 1 个选项，然后按"Enter"键，命令提示符窗口会提示选择什么包管理工具，如图 7-6 所示。

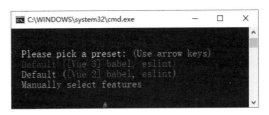

图7-6　选择包管理工具

从图 7-6 可以看到，可以选择 Yarn 和 NPM 两种包管理工具，在此选择 NPM 作为项目的包管理工具，选中"Use NPM"后按"Enter"键，等待项目创建，创建完成后的效果如图 7-7 所示。

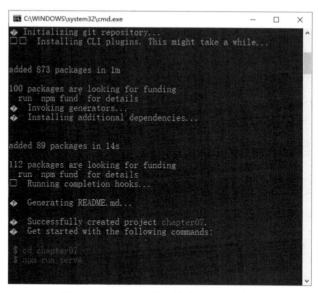

图7-7　chapter07项目创建完成后的效果

从图 7-7 可以看到，项目创建完成后，提供了两个命令，具体如下所示。

```
cd chapter07        #切换到项目目录
npm run serve       #启动服务
```

如果想要启动 chapter07 项目的服务，只需先通过"cd chapter07"命令进入项目的目录，然后执行"npm run serve"命令即可。下面启动 chapter07 项目的服务，如图 7-8 所示。

图7-8　启动chapter07项目的服务

从图 7-8 可以得出，chapter07 项目启动成功，并且可以通过本地服务器中的 8080 端口进行访问。在浏览器中访问 http://localhost:8080/进入项目欢迎页面，如图 7-9 所示。

下面使用 IDEA 工具打开 chapter07 项目，可以看到一个默认生成的项目目录结构，如图 7-10 所示。

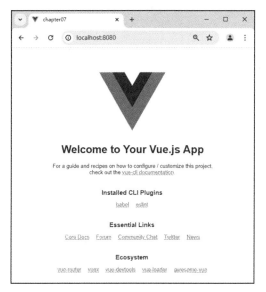

图7-9　项目欢迎页面　　　　　　图7-10　chapter07项目目录结构

下面简要介绍图 7-10 中的几个主要的目录和文件的作用，具体如下。

① node_modules：存放项目的各种依赖和安装插件。

② public：存放不可编译的静态资源文件，该目录下的文件需要使用绝对路径访问。

③ public/index.html：默认的主渲染页面文件，同时也是页面的入口文件。

④ src：源代码目录，用于保存开发人员编写的项目源代码。

⑤ src/assets：存放可编译的静态资源文件，例如图片、样式文件等，该目录下的文件需要使用相对路径访问。

⑥ src/components：存放可重用的 Vue 组件。

⑦ src/components/HelloWorld.vue：一个名称为 HelloWorld 的单文件组件。

⑧ src/App.vue：项目的根组件。

⑨ src/main.js：项目的入口文件，用于创建 Vue 应用实例。

⑩ package.json：项目的配置文件，包含项目的元数据、依赖信息和各种构建命令。

⑪ vue.config.js：Vue CLI 的配置文件，用于自定义项目的构建配置和开发服务器配置。

在实际开发中，应重点关注 src 目录，因为该目录下存放的是项目的源代码，其他目录和配置文件通常不需要修改。

7.2.2　Vue 项目的执行过程

当执行"npm run serve"命令启动一个 Vue 项目时，项目会通过 main.js 文件将 App.vue 组件渲染到 index.html 文件指定的区域，从而在页面上显示内容。这 3 个文件是 Vue 项目执行过程中的 3 个核心文件。

下面以 chapter07 项目为例，通过分析上述 3 个文件的代码讲解 Vue 项目的执行过程。

1. App.vue 文件

Vue 项目是由各种组件组成的，App.vue 是项目的根组件。在根组件中可以引入其他组件，从而显示其他组件的内容。App.vue 文件的初始代码如下。

```
1  <template>
2    <img alt="Vue logo" src="./assets/logo.png">
3    <HelloWorld msg="Welcome to Your Vue.js App"/>
4  </template>
5  <script>
6  import HelloWorld from './components/HelloWorld.vue'
7  export default {
8    name: 'App',
9    components: {
10     HelloWorld,
11   }
12 }
13 </script>
14 <style>
15 #app {
16   font-family: Avenir, Helvetica, Arial, sans-serif;
17   -webkit-font-smoothing: antialiased;
18   -moz-osx-font-smoothing: grayscale;
19   text-align: center;
20   color: #2c3e50;
21   margin-top: 60px;
22 }
23 </style>
```

上述代码主要由模板、逻辑、样式 3 个部分组成，模板部分为基于<template>编写的组件页面结构，逻辑部分为基于<script>编写的逻辑代码，样式部分为基于<style>编写的组件样式。其中，第 3 行代码引用了一个名称为 HelloWorld 的子组件，用于在页面中渲染该组件中的内容；第 6 行代码用于导入 HelloWorld 组件；第 7～12 行代码是 Vue 组件的导出部分，用于定义组件的属性和行为。

关于组件的知识 7.5 节会详细讲解，此处读者只需要知道 App.vue 文件是项目的根组件，用于决定最终展示给用户的页面效果即可。

2. index.html 文件

index.html 文件是页面的入口文件，它负责加载和初始化项目所需的资源和组件，例如 CSS 文件、JavaScript 文件以及 Vue 的应用实例等，为用户提供一个与网站交互的页面。index.html 文件的初始代码如下。

```
1  <!DOCTYPE html>
2  <html lang="">
3    <head>
4      <meta charset="utf-8">
5      <meta http-equiv="X-UA-Compatible" content="IE=edge">
6      <meta name="viewport" content="width=device-width,initial-
7          scale=1.0">
8      <link rel="icon" href="<%= BASE_URL %>favicon.ico">
9      <title><%= htmlWebpackPlugin.options.title %></title>
10   </head>
11   <body>
12     <noscript>
13       <strong>We're sorry but <%= htmlWebpackPlugin.options.title %>
14             doesn't work properly without JavaScript enabled. Please
15             enable it to continue.</strong>
16     </noscript>
17     <div id="app"></div>
18     <!-- built files will be auto injected -->
19   </body>
20 </html>
```

在上述代码中，第 11～19 行代码是 index.html 页面的主体内容。其中，第 12～16 行代码是一个无脚本提示，用于在浏览器禁用 JavaScript 时显示（为了后续开发时控制台显示的内容更简洁，此处可将该提示删除）；第 17 行代码定义了一个 id 为 app 的 div 元素。

3. main.js 文件

main.js 文件是项目的入口文件，该文件创建了 Vue 应用实例，Vue 应用实例是 Vue 项目工作的基础。main.js 文件的初始代码如下。

```
1  import { createApp } from 'vue'
2  import App from './App.vue'
3  createApp(App).mount('#app')
```

上述代码中，第 1 行代码导入了 createApp()函数，用于创建 Vue 应用实例；第 2 行代码导入了 App.vue 根组件，并将其保存为 App 变量；第 3 行代码将 App 变量作为参数传递给 createApp()函数，从而创建 Vue 应用实例，创建完成后，又调用了 mount()方法将 Vue 应用实例挂载到 id 为 app 的容器上，从而在页面中显示 App.vue 组件的渲染结果。

7.3　Vue 开发基础

想要使用 Vue 开发页面，首先需要了解 Vue 组件的基本构成以及如何对页面中的数据进行处理。本节将对单文件组件、如何进行数据绑定，以及两个重要的函数 ref()和 reactive()进行讲解。

7.3.1　单文件组件

Vue 是一个支持组件化开发的框架，它允许将一个复杂的用户界面拆分成多个独立的组件，这些独立的组件被称为单文件组件。在 chapter07 项目中包含一些扩展名为.vue 的文件，每个文件都可以用来定义一个单文件组件。

单文件组件由模板、逻辑、样式 3 个部分构成，单文件组件的基本结构如下。

```
1  <template>
2    <!-- 组件的模板代码 -->
3  </template>
4  <script>
5  // 组件的逻辑代码
6  export default {}
7  </script>
8  <style>
9  /* 组件的样式代码 */
10 </style>
```

在上述代码结构中，<template>标签是 Vue 提供的容器标签，在该标签内可以编写组件的模板代码，即组件的 DOM 结构。每个单文件组件最多可以包含一个顶层<template>标签。

<script>标签用于包裹组件的逻辑代码。其中，"export default {}"是导出组件对象的语句，用于让其他模块通过 import 语句来导入和使用该组件。在该语句中，可以定义组件的各种属性，包括数据、方法、生命周期钩子等。

<style>标签用于包裹组件的样式代码。

7.3.2　数据绑定

在一个 Web 应用中，页面中的数据通常是动态变化的，为了更方便地处理这些数据，Vue 提供了数据绑定功能，使用该功能能够将数据轻松地绑定到 DOM 中。

绑定数据首先需要在<script>标签中定义数据，然后在<template>标签中获取数据，具体格式如下。

```
1  <template>
2    {{ 数据名 }}
3  </template>
4  <script>
5  export default {
6    setup(){
7      return{
8        数据名:数据值,
```

```
9          ......
10      }
11    }
12 }
13 </script>
```

在上述语法格式中，第 8、9 行代码用于定义数据，第 2 行代码用于获取数据。下面对这两个部分进行解释。

1. 定义数据

在绑定数据的语法格式中，第 4～13 行代码中，第 5 行代码中的 export default 是模块导出语法；第 6～11 行代码中的 setup()函数是 Vue 3 中特有的，在该函数中可以定义数据和方法，并且通过 return 关键字返回一个对象，以将对象中的数据暴露给模板和组件实例；第 7～10 行代码定义了要返回的对象，该对象中的数据就是页面中显示的数据。

为了让代码更简洁，Vue 3 中还提供了 setup 语法糖（Syntactic Sugar），它可以简化在<script>标签中定义数据的语法格式，具体格式如下。

```
1 <script setup>
2 const 数据名=数据值
3 </script>
```

在上述语法格式中，第 2 行代码用于定义页面中显示的数据。

2. 获取数据

Vue 提供了 Mustache 语法（又称为双大括号语法），用于在模板中定义占位符，实现数据绑定，当页面渲染时，这些占位符会被替换为对应的数据值。Mustache 语法最简单的用法就是在模板的双大括号内直接写入需要数据绑定的属性的名称，除了简单的属性绑定，Mustache 语法还支持表达式的计算，并将结果作为输出内容。这些表达式的值可以是字符串、数字、布尔值等，示例代码如下。

```
1 {{ 'Hello Vue.js' }}        //输出内容为 Hello Vue.js
2 {{ num + 1 }}               //输出内容为 num 加 1 的值
3 {{ obj.name }}             //输出内容为 obj 对象的属性
4 {{ flag ? 'a' : 'b' }}     //输出内容为该三元表达式的值
```

下面通过一个案例演示数据绑定的实现。首先在 chapter07 项目的 src\components 文件夹下新建一个单文件组件 TestVue01.vue，然后在该文件中编写代码，实现在页面中输出"学如逆水行舟，不进则退!"。具体代码如文件 7-1 所示。

文件 7-1　TestVue01.vue

```
1 <template>
2   {{msg}}
3 </template>
4 <script setup>
5 const msg = '学如逆水行舟，不进则退！'
6 </script>
```

在上述代码中，第 2 行代码用于获取 msg 的值；第 5 行代码用于定义 msg 的值。

为了能直接在页面上显示 TestVue01.vue 组件的内容，下面修改 main.js 文件，将导入的根组件替换为 TestVue01.vue 组件，具体代码如下。

```
import App from './components/TestVue01.vue'
```

下面启动 chapter07 项目测试运行效果。首先打开 IDEA 终端，在 IDEA 终端中进入项目 chapter07 的目录下，然后执行如下命令启动项目。

```
npm run serve
```

项目启动成功后，在浏览器地址栏中输入"http://localhost:8080/"并按"Enter"键，浏览器页面效果如图 7-11 所示。

图7-11　浏览器页面效果

从图 7-11 可以看到，浏览器中输出了"学如逆水行舟，不进则退！"，这说明 msg 数据已经成功绑定到了模板中。

7.3.3　ref()函数和 reactive()函数

在 Vue 3 中，数据默认是非响应式的，也就是说，将数据定义出来并在页面中显示后，如果后续修改了数据，页面中显示的数据不会同步更新。为此，Vue 3 提供了两个函数 ref()和 reactive()用于绑定响应式数据。下面分别介绍这两个函数。

1．ref()函数

ref()函数用于将数据转换为响应式数据。使用 ref()函数定义响应式数据的语法格式如下。

```
const 响应式数据 = ref(数据值)
```

如果要访问响应式数据的值，可以使用如下语法格式进行访问。

```
响应式数据.value
```

下面通过一个案例演示 ref()函数的使用。首先在 chapter07 项目的 src\components 文件夹下新建一个单文件组件 TestVue02.vue，然后在该文件中定义响应式数据并修改该数据的值。

为了清楚地展示在修改响应式数据后页面上的数据能同步更新，这里使用 setTimeout() 函数延迟执行对响应式数据的值的修改。具体代码如文件 7-2 所示。

文件 7-2　TestVue02.vue

```
1  <template>
2    {{resData}}
3  </template>
4  <script setup>
5   import {ref} from 'vue'
6    const resData = ref('学如逆水行舟，不进则退！')
```

```
7    setTimeout(()=>{
8      resData.value = '不积跬步，无以至千里！'
9    },2000)
10 </script>
```

在上述代码中，第 6 行代码用于定义一个响应式数据 resData；第 7～9 行代码用于在 2s 后修改 resData 的值。

接着修改 main.js 文件，将导入的组件替换为 TestVue02.vue 组件，具体代码如下。

```
import App from './components/TestVue02.vue'
```

保存上述代码后，在浏览器地址栏中输入"http://localhost:8080/"后按"Enter"键，浏览器页面效果如图 7-12 所示。

等待 2s 后，浏览器页面效果如图 7-13 所示。

<table>
<tr><td>图7-12　浏览器页面效果（1）</td><td>图7-13　等待2s后的浏览器页面效果（1）</td></tr>
</table>

从图 7-13 可以看到，浏览器页面效果发生了改变，这说明在修改响应式数据时页面上的数据能同步更新。

2. reactive()函数

reactive()函数用于创建一个响应式对象或数组，具体语法格式如下。

```
const 响应式对象或数组 = reactive(普通的对象或数组)
```

下面通过一个案例演示 reactive()函数的使用。首先在 chapter07 项目的 src\components 文件夹下新建一个单文件组件 TestVue03.vue，然后在该文件中定义一个响应式对象并修改该对象的属性的值，具体如文件 7-3 所示。

文件 7-3　TestVue03.vue

```
1  <template>
2    {{obj.name}}
3    {{obj.age}}
4  </template>
5  <script setup>
6  import {reactive} from 'vue'
7  const obj = reactive({
8    name: '张三',
9    age: 18
10 })
11 setTimeout(() => {
12   obj.name = '李四'
```

```
13   obj.age = 20
14  }, 2000)
15  </script>
```

在上述代码中，第 7～10 行代码定义了一个响应式对象 obj，该对象有两个属性 name 和 age，它们的初始值分别为"张三""18"；第 11～14 行代码用于在 2s 后将 obj 对象的两个属性的值修改为"李四""20"。

接着修改 main.js 文件，将导入的组件替换为 TestVue03.vue 组件，具体代码如下。

```
import App from './components/TestVue03.vue'
```

保存上述代码后，在浏览器地址栏中输入"http://localhost:8080/"后按"Enter"键，浏览器页面效果如图 7-14 所示。

从图 7-14 可以看到，浏览器中输出了修改前 obj 对象的属性值。等待 2s 后，浏览器页面效果如图 7-15 所示。

图7-14　浏览器页面效果（2）

图7-15　等待2s后的浏览器页面效果（2）

从图 7-15 可以看到，浏览器中显示的 obj 对象属性值发生了改变，这说明使用 reactive() 函数成功创建了响应式对象。

7.4　Vue 指令

在实际开发中，经常需要操作页面中的元素并与之交互，例如动态修改元素的文本内容、为元素绑定事件、控制元素的显示与隐藏等。为此，Vue 提供了一系列指令，它们是以"v-"开头的特殊属性。通过这些指令，开发者能够使用更简洁的代码操作页面中的元素并与之交互。本节将对 Vue 中的常用指令进行讲解。

7.4.1　v-bind 和 v-model

v-bind 和 v-model 分别是 Vue 中的属性绑定指令和双向数据绑定指令，下面详细讲解这两个指令。

1. v-bind

v-bind 用于为元素属性动态地绑定属性值，v-bind 的语法格式如下。

```
<标签名 v-bind:属性名="数据"></标签名>
```

在上述语法格式中，"数据"是定义在<script>标签中的数据，该数据会被动态绑定到"v-bind:"后指定的属性上。v-bind 实现了单向数据绑定，当改变数据的值时，属性值会自动更新；而当属性值改变时，数据的值不会同步发生改变。

上述语法格式可以简写为如下形式。

```
<标签名 :属性名="数据"></标签名>
```

下面通过一个案例演示 v-bind 的使用。在 chapter07 项目的 src/components 目录下新建一个单文件组件 TestVue04.vue，在该文件中定义一个<a>标签，并为其绑定 href 属性值，具体如文件 7-4 所示。

文件 7-4　TestVue04.vue

```
1  <template>
2    <a :href="linkUrl">百度</a>
3  </template>
4  <script setup>
5  import {ref} from 'vue';
6  const linkUrl = ref('https://www.baidu.com/')
7  </script>
```

在上述代码中，第 2 行代码定义了一个<a>标签，它的 href 属性被绑定到了 linkUrl 数据上；第 6 行代码用于定义数据 linkUrl，并为其赋初始值。

接着修改 main.js 文件，将导入的组件替换为 TestVue04.vue 组件，具体代码如下。

```
import App from './components/TestVue04.vue'
```

保存上述代码后，在浏览器地址栏中输入 http://localhost:8080/后按"Enter"键，浏览器页面效果如图 7-16 所示。

从图 7-16 可以看到，浏览器中显示了一个名称为"百度"的超链接，单击该超链接，效果如图 7-17 所示。

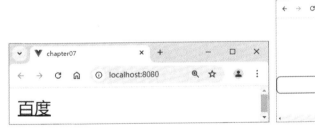

图7-16　浏览器页面效果

图7-17　单击超链接后的效果

从图 7-17 可以看到，浏览器页面跳转到了超链接指定的页面，这说明 v-bind 可以为元素属性绑定属性值。

2. v-model

在处理表单信息时，经常需要将表单输入框中的内容同步给 JavaScript 中相应的变量，如果使用原生 JavaScript 代码实现，还需要手动选择输入框元素并添加事件监听器，比较烦琐，而通过 v-model 可以非常方便地实现这一功能。

v-model 用于实现表单元素的双向数据绑定，其语法格式如下。

```
<标签名 v-model="数据"></标签名>
```

在上述语法格式中，"数据"是指定义在<script>标签中的数据，v-model 将该数据与表单元素中输入或选择的数据进行了双向绑定，即当在<input>、<textarea>、<select>等元素中输入或选择的数据发生变化时，<script>标签中对应的数据会相应更新；反之，当<script>标签中对应的数据发生变化时，表单元素中输入或选择的数据也会同步更新，从而实现页面数据的同步显示。

下面通过一个案例演示 v-model 的使用。在 chapter07 项目的 src/components 目录下新建一个单文件组件 TestVue05.vue，在该文件中定义一个表单输入框，并为其添加初始输入数据，具体如文件 7-5 所示。

文件 7-5　TestVue05.vue

```
1  <template>
2    请输入姓名：<input type="text" v-model="name"> <br><br>
3    {{name}}，欢迎你
4  </template>
5  <script setup>
6    import {ref} from 'vue';
7    const name = ref('张三')
8  </script>
```

在上述代码中，第 2 行代码定义了一个表单输入框，并通过 v-model 将输入框中的数据与数据 name 进行了双向绑定；第 3 行代码获取<script>标签中定义的数据 name；第 7 行代码用于定义数据 name，并赋初始值"张三"。

接着修改 main.js 文件，将导入的组件替换为 TestVue05.vue 组件，具体代码如下。

```
import App from './components/TestVue05.vue'
```

保存上述代码后，在浏览器地址栏中输入 http://localhost:8080/后按"Enter"键，浏览器页面效果如图 7-18 所示。

从图 7-18 可以看到，浏览器中显示的输入框中的数据为"张三"，并且输入框下方展示的数据 name 的值也为"张三"。下面修改输入框中的数据为"李四"，效果如图 7-19 所示。

图7-18　浏览器页面效果　　　　图7-19　修改输入框中的数据为"李四"的效果

从图 7-19 可以看到，当输入框中的数据发生改变时，下方展示的数据 name 的值同步更新，这说明通过 v-model 成功实现了双向数据绑定。

7.4.2　v-on

在前端开发中，经常需要处理用户的交互事件，例如单击、输入、鼠标指针移动等。为此，Vue 提供了一个指令 v-on，用来为 DOM 元素绑定事件。

v-on 的语法格式如下。

<标签名 v-on:事件名="事件处理器"></标签名>

上述语法格式可以简写为如下形式。

<标签名 @事件名="事件处理器"></标签名>

在上述语法格式中，事件名是想要绑定的具体事件名称，例如 click、input 等。事件处理器是指当事件被触发时要执行的方法的名称或内联 JavaScript 代码，其中，内联 JavaScript 代码是指通过行式式直接编写在标签内的 JavaScript 代码。

通常情况下，Vue 会将事件触发时要执行的逻辑封装为一个方法，该方法定义在 \<script\>标签中，当事件触发时被调用。

下面通过一个案例演示 v-on 的使用。在 chapter07 项目的 src/components 目录下新建一个单文件组件 TestVue06.vue，在该文件中定义一个按钮，并为该按钮绑定一个单击事件，具体如文件 7-6 所示。

文件 7-6　TestVue06.vue

```
1  <template>
2    <button @click="showInfo">单击我</button>
3  </template>
4  <script setup>
5    const showInfo = () =>{
6      alert("乘风破浪，砥砺前行！")
7    }
8  </script>
```

在上述代码中，第 2 行代码定义了一个按钮，并为该按钮添加了一个单击事件，当单击该按钮时会调用 showInfo 方法；第 5~7 行代码定义了 showInfo 方法，用于弹出一个警告框。

接着修改 main.js 文件，将导入的组件替换为 TestVue06.vue 组件，具体代码如下。

```
import App from './components/TestVue06.vue'
```

保存上述代码后，在浏览器地址栏中输入 http://localhost:8080/后按"Enter"键，浏览器页面效果如图 7-20 所示。

单击图 7-20 所示的按钮，效果如图 7-21 所示。

图7-20　浏览器页面效果

图7-21　单击按钮的效果

从图 7-21 可以看到，单击按钮后，浏览器弹出了一个包含"乘风破浪，砥砺前行！"内容的警告框，这说明通过 v-on 成功为按钮绑定了单击事件。

7.4.3　v-if 和 v-show

v-if 和 v-show 是 Vue 中的两个条件渲染指令，用于根据某个条件来决定是否显示某个元素或组件，二者的功能虽然类似，但是在使用上有一些区别。下面分别讲解这两个指令。

1. v-if

v-if 用于根据条件决定是否将元素添加到 DOM 中，或从 DOM 中删除来实现条件渲染。当条件为 true 时，元素会被添加到 DOM 中；当条件为 false 时，元素会从 DOM 中移除。

v-if 有两种使用方式，具体如下。

① 直接给定一个条件，控制单个元素的添加或删除，语法格式如下。

```
<标签名 v-if="条件"></标签名>
```

在上述语法格式中，条件为一个值为 Boolean 类型的表达式，如果表达式的值为 true，则添加标签名对应的元素，否则不添加该元素。

② 结合 v-else-if 和 v-else 来控制不同元素的添加或删除。

```
<标签名 v-if="条件 A">元素 A</标签名>
<标签名 v-else-if="条件 B">元素 B</标签名>
<标签名 v-else>元素 C</标签名>
```

上述语法格式与 Java 中的 if...else if...else 语句逻辑相似，这里不详细介绍。

下面通过一个案例演示 v-if 的使用。在 chapter07 项目的 src/components 目录下新建一个单文件组件 TestVue07.vue，在该文件中定义一个输入框，根据输入的分数判定成绩等级，具体如文件 7-7 所示。

文件 7-7　TestVue07.vue

```
1  <template>
2  请输入您的分数：
3    <input type="text" v-model="score"><br><br>
4  您的等级为：
5    <p v-if="score >= 60">及格</p>
6    <p v-else>不及格</p>
7  </template>
8  <script setup>
9    import {ref} from 'vue';
10   const score = ref('50')
11 </script>
```

在上述代码中，第 3 行代码定义了一个文本输入框，并将输入的数据与数据 score 进行了双向绑定；第 5、6 行代码定义了两个 p 元素，并使用 v-if 和 v-else 根据 score 的值控制这两个元素的添加和删除；第 10 行代码用于定义数据 score，并为其赋初始值'50'。

接着修改 main.js 文件，将导入的组件替换为 TestVue07.vue 组件，具体代码如下。

```
import App from './components/TestVue07.vue'
```

保存上述代码后，在浏览器地址栏中输入 http://localhost:8080/后按"Enter"键，浏览器页面效果如图 7-22 所示。

从图 7-22 可以看到，当分数为 50 时，等级为不及格。这是因为 50 小于 60，所以页面中显示文件 7-7 中的第 2 个 p 元素。下面将分数修改为 80，效果如图 7-23 所示。

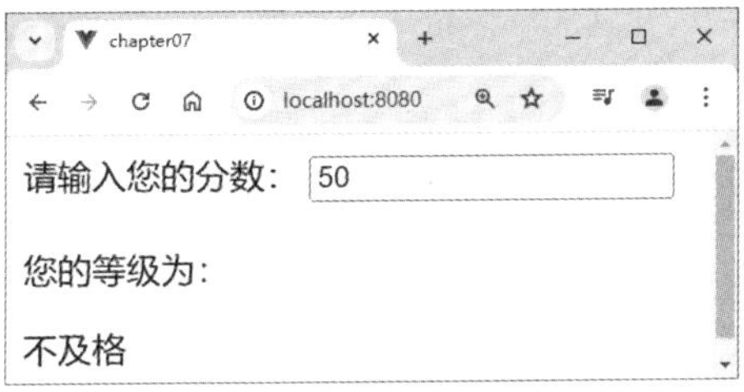

图7-22　浏览器页面效果 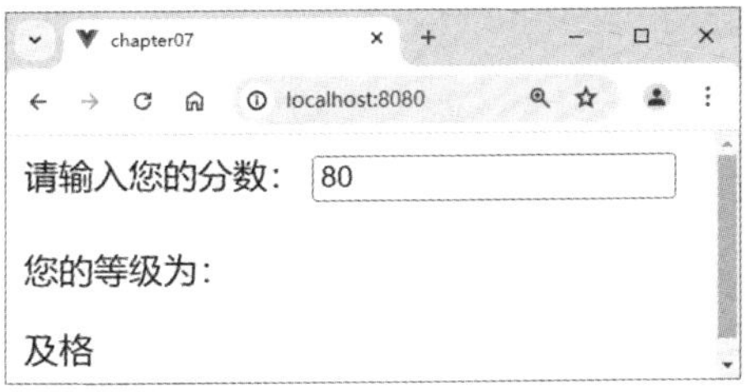　　　　　　　　　图7-23　将分数修改为80的效果

从图 7-23 可以看到，在将分数修改为 80 后，等级为及格。这说明文件 7-7 中的第 1 个 p 元素被添加到 DOM 中，而第 2 个 p 元素被删除了，并未添加到 DOM 中。

2. v-show

v-show 可以用于根据条件控制元素的显示与隐藏，但是与 v-if 不同的是，v-show 的原理是通过设置元素的样式属性 display 来控制元素的显示与隐藏。如果 v-show 的条件为 false，则为元素添加 display:none 样式，反之则不添加。

无论 v-show 的条件如何变化，元素都不会从 DOM 中移除，因此 v-show 更适用于频繁切换显示与隐藏的场景，因为它不需要频繁操作 DOM，性能相对较高。

v-show 的语法格式与 v-if 单独使用时的相同。

下面通过一个案例演示 v-show 的使用。在 chapter07 项目的 src/components 目录下新建一个单文件组件 TestVue08.vue，在该文件中分别通过 v-if 和 v-show 控制两个元素的显示与隐藏，具体如文件 7-8 所示。

文件 7-8　TestVue08.vue

```
1  <template>
2    <p v-if="flag">v-if 控制的元素</p>
3    <p v-show="flag">v-show 控制的元素</p>
4    <button @click="flag = !flag">显示/隐藏</button>
5  </template>
6  <script setup>
7    import {ref} from 'vue';
8    const flag = ref(true)
9  </script>
```

在上述代码中，第 2 行代码定义了一个 p 元素，并使用 v-if 控制该元素是否被添加到 DOM 中；第 3 行代码定义了一个 p 元素，并使用 v-show 控制该元素是否显示；第 4 行代码定义了一个按钮，并为该按钮添加了单击事件，当单击该按钮时，将数据 flag 的值取反；第 8 行代码用于定义数据 flag，并为其赋初始值 true。

接着修改 main.js 文件，将导入的组件替换为 TestVue08.vue 组件，具体代码如下。

```
import App from './components/TestVue08.vue'
```

保存上述代码后，在浏览器中访问 http://localhost:8080/后，打开浏览器开发者工具的"Elements"选项卡，效果如图 7-24 所示。

从图 7-24 可以得出，当 flag 的值为 true 时，v-if 和 v-show 控制的元素都会显示。单击"显示/隐藏"按钮，效果如图 7-25 所示。

图7-24　"Elements"选项卡

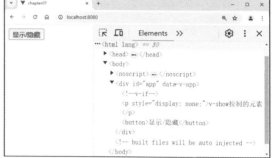

图7-25　单击"显示/隐藏"按钮的效果

从图 7-25 可以看到，v-if 和 v-show 控制的元素都未显示，通过 Elements 选项展示的内容可以发现，v-if 控制的元素被移除，而 v-show 控制的元素添加了 display:none 样式。

7.4.4　v-for

v-for 是 Vue 中的列表渲染指令，用于基于数组、对象或数字来循环渲染列表，下面分别对这 3 种使用场景进行讲解。

① 使用 v-for 基于数组渲染列表的语法格式如下。

```
<标签名 v-for= "(item, [index]) in arr"></标签名>
```

在上述语法格式中，[]内是可选的参数。arr 为给定的数组，v-for 会根据数组中元素的个数来决定循环的次数；item 为当前遍历到的数组元素；index 为当前遍历到的元素的索引。

② 使用 v-for 基于对象渲染列表的语法格式如下。

```
<标签名 v-for = "value, [key], [index]" in obj></标签名>
```

在上述语法格式中，obj 为给定的对象，v-for 会根据对象中属性的个数来决定循环的次数；value 为当前遍历到的属性值；key 为当前遍历到的属性名称；index 为当前遍历到的属性的索引。

③ 使用 v-for 基于数字渲染列表的语法格式如下。

```
<标签名 v-for = "item, [index]" in num></标签名>
```

在上述语法格式中，num 为给定的数字，v-for 会把 num 的值当作循环的次数；item 为每次循环使用的数字，初始值为 1，每次循环后会自增 1；index 是当前遍历到的数字的索引。

在使用 v-for 渲染列表时，当删除列表中一个元素后，index 会发生变化，v-for 会重新渲染列表，导致性能下降。因此，可以给 v-for 一个提示，以便它能跟踪每个元素的身份，从而对现有元素进行重用和重新排序，可以通过 key 属性为列表中的每一项提供具有唯一性的值，示例代码如下。

```
<div v-for="item in items" :key="item.id"></div>
```

在上述代码中，item.id 表示当前遍历到的元素的 id 属性，它是该元素的唯一标识。

下面通过一个案例演示 v-for 的使用。在 chapter07 项目的 src/components 目录下新建一个单文件组件 TestVue09.vue，在该文件中使用 v-for 分别基于数组和对象渲染列表，具体如文件 7-9 所示。

文件 7-9　TestVue09.vue

```
1  <template>
2    基于数组 arr 渲染列表：
3    <div v-for="(item, index) in arr" :key="index">
4      索引：{{ index }} -> 元素值：{{item}}
5    </div> <br>
6    基于对象 user 渲染列表：
7    <div v-for="(value, key) in user" :key=key>
8      属性名：{{ key }} -> 属性值：{{value}}
9    </div>
10 </template>
11 <script setup>
12   import {reactive} from 'vue';
13   const arr = reactive(['北京','上海','深圳'])
14   const user = reactive({id: 1, name: '张三', age: 18})
15 </script>
```

在文件 7-9 中，第 3~5 行代码用于使用 v-for 基于数组 arr 渲染列表，然后输出列表中每个元素的索引和值；第 7~9 行代码用于使用 v-for 基于对象 user 渲染列表，然后输出对象中每个属性的名称和属性值；第 13、14 行代码分别用于定义数组 arr 和对象 user，并为它们赋值。

接着修改 main.js 文件，将导入的组件替换为 TestVue09.vue 组件，具体代码如下。

```
import App from './components/TestVue09.vue'
```

保存上述代码后，在浏览器中访问 http://localhost:8080/，浏览器页面效果如图 7-26 所示。

图7-26　浏览器页面效果

从图 7-26 可以看到，浏览器中输出了数组 arr 中的所有元素以及对象 user 中的所有属性名和属性值。

7.5 组件

通过前面的学习，读者已经掌握了如何编写一些简单的单文件组件，但是一个完整的 Vue 项目往往涉及多个组件的嵌套与交互，只有这样才能构建出功能更丰富、结构更清晰的应用。本节将对组件的相关知识进行介绍。

7.5.1 组件的生命周期

在 Vue 中，组件的生命周期是指一个组件从被创建到被销毁的整个过程，这个过程包括组件的创建、挂载、更新、销毁 4 个主要阶段。在这些主要阶段中，Vue 提供了一系列相应的生命周期钩子函数，这些函数会在对应的阶段自动执行。通过这些函数，开发者可以在某个特定时机执行特定的操作。

Vue 3 中的生命周期钩子函数如表 7-1 所示。

表 7-1　Vue 3 中的生命周期钩子函数

函数	描述
onBeforeMount()	在组件被挂载到 DOM 前执行
onMounted()	在组件被挂载到 DOM 后执行
onBeforeUpdate()	在组件即将因为响应式状态变更而更新其 DOM 之前执行
onUpdated()	在组件因为响应式状态变更而更新其 DOM 之后执行
onBeforeUnmount()	在组件实例被销毁前执行
onUnmounted()	在组件实例被销毁后执行

表 7-1 中列出了 Vue 3 中的生命周期钩子函数，它们的使用格式如下。

```
1  <script setup>
2   import { 函数名称 } from 'vue';
3   函数名称(()=>{
4    //执行操作
5   })
6  </script>
```

在上述格式中，第 2 行代码用于导入生命周期钩子函数；第 3～5 行代码用于调用该函数，并传递一个箭头函数作为参数，这个箭头函数内部定义需要执行的操作。

为了帮助读者更好地理解生命周期钩子函数，下面通过一个案例演示它们的使用。在 chapter07 项目的 src/components 目录下新建一个单文件组件 TestVue10.vue，在该文件中通过生命周期钩子函数查看在特定时间点下的 DOM 元素，具体如文件 7-10 所示。

文件 7-10　TestVue10.vue

```
1  <template>
2    <div id="container">容器元素</div>
3  </template>
4  <script setup>
5    import { onBeforeMount, onMounted } from 'vue';
6    onBeforeMount(()=>{
7      console.log('组件被挂载到 DOM 前的<div>元素:'
8      ,document.getElementById("container"))
9    })
10   onMounted(()=>{
11     console.log('组件被挂载到 DOM 后的<div>元素：'
12     ,document.getElementById("container"))
13   })
14 </script>
```

在上述代码中，第 2 行代码定义了一个<div>元素；第 6～9 行代码用于获取组件被挂载到 DOM 前的<div>元素，并将其输出到控制台；第 10～13 行代码用于获取组件被挂载到 DOM 后的<div>元素，并将其输出到控制台。

接着修改 main.js 文件，将导入的组件替换为 TestVue10.vue 组件，具体代码如下。

```
import App from './components/TestVue10.vue'
```

保存上述代码后，在确保浏览器的开发者工具打开的前提下，在浏览器中访问 http://localhost:8080/，效果如图 7-27 所示。

图7-27　访问http://localhost:8080/的效果

从图 7-27 可以看到，在组件被挂载到 DOM 前，<div>元素的获取结果为 null，而组件被挂载到 DOM 后成功获取到了<div>元素。

7.5.2　组件的注册

组件是 Vue 中的基本单元，每个组件都有自己的结构、逻辑和样式，它们之间可以相互引用，从而构建出具有层次的用户界面。

当在 Vue 项目中定义了一个新的组件后，要想在其他组件中引用这个组件，需要对这个组件进行注册。组件注册的方式有两种，分别是全局注册和局部注册，下面分别讲解这两种方式。

1. 全局注册

全局注册是指将一个组件注册到全局范围，使得该组件可以在当前项目的任何地方被引用，这样的组件称为全局组件。全局组件需要在 main.js 文件中通过 Vue 应用实例的 component()方法进行注册，该方法的语法格式如下。

```
component('组件名称',需要注册的组件)
```

从上述语法格式中可以看出，component()方法接收两个参数，第 1 个参数是组件名称，用于指定在全局使用该组件时的标签名；第 2 个参数是需要注册的组件。

下面通过一个示例演示如何全局注册一个名称为 GlobalComponent 的组件，具体代码如下。

```
1  import { createApp } from 'vue'
2  import GlobalComponent from './GlobalComponent.vue'
3  const app = createApp({})
4  app.component('GlobalComponent', GlobalComponent)
5  app.mount('#app')
```

在上述示例代码中，第 2 行代码用于导入 GlobalComponent 组件；第 3 行代码用于创建 Vue 应用实例；第 4 行代码用于将 GlobalComponent 组件注册为全局组件。

完成全局组件 GlobalComponent 的注册后，即可在模板中引用该组件，示例代码如下。

```
1  <template>
2    <GlobalComponent/>
3  </template>
```

在上述示例代码中，第 2 行代码用于引入 GlobalComponent 组件。

2. 局部注册

局部注册是指在某个组件中注册另一个组件，局部注册的组件只能在当前组件中使用。例如，在组件 A 中注册了组件 B，则组件 B 只能在组件 A 中使用。

局部注册的示例代码如下。

```
1  <script>
2  import PartComponent from './PartComponent.vue'
3  export default {
4    components: {
5      'PartComponent': PartComponent
6    }
7  }
8  </script>
```

在上述示例代码中，第 2 行代码用于导入 PartComponent 组件；第 5 行代码用于将 PartComponent 组件注册到当前组件中。其中，冒号前面的 PartComponent 是局部注册的组件名称，冒号后面的 PartComponent 是组件本身。

在使用 setup 语法糖时，导入的组件会被自动注册，导入后可以直接在当前组件的模板中使用，示例代码如下。

```
1  <template>
2    <PartComponent/>
3  </template>
4  <script setup>
5    import PartComponent from './PartComponent.vue'
6  </script>
```

7.5.3　组件传递数据

在实际开发中，经常会遇到不同组件之间需要共享或传递一些数据的情况。例如，一个页面由导航栏组件和内容组件组成，当用户单击导航栏中的链接时，需要传递相应的数据到内容组件以展示相关的内容。

当一个组件中引入了其他组件时，当前组件被称为父组件，而引入的组件被称为子组件，父组件和子组件是两个相对的概念。父组件可以传递数据给子组件，子组件也可传递数据给父组件，下面分别讲解这两种传递数据的方式。

1. 父组件向子组件传递数据

父组件向子组件传递数据可以通过 props 实现。若要实现父组件向子组件传递数据，需要先在子组件中声明 props，指明子组件可以从父组件中接收哪些数据。子组件在接收这些数据时，需要在其组件定义中显式声明这些属性，以便 Vue 能够正确地处理和验证这些传递过来的值。

在使用 setup 语法糖时，声明 props 需要使用 defineProps()函数来实现，具体语法格式如下。

```
1  <script setup>
2  defineProps(
3      {属性 1: 类型},
4      {属性 2: 类型},
5      ……
6  )
7  </script>
```

在上述语法格式中，defineProps()函数用于声明 props。在该函数中，"属性 1""属性 2"是 props 中包含的两个属性，它们的名称由开发人员自己定义，"类型"是指该属性的值的类型，可以设置为字符串、数值、布尔值、对象、数组等。

当在父组件中引用了子组件后，如果子组件声明了 props，则可以在父组件中向子组件传递数据，语法格式如下。

```
1  <template>
2    <子组件名称 :属性 1="数据 1" :属性 2="数据 2" ……/>
3  </template>
4  <script setup>
```

```
5    //导入子组件
6    //定义数据
7    </script>
```

在上述语法格式中，第 2 行代码用于将父组件中的数据传递给子组件的 props，这里的"属性 1""属性 2"对应子组件中定义的属性名称；"数据 1""数据 2"是定义在<script>标签中的数据。

为了帮助读者更好地理解如何将父组件中的数据传递给子组件，下面通过一个案例进行演示。在 chapter07 项目的 src/components 目录下新建两个文件 TestVue11.vue 和 TestVue12.vue，分别用于展示子组件的内容和父组件的内容，并将父组件中的数据传递到子组件中进行展示。具体如文件 7-11 和文件 7-12 所示。

文件 7-11　TestVue11.vue

```
1    <template>
2      <h2>子组件</h2>
3      {{parentData}}
4    </template>
5    <script setup>
6      import {defineProps} from 'vue'
7      defineProps({
8        parentData : String
9      })
10   </script>
```

在上述代码中，第 7~9 行代码用于声明 parentData 属性并指定其类型为 String，它会从父组件接收 parentData 属性的值；第 3 行代码用于将 parentData 属性的值渲染到页面中。

文件 7-12　TestVue12.vue

```
1    <template>
2      <h1>父组件</h1>
3      <TestVue11 :parentData="msg"/>
4    </template>
5    <script setup>
6      import TestVue11 from './TestVue11.vue'
7      import {ref} from "vue";
8      const msg = ref('父组件中的数据')
9    </script>
```

在上述代码中，第 3 行代码用于在父组件中引用子组件 TestVue11，并向子组件传递 parentData 属性，该属性的值与数据 msg 绑定；第 8 行代码用于定义数据 msg。

接着修改 main.js 文件，将导入的组件替换为父组件 TestVue12.vue，具体代码如下。

```
import App from './components/TestVue12.vue'
```

保存上述代码后，在浏览器中访问 http://localhost:
8080/，浏览器页面效果如图 7-28 所示。

从图 7-28 可以看到，浏览器中展示了父组件的内容
和子组件的内容，并且子组件获取到了父组件传递给它的
数据，这说明父组件成功向子组件传递了数据。

2. 子组件向父组件传递数据

图7-28　浏览器页面效果

在 Vue 中，子组件向父组件传递数据可以通过自定义事件来实现。在使用自定义事
件时，需要在子组件中声明和触发自定义事件，在父组件中监听自定义事件。

想要使用自定义事件传递数据，首先需要在子组件中使用 defineEmits()函数声明该
事件，语法格式如下。

```
1  <script setup>
2    const emit = defineEmits(['自定义事件名称'])
3  </script>
```

在上述语法格式中，第 2 行代码的 defineEmits()函数用于以字符串数组的形式声明
自定义事件，它会返回一个 emit()函数，该函数用于触发声明的自定义事件。

自定义事件声明完成后，通过 emit()函数触发该事件，并将数据传递给父组件，语
法格式如下。

```
emit('自定义事件名称','需要传递的数据')
```

在上述语法格式中，emit()函数的第 1 个参数为字符串类型的自定义事件名称，第 2
个参数为需要传递的数据。

父组件想要获取到子组件传递的数据，可以通过 v-on 来监听子组件抛出的事件，并
对接收到的数据进行处理，监听子组件抛出的事件的语法格式如下。

```
<子组件名称 @自定义事件名称="事件处理器" />
```

在上述语法格式中，当触发该自定义事件时，父组件会接收到子组件中传递的数据，
可以在事件处理器中对该数据进行处理，语法格式如下。

```
1  <script setup>
2    const 方法名 = (数据) =>{
3    //处理接收到的数据
4    }
5  </script>
```

在上述语法格式中，第 2～4 行代码用于定义事件处理器的方法，该方法的参数为
接收到的数据，参数名称可以自定义。

为了帮助读者更好地理解如何将子组件的数据传递给父组件，下面通过一个案例
进行演示。在 chapter07 项目的 src/components 目录下新建两个文件 TestVue13.vue 和
TestVue14.vue，分别用于展示子组件的内容和父组件的内容，然后在子组件中定义一
个按钮，在单击该按钮时将子组件的数据传递给父组件。具体如文件 7-13 和文件 7-14
所示。

文件 7-13　TestVue13.vue

```
1   <template>
2     <h2>子组件</h2>
3     <button @click="sendMsg">向父组件发送数据</button>
4   </template>
5   <script setup>
6     import {defineEmits} from "vue";
7     const emit = defineEmits(['get-message'])
8     const sendMsg = () =>{
9       emit('get-message','子组件中的数据')
10    }
11  </script>
```

在上述代码中，第 3 行代码用于定义一个按钮，并为其绑定了单击事件，当单击该按钮时会调用 sendMsg 方法；第 7 行代码用于声明自定义事件 get-message；第 8～10 行代码定义 sendMsg 方法，用于触发自定义事件 get-message 并设置传递的数据。

文件 7-14　TestVue14.vue

```
1   <template>
2     <h1>父组件</h1>
3     {{message}}
4     <TestVue13 @get-message="getMessage" />
5   </template>
6   <script setup>
7     import TestVue13 from './TestVue13.vue'
8     import {ref} from "vue";
9     const message = ref('')
10    const getMessage = msg =>{
11      message.value = msg
12    }
13  </script>
```

在上述代码中，第 3 行代码用于获取数据 message；第 4 行代码用于为子组件 TestVue13 添加 get-message 事件，当触发该事件时会调用 getMessage 方法；第 9 行代码用于定义数据 message，并设置其初始值为空；第 10～12 行代码定义了 getMessage 方法，用于将接收到的数据赋值给 message。

接着修改 main.js 文件，将导入的组件替换为父组件 TestVue14.vue，具体代码如下。

```
import App from './components/TestVue14.vue'
```

保存上述代码后，在浏览器中访问 http://localhost:8080/，浏览器页面效果如图 7-29 所示。

从图 7-29 可以看到，浏览器页面显示了子组件中的按钮，但是父组件中的数据为空，单击下面的"向父组件发送数据"按钮，效果如图 7-30 所示。

图7-29　浏览器页面效果

图7-30　单击"向父组件发送数据"按钮的效果

从图 7-30 可以看到，单击按钮后，父组件中显示出了数据 message 的值，这说明子组件中的数据已经成功传递到父组件中。

7.6　Vue 路由

在 Vue 项目中，主要通过单一的 HTML 页面集成多个组件来展示不同的功能。由于一个项目包含的组件众多，并且功能各不相同，所以不会同时在一个页面上展示所有组件，而是希望通过单击链接或其他方式切换到对应功能的组件。为了解决这个问题，Vue 提供了路由机制，利用该机制可以实现在不刷新页面的情况下切换不同的组件。本节将讲解 Vue 中的路由的使用。

7.6.1　Vue Router 的安装与基本使用

在 Vue 中，路由是根据不同的 URL 路径展示不同的组件或页面的一种机制，它的核心是 Vue Router。Vue Router 是 Vue 官方提供的路由管理器，它简化了路由配置和管理的复杂性，使开发者能够轻松实现路由功能。下面对 Vue Router 的安装与基本使用进行讲解。

Vue Router 可以使用 npm 包管理工具进行安装，具体命令如下。

```
npm install vue-router
```

打开命令提示符窗口或 IDEA 终端，进入 chapter07 项目目录，然后执行上述命令，会自动将 Vue Router 添加到项目的依赖中，并下载所需的文件。

Vue Router 安装完成后，就可以使用路由了。实现路由功能大致包括以下 4 个步骤。

1．定义路由组件

路由组件是实际要展示在页面上的组件，与普通组件没有区别，通过路由功能可以实现路由组件之间的动态加载和渲染。

2．创建路由实例并定义路由规则

创建路由实例是指初始化一个路由对象，该对象包含所有关于路由的配置和逻辑。定义路由规则是指将 URL 映射到特定的组件上，当用户访问特定的 URL 时，路由会根据定义的路由规则来渲染对应的组件。

在 Vue 中，使用 createRouter()函数来创建路由实例，示例代码如下。

```
1  import { createRouter, createWebHashHistory } from 'vue-router';
2  //此处省略了导入 ComponentA 组件和 ComponentB 组件的代码
3  const router = createRouter({
4    history: createWebHashHistory(),
5    routes: [
6      {path: '/pathA',component: ComponentA},
7      {path: '/pathB',component: ComponentB}
8      ……
9    ]
10 });
```

在上述示例代码中，第 3～10 行代码用于创建一个路由实例。其中 createRouter()函数接收一个配置对象作为参数，该对象包含 history 和 routes 两个属性。其中，history 属性用于指定路由模式，这里的 createWebHashHistory()函数指定了路由模式为 Hash 模式；routes 属性则用于定义路由规则。在第 6、7 行代码中，path 属性用于指定待匹配的 URL（即路由的匹配路径），component 属性用于指定对应的组件，也就是说，当用户访问的 URL 匹配"/pathA"时，"ComponentA"会被渲染。

在实际开发中，为了项目结构更加清晰，路由实例的创建和路由规则的定义一般会放在一个单独的 JavaScript 文件中，然后通过代码导出该路由实例以便其他模块使用。导出路由实例对象的代码如下。

```
export default router
```

3. 导入并挂载路由实例

为了使项目所有模块都能使用创建好的路由实例，需要在 main.js 文件中导入并挂载路由实例，示例代码如下。

```
1  import { createApp } from 'vue';
2  import App from './App.vue';
3  import router from './router';
4  const app = createApp(App);
5  app.use(router);
6  app.mount('#app');
```

在上述示例代码中，第 3 行代码用于导入路由实例；第 5 行代码使用 app.use()方法挂载路由实例。

4. 定义路由视图和路由链接

为了在页面中将路由对应的组件显示出来，需要在父组件中定义路由视图。路由视图使用<router-view>标签定义，该标签会被渲染成当前路由对应的组件。另外，为了方便在不同组件之间切换，可以通过<router-link>标签定义路由链接，该标签的 to 属性用于指定链接路径，与路由规则中 path 属性指定的 URL 对应。

定义路由视图和路由链接的示例代码如下。

```
1  <template>
2    <router-link to="/pathA">组件 A</router-link>
3    <router-link to="/pathB">组件 B</router-link>
4    <router-view></router-view>
5  </template>
```

在上述示例代码中，当单击"组件 A"链接时，<router-view>组件会负责渲染与"/pathA"对应的组件。

为了帮助读者更好地理解上述步骤，下面通过一个案例演示路由功能的实现。该案例要求实现在根组件 App.vue 中通过单击链接来动态切换和显示不同的组件。

首先在 chapter07 项目的 src/components 目录下新建两个文件 TestVue15.vue 和 TestVue16.vue，用于展示页面的切换效果。具体如文件 7-15 和文件 7-16 所示。

文件 7-15　TestVue15.vue

```
1  <template>
2    <h2>经济面貌</h2>
3    <p>繁荣昌盛，日新月异</p>
4  </template>
```

文件 7-16　TestVue16.vue

```
1  <template>
2    <h2>教育事业</h2>
3    <p>硕果累累，桃李满园</p>
4  </template>
```

然后在 chapter07 项目的 src 目录下新建文件 router.js，在该文件中创建路由实例并定义路由规则，具体如文件 7-17 所示。

文件 7-17　router.js

```
1  import { createRouter, createWebHashHistory } from 'vue-router';
2  import TestVue15 from './components/TestVue15.vue';
3  import TestVue16 from './components/TestVue16.vue';
4  const router = createRouter({
5      history: createWebHashHistory(),
6      routes:[
7          {path: '/test15',component: TestVue15},
8          {path: '/test16',component: TestVue16}
9      ]
10 })
11 export default router;
```

在上述代码中，第 7、8 行代码定义了两个路由规则，分别用于指定当 URL 为/test15 时，渲染组件 TestVue15；当 URL 为/test16 时，渲染组件 TestVue16。

接着在 main.js 文件中导入并挂载路由实例，具体如文件 7-18 所示。

文件 7-18　main.js

```
1  import { createApp } from 'vue';
2  import App from './App.vue';
3  import router from './router';
4  const app = createApp(App);
5  app.use(router);
6  app.mount('#app');
```

最后在 App.vue 文件中定义路由视图和路由链接，具体如文件 7-19 所示。

文件 7-19　App.vue

```
1  <template>
2    <h1>中国风貌</h1>
3    <router-link to="/test15">经济</router-link>  
4    <router-link to="/test16">教育</router-link>
5    <hr>
6    <router-view></router-view>
7  </template>
```

在文件 7-19 中，第 3、4 行代码定义了两个路由链接，用于切换不同的路径以展示相应路径下的组件。第 6 行代码用于渲染当前路径对应的组件。

保存上述代码后，在浏览器中访问 http://localhost: 8080/，浏览器页面效果如图 7-31 所示。

从图 7-31 可以看到，浏览器页面展示了"经济""教育"两个链接，单击"经济"链接，效果如图 7-32 所示。

图7-31　浏览器页面效果

从图 7-32 可以看到，当用户单击"经济"链接后，浏览器地址栏发生了变化，并且页面中显示了 TestVue15 组件中的内容。然后单击"教育"链接，效果如图 7-33 所示。

图7-32　单击"经济"链接的效果

图7-33　单击"教育"链接的效果

从图 7-33 可以看到，当用户单击"教育"链接后，浏览器地址栏再次发生了变化，并且页面中显示了 TestVue16 组件中的内容。这说明成功实现了通过路由切换页面的功能。

7.6.2　路由传参

在实际开发中，经常需要在页面跳转时传递一些数据，例如，从列表跳转到详情页时，需要传递选中项的 ID 以获取该项的详细内容，这可以通过路由传参来实现。

Vue Router 提供了两种传参方式，分别是通过 params 传递动态路径参数和通过 query 传递查询参数，下面分别讲解这两种传参方式。

1. 通过 params 传递动态路径参数

动态路径参数是指参数为 URL 中的一部分，参数是可变的，示例代码如下。

```
http://localhost:8080/showDetail/1/张三
```

在上面的示例代码中，URL 结尾的 1 和张三都属于动态路径参数。

通过 params 传递动态路径参数时，首先需要在路由规则中指定这些参数。在路由规则中可以使用“:参数名”的方式指定动态路径参数，示例代码如下。

```
{path: '/showDetail/:param1/:param2',component: showDetail}
```

在上述代码中，path 中的“:param1”“:param2”是两个动态路径参数，参数名称为 param1 和 param2。这些参数用于匹配 URL 中对应位置上的任意值。当路由与 URL 匹配时，这些参数的具体值将从 URL 中提取出来，并作为参数传递给 showDetail 组件。

在路由规则中指定动态路径参数后，可以在组件中使用<router-link>标签在定义路由链接时指定这些参数的具体值，示例代码如下。

```
<router-link to="/showDetail/value1/value2">链接名称</router-link>
```

上述代码定义了一个路由链接，该链接的目标路径中指定了两个参数值，分别是 value1 和 value2，这两个值将作为动态路径参数的实际值，匹配路由规则中的:param1 和:param2，并将其传递给对应的组件。

在指定动态路径参数的具体值后，可以在对应组件中获取这些参数的值。在获取参数值时需要用到 useRoute()函数，该函数用于获取包含当前路由信息的对象，通过该对象的 params 属性可以获取当前路由中指定的动态路径参数值。获取动态路径参数值的示例代码如下。

```
1  <script setup>
2    import {useRoute} from "vue-router";
3    const route = useRoute()
4    route.params.param1
5    route.params.param2
6  </script>
```

在上述代码中，第 3 行代码获取了当前路由的实例对象；第 4、5 行代码分别用于获取参数 param1 和 param2 的值。

2. 通过 query 传递查询参数

查询参数是指在 URL 中以键值对形式出现的参数，紧跟在问号（?）之后，多个参数之间通过“&”进行分隔，示例代码如下。

```
http://localhost:8080/showDetail?id=1&name=张三
```

上面的示例代码中，"id=1" 和 "name=张三" 是查询参数。

在通过 query 传递查询参数时，路由规则中不需要预先指定这些参数，只需要定义问号前面的路径即可，示例代码如下。

```
{path: '/showDetail',component: showDetail}
```

而在组件中使用<router-link>标签定义路由链接时，需要在 URL 路径后面附加查询参数，示例代码如下。

```
<router-link to="/showDetail?param1=value1&param2=value2">链接名称
</router-link>
```

上述代码中定义了一个路由链接，该链接的目标路径中附带了两个查询参数，分别是 param1=value1 和 param2=value2。其中，param1 和 param2 为参数名称，value1 和 value2 为参数值。当该链接被单击时，"/showDetail" 会作为目标路径与定义的路由规则进行匹配，并将查询参数传递给对应的组件。

在对应的组件中，可以通过 useRoute()函数获取包含当前路由信息的对象，并通过该对象的 query 属性获取 URL 路径中的查询参数值。获取查询参数值的示例代码如下。

```
1  <script setup>
2    import {useRoute} from "vue-router";
3    const route = useRoute()
4    route.query.param1
5    route.query.param2
6  </script>
```

上述示例代码中，第 4、5 行代码分别用于获取参数 param1 和 param2 的值。

为了帮助读者更好地理解如何传递动态路径参数和查询参数，下面通过一个案例演示上述两种传参方式。

首先在 chapter07 项目的 src\components 目录下新建两个文件 TestVue17.vue 和 TestVue18.vue，分别用于获取动态路径参数和查询参数的值并将它们展示到页面中，具体如文件 7-20 和文件 7-21 所示。

文件 7-20　TestVue17.vue

```
1   <template>
2     <h2>动态路径参数</h2>
3     <p>学号：{{userId}}　　姓名：{{userName}}</p>
4   </template>
5   <script setup>
6     import {useRoute} from "vue-router";
7     import {ref} from "vue";
8     const userId = ref(0)
9     const userName = ref("")
10    const route = useRoute()
```

```
11    userId.value = route.params.id
12    userName.value = route.params.name
13  </script>
```

在上述代码中，第 8、9 行代码定义了两个响应式数据 userId 和 userName；第 10 行代码用于获取当前路由的实例对象；第 11、12 行代码用于获取动态路径参数 id 和 name 的值并将其分别赋给 userId 和 userName；第 3 行代码用于在页面中展示 userId 和 userName 的值。

文件 7-21　TestVue18.vue

```
1   <template>
2     <h2>查询参数</h2>
3     <p>学号：{{id}}　姓名：{{name}}</p>
4   </template>
5   <script setup>
6     import {useRoute} from "vue-router";
7     import {ref} from "vue";
8     const id = ref(0)
9     const name = ref("")
10    const route = useRoute()
11    id.value = route.query.id
12    name.value = route.query.name
13  </script>
```

文件 7-21 的实现逻辑与文件 7-20 的实现逻辑类似。二者主要的区别是，在文件 7-21 中，第 11、12 行代码用于通过 query 获取查询参数的值。

接下来在 router.js 文件中注释掉原有的内容（即对原有代码进行注释，则使其失效），并在该文件中创建新的路由实例，以及定义对应的路由规则，具体代码如下所示。

```
1   import { createRouter, createWebHashHistory } from 'vue-router';
2   import TestVue17 from './components/TestVue17.vue';
3   import TestVue18 from "./components/TestVue18.vue";
4   //创建路由实例
5   const router = createRouter({
6       history: createWebHashHistory(),
7       routes:[
8           {path: '/test17/:id/:name',component: TestVue17},
9           {path: '/test18',component: TestVue18}
10      ]
11  })
12  export default router;
```

在上述代码中，第 8、9 行代码用于指定组件 TestVue17 和组件 TestVue18 对应的路径。其中，组件 TestVue17 对应的路径包含 2 个动态路径参数。

然后在 main.js 文件中导入并挂载路由实例，具体代码与文件 7-18 中的相同，这里不重复展示。

最后在 App.vue 中定义路由视图和路由链接，具体如文件 7-22 所示。

文件 7-22　App.vue

```
1   <template>
2     <h1>路由传参</h1>
3     <router-link to="/test17/1/张三">获取动态路径参数值</router-link>  
4     <router-link to="/test18?id=2&name=李四">获取查询参数值</router-link>
5     <hr>
6     <router-view></router-view>
7   </template>
```

在上述代码中，第 3、4 行代码定义了两个路由链接，它们用于导航到路径对应的组件页面，并分别传递动态路径参数和查询参数给目标组件。

保存上述代码后，在浏览器中访问 http://localhost:8080/，浏览器页面效果如图 7-34 所示。

从图 7-34 可以看到，浏览器页面展示了两个路由链接"获取动态路径参数值""获取查询参数值"，单击"获取动态路径参数值"链接，效果如图 7-35 所示。

图7-34　浏览器页面效果

从图 7-35 可以看到，当用户单击"获取动态路径参数值"链接后，页面中显示了 TestVue17 组件中接收到的两个动态路径参数。这说明通过 params 可以传递动态路径参数。然后单击"获取查询参数值"链接，效果如图 7-36 所示。

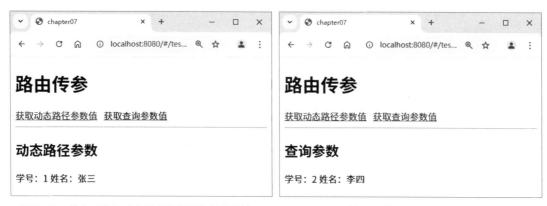

图7-35　单击"获取动态路径参数值"链接的效果　　图7-36　单击"获取查询参数值"链接的效果

从图 7-36 可以看到，当用户单击"获取查询参数值"链接后，浏览器页面中显示了 TestVue18 组件中接收到的查询参数。这说明成功通过 query 传递查询参数。

7.6.3　编程式路由

在 Vue 中，路由的跳转通常有两种主要方式，分别为声明式路由和编程式路由。其中，使用<router-link>标签定义路由链接的方式属于声明式路由，前面已经介绍过。然而在某些情况下，可能需要通过 JavaScript 代码动态地控制路由的跳转，例如单击某个按钮时进行路由跳转，这可以通过编程式路由实现。

编程式路由是先通过 useRouter()函数获取全局路由实例，然后通过调用该实例的push()方法实现路由跳转的。push()方法可以接收一个字符串路径作为参数，该参数用于跳转到路由规则中与该路径对应的路由组件。示例代码如下。

```
1  <template>
2    <button @click="toHome">去首页</button>
3    <router-view></router-view>
4  </template>
5  <script setup>
6  import {useRouter} from "vue-router"
7  //获取全局路由实例
8  const router = useRouter()
9  //实现路由跳转
10 const toHome = () => {
11   router.push('/home')
12 }
13 </script>
```

在上述代码中，第 2 行代码定义了一个按钮，并为该按钮绑定了单击事件，当单击该按钮时会触发 toHome()方法；第 3 行代码定义了路由视图；第 8 行代码用于获取全局路由实例；第 10～12 行代码定义了 toHome()方法，用于实现路由跳转。单击按钮"去首页"，会自动跳转到"/home"路径对应的路由组件。

在进行编程式路由跳转时，如果需要传递参数，可以在 push()方法中传递一个描述路由信息的对象作为参数，该对象可以包含路由的路径（path）、路由名称（name）、查询参数（query）和动态路径参数（params）等。其中，路由名称是指在定义路由规则时为路由指定的一个唯一标识符，具体示例如下。

```
{path: '/pathA', name: 'componentA', component: ComponentA},
```

当指定路由名称后，可以在编程式路由中通过路由名称引用对应的路由。编程式路由传参的示例如下。

```
1  //传递动态路径参数（方式一）
2  router.push({ name: 'componentA', params: {id: 1, name: '张三'} })
3  //传递动态路径参数（方式二）
4  router.push({ path: '/pathA/1/张三'})
```

```
5   //传递查询参数
6   router.push({ path: '/pathA', query: {id : 1, name: '张三'} })
```

在传递动态路径参数时，需要在路由规则中使用"∶参数名"方式指定对应的参数。需要注意的是，如果 push()方法指定了参数 path，则不能用 params 属性指定动态路径参数，这是因为如果使用 path 指定路由路径，则动态路径参数应该被包含在路径中，params 属性会被忽略。

7.7　本章小结

本章主要介绍了 Vue 的相关知识。首先讲解了 Vue 概述；然后讲解了 Vue 项目的创建和执行过程；接下来讲解了 Vue 开发的基础知识，包括单文件组件、数据绑定以及 ref()和 reactive()两个函数；接着讲解了 Vue 指令和组件的相关知识；最后讲解了 Vue 路由。通过本章的学习，读者能够掌握 Vue 的一些基础知识，并能够使用 Vue 框架开发简单的前端项目。

7.8　课后习题

请扫描二维码，查看课后习题。

第 8 章

异步请求和JSON

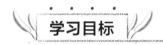
学习目标

知识目标	熟悉 Ajax 概述，能够简述同步请求和异步请求的区别，以及异步请求的优势。
技能目标	1. 掌握 JSON 基础入门知识，能够简述 JSON 语法规则，并能够基于 Jackson 实现 JSON 格式的数据和 Java 对象的相互转换，进而完成数据格式的转换。 2. 掌握 Axios 基础入门知识，能够简述 Axios 是什么，并能够使用 Axios 发送 POST 请求和 GET 请求。

在之前的章节中，客户端在向服务器发送请求时，需要等待服务器响应结束后再继续执行后续操作，这使得在使用 Web 表单提交数据时，页面会全面重载，进而可能导致页面刷新或延迟响应，影响用户体验。为了保证用户操作不被前置操作打断的同时，实现浏览器与服务器间流畅、无缝的数据传输与交换，越来越多的 Web 应用采用异步请求，而异步请求最常用的数据交换格式之一是 JSON。本章将对异步请求和 JSON进行讲解。

8.1　Ajax 概述

使用传统的请求方式在客户端发送一个请求后，需要等待服务器响应结束后才能发送下一个请求，这种请求方式称为同步请求方式。而使用异步请求方式在客户端发送一个请求后，无须等待服务器响应结束就可以发送下一个请求。

为了让读者对同步请求和异步请求有更清晰的理解，下面通过一张图展示同步请求和异步请求的区别，具体如图 8-1 所示。

由图 8-1 可知，使用同步请求方式向服务器发送请求后会阻塞页面的访问，并且会重新加载整个页面。而使用异步请求方式向服务器发送请求后，客户端在等待服务器响应的同时可以执行其他操作。一旦服务器响应返回，页面会根据返回的数据更新页面的部分内容，而不必刷新整个页面。

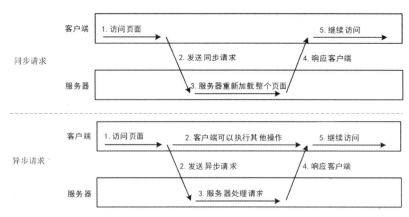

图8-1　同步请求和异步请求的区别

与同步请求相比，异步请求主要有以下两点优势。

① 异步请求能够在不刷新整个页面的前提下更新数据，这使得 Web 应用程序能更加迅速地响应用户的操作，提升了用户体验。

② 异步请求可以只传输需要更新的数据，并且可以在任意时刻发出，因此不会造成请求的集中爆发，在一定程度上减轻了服务器的压力和宽带的负担，使得响应速度更快。

在 Java Web 开发领域，Ajax（Asynchronous JavaScript and XML，异步 JavaScript 和 XML）是最常见且广泛使用的异步请求技术之一。Ajax 的工作原理是通过 JavaScript 的 XMLHttpRequest 对象或现代浏览器支持的 Fetch API，在不重新加载整个页面的情况下，与服务器交换数据并更新部分网页内容。其中，XMLHttpRequest 是一个浏览器接口，用于在后台与服务器交换数据，几乎所有现代浏览器均支持 XMLHttpRequest 接口。

Ajax 异步请求的实现方式有多种，从最初的原生 JavaScript 代码，到后来为了满足实际工程的便捷开发需求而开发的异步请求框架，这些实现方式各有优缺点，下面对常见的 Ajax 异步请求的实现方式进行说明。

1. 原生 Ajax

原生 Ajax 是指通过 JavaScript 提供的 XMLHttpRequest 对象实现异步请求。当用户触发事件时，由对应的 JavaScript 代码创建 XMLHttpRequest 对象并向服务器发送 HTTP 请求。服务器处理请求后，将数据返回给浏览器，然后 JavaScript 会读取这些数据并通过 DOM 操作更新页面内容。

2. jQuery 封装的 Ajax

jQuery 是一个流行的 JavaScript 库，为了简化 Ajax 请求对 DOM 的操作过程，它封装了底层 XMLHttpRequest 对象，提供了一个简化的 Ajax 请求函数$.ajax()，通过该函数可以轻松地发送 Ajax 请求，而无须关心底层的实现细节。

3. Fetch API

Fetch API 是一个现代化的 JavaScript API，它能够代替 XMLHttpRequest 对象实现更简洁、更灵活的异步请求处理。Fetch API 提供了一个全局的 fetch() 函数，用于发起各种类型的 HTTP 请求。相比于 XMLHttpRequest，Fetch API 的 API 设计更加简洁，这使得请求和响应的处理过程更加清晰，但是 Fetch API 在取消请求、超时处理和错误处理方面具有一定的局限性。

4. Axios

Axios 是一个基于 Promise 的 HTTP 库，可以发送 GET、POST 等请求，它作用于浏览器和 Node.js 中。简而言之，同一套代码既可以运行在浏览器中，又可以运行在 Node.js 中。当运行在浏览器时，使用 XMLHttpRequest 接口发送请求；当运行在 Node.js 时，使用 HTTP 对象发送请求。

在上面列举的 4 种常见的 Ajax 异步请求的实现方式中，原生 Ajax 在使用时相对复杂，需要编写较多的代码；而 jQuery 封装的 Ajax 虽然方便，但由于 jQuery 库本身的体积相对较大，对于不依赖 jQuery 的项目，仅为了发送 Ajax 请求而引入 jQuery 库可能会显得过于"沉重"；Fetch API 虽然比较灵活，但在某些场景中仍然存在局限性。相比之下，Axios 在易用性、功能性和灵活性上均表现得较为出色，所以本书将基于 Axios 来讲解 Ajax。

异步请求允许我们在不中断当前操作的情况下，向服务器发送请求并处理响应。这种非阻塞的工作模式让我们知道：在团队协作中，我们需要学会尊重彼此的差异，在不直接打断对方工作流程的前提下，进行有效的沟通与协作。这样做不仅能够提高团队的整体效率，还能够增强成员之间的信任与默契，促进团队的和谐与稳定。

8.2　JSON 基础入门

尽管 Ajax 的名字中包含 XML，但实际上在当下的 Web 应用中，JSON（JavaScript Object Notation，JavaScript 对象表示法）凭借其轻量级、易于阅读和编写的特性，已经逐渐取代了 XML，成为 Ajax 请求中最常用的数据交换格式之一。在 Java Web 应用中，经常需要将 JSON 格式的数据与 Java 对象进行转换，下面基于 JSON 语法规则、JSON 格式的数据与 Java 对象的转换对 JSON 的相关知识进行讲解。

1. JSON 语法规则

JSON 是一种轻量级的数据交换格式，它采用完全独立于编程语言的文本格式来存储和表示数据，可以在多种语言之间进行数据交换。JSON 主要使用对象和数组两种方式表示数据，对这两种方式的说明如下。

（1）对象

对象使用大括号（{}）进行标识，对象内部由键值对构成，键必须是字符串，用双引号（""）进行标识，值可以是字符串、数字、布尔值、数组、对象或 null 等。多个键值对之间使用逗号（,）分隔。示例如下。

```
1  {
2      "name": "Alice",
3      "age": 30,
4      "isStudent": false
5  }
```

（2）数组

数组使用中括号（[]）进行标识。数组中的元素可以是任意类型的，包括字符串、数字、布尔值、数组、对象或 null 等。多个元素之间使用逗号（,）分隔。示例如下。

```
["apple", "banana", "cherry"]
```

对象的值包含数组和对象的示例如下。

```
1   {
2     "name": "张三",
3     "age": 30,
4     "isStudent": false,
5     "scores": [90, 85, 92],
6     "address": {
7       "city": "北京",
8       "street": "长安街"
9     }
10  }
```

2. JSON 格式的数据与 Java 对象的转换

在 Java 中，JSON 格式的数据与 Java 对象的转换是一个常见的需求，这种转换可以通过多种库来实现，其中非常流行的是 Jackson。Jackson 提供了一个核心的工具类 ObjectMapper，该类提供了一系列方法用于实现 JSON 格式的数据与 Java 对象的转换。

ObjectMapper 类的常用方法如表 8-1 所示。

表 8-1　ObjectMapper 类的常用方法

方法	描述
String writeValueAsString(Object value)	将指定的 Java 对象 value 转换为一个 JSON 格式的字符串
T readValue(String content, Class<T> valueType)	将指定的 JSON 格式的数据 content 转换为指定类型的 Java 对象
T readValue(InputStream in, Class<T> valueType)	在指定的字节输入流 in 中读取 JSON 格式的数据，并将其转换为指定类型的 Java 对象
T readValue(Reader reader, Class<T> valueType)	在指定的字符输入流 reader 中读取 JSON 格式的数据，并将其转换为指定类型的 Java 对象
void writeValue(OutputStream out, Object value)	将指定的 Java 对象 value 以 JSON 格式写入指定的字节输出流 out 中
void writeValue(Writer writer, Object value)	将指定的 Java 对象 value 以 JSON 格式写入指定的字符输出流 writer 中

表 8-1 中列举了 ObjectMapper 类的常用方法，其中后 4 个方法都是基于 I/O 流的读写操作。下面通过创建简单的 Java 对象来演示前 2 个方法的使用，具体如下。

（1）创建项目

创建名称为 chapter08 的 Maven Web 项目，在项目的 pom.xml 文件中引入 Jackson 的依赖以及 Servlet 的依赖，具体如文件 8-1 所示。

文件 8-1　pom.xml

```
1   <project xmlns="http://maven.apache.org/POM/4.0.0"
2     xmlns:xsi="http://www.w3.org/2001/XMLSchema-instance"
3     xsi:schemaLocation="http://maven.apache.org/POM/4.0.0
```

```
4      http://maven.apache.org/maven-v4_0_0.xsd">
5    <modelVersion>4.0.0</modelVersion>
6    <groupId>com.itheima</groupId>
7    <artifactId>chapter08</artifactId>
8    <packaging>war</packaging>
9    <version>1.0-SNAPSHOT</version>
10   <properties>
11     <maven.compiler.source>17</maven.compiler.source>
12     <maven.compiler.target>17</maven.compiler.target>
13     <project.build.sourceEncoding>UTF-8
14     </project.build.sourceEncoding>
15   </properties>
16   <dependencies>
17     <!-- Servlet 依赖-->
18     <dependency>
19       <groupId>jakarta.servlet</groupId>
20       <artifactId>jakarta.servlet-api</artifactId>
21       <version>6.0.0</version>
22     </dependency>
23     <!-- Jackson 依赖 -->
24     <dependency>
25       <groupId>com.fasterxml.jackson.core</groupId>
26       <artifactId>jackson-databind</artifactId>
27       <version>2.15.2</version>
28     </dependency>
29   </dependencies>
30 </project>
```

（2）创建实体类

在项目的 src\main 目录下创建文件夹 java，在 java 文件夹下创建 com.itheima.model 包，在该包下创建实体类 User 用于封装用户对象的信息，具体如文件 8-2 所示。

文件 8-2　User.java

```
1  public class User {
2      private String name;       //姓名
3      private int age;           //年龄
4      private String sex;        //性别
5      public User(String name, int age, String sex) {
6          this.name = name;
```

```
7          this.age = age;
8          this.sex = sex;
9      }
10     //此处省略 getter 方法、setter 方法和重写的 toString() 方法
11 }
```

（3）创建 Servlet 类

在 java 文件夹下创建 com.itheima.servlet 包，在该包下创建 UserServlet 类继承 HttpServlet 类，在重写的 service()方法中通过 HttpServletRequest 对象获取请求中的数据，并将数据转换为 User 对象输出在控制台，最后创建一个新的 User 对象，将该对象转换为 JSON 格式的字符串并写入输出流，具体如文件 8-3 所示。

文件 8-3　UserServlet.java

```
1  import com.fasterxml.jackson.databind.ObjectMapper;
2  import com.itheima.model.User;
3  import jakarta.servlet.annotation.WebServlet;
4  import jakarta.servlet.http.HttpServlet;
5  import jakarta.servlet.http.HttpServletRequest;
6  import jakarta.servlet.http.HttpServletResponse;
7  import java.io.BufferedReader;
8  import java.io.IOException;
9  import java.io.PrintWriter;
10 @WebServlet("/user")
11 public class UserServlet extends HttpServlet {
12     @Override
13     protected void service(HttpServletRequest req,
14                     HttpServletResponse resp) throws IOException {
15         // 获取请求中的 JSON 格式的数据
16         StringBuilder sb = new StringBuilder();
17         String line;
18         BufferedReader reader = req.getReader();
19         while ((line = reader.readLine()) != null) {
20             sb.append(line);
21         }
22         // 创建 ObjectMapper 对象
23         ObjectMapper objectMapper = new ObjectMapper();
24         // 将 JSON 格式的数据转换为 User 对象
25         User u = objectMapper.readValue(sb.toString(), User.class);
26         System.out.println("JSON 格式的数据转换为 User 对象：\n" + u);
```

```
27          // 设置响应内容的类型为 JSON 格式
28          resp.setContentType("application/json;charset=UTF-8");
29          // 创建一个 User 对象
30          User user = new User("lisi",18,"女");
31          //将 User 对象转换为 JSON 格式的字符串
32          String userJson = objectMapper.writeValueAsString(user);
33          PrintWriter writer = resp.getWriter();
34          //将 JSON 格式的字符串写入输出流
35          writer.println(userJson);
36      }
37  }
```

在上述代码中，第 16～26 行代码用于获取请求中 JSON 格式的数据，基于 ObjectMapper 对象将该数据转换为 User 对象输出在控制台；第 28～35 行代码用于设置响应内容的类型为 JSON 格式，创建一个 User 对象，将该对象转换为 JSON 格式的字符串并写入输出流。

（4）测试效果

启动项目和 Postman 后，在 Postman 中填写测试数据，其中，请求的 HTTP 方法为 GET，请求的 URL 为 http://localhost:8080/chapter08/user，Body 类型为 JSON，并在输入框中填写和 User 类属性名一致的对象数据，具体如图 8-2 所示。

填写好测试数据后，单击"Send"按钮发送请求，发送请求后 IDEA 控制台输出信息如图 8-3 所示。

图8-2　在Postman中填写测试数据

图8-3　IDEA控制台输出信息

从图 8-3 中可以得出，控制台中输出的 User 对象信息和 Postman 中发送的 JSON 格式的数据一致，这说明 ObjectMapper 对象成功将 JSON 格式的数据转换为 User 对象。

在 Postman 响应体中查看请求对应的响应信息，如图 8-4 所示。

从图 8-4 可以得出，响应信息为 JSON 格式的数据，说明 ObjectMapper 对象成功将 User 对象转换为 JSON 格式的字符串。

图8-4　请求对应的响应信息

8.3　Axios 基础入门

Axios 是一个流行的网络请求库，它可以在 Node.js 和浏览器中运行，高效地向服务器发送异步 HTTP 请求并处理返回的响应结果，同时支持转换请求数据和响应数据，例如自动转换 JSON 格式的数据。

在使用 Axios 进行 HTTP 请求之前，需要将 Axios 导入项目中。如果在一个基于 Node.js 的项目中使用 Axios，开发者可以通过 npm 或 Yarn 这样的包管理器来安装它，安装命令如下。

使用 npm 安装 Axios 的命令如下。

```
npm install axios
```

使用 Yarn 安装 Axios 的命令如下。

```
yarn add axios
```

如果不希望使用 npm 或 Yarn 等包管理工具安装 Axios，可以直接在网页文件中使用 <script>标签的 src 属性导入 Axios，src 属性的值可以是 Axios 官方提供的 CDN（Content Delivery Network，内容分发网络）链接地址，也可以是本地存放的 Axios 对应的 JavaScript 文件的路径。

导入 Axios 后，就可以使用 Axios 发送请求。Axios 支持各种 HTTP 请求方法，包括 GET、POST、PUT、DELETE 等，其中最常用的是 GET 和 POST。下面以使用 Axios 发送 POST 请求和 GET 请求为例讲解 Axios 的基础入门知识。

1. 发送 POST 请求

POST 请求一般用于提交数据，例如表单提交或文件上传等。使用 Axios 发送 POST 请求有两种常用方法：第一种是使用 axios()方法并传递配置对象，第二种是使用 axios.post() 方法。下面分别对使用这两种方法发送 POST 请求进行讲解。

（1）使用 axios()方法发送 POST 请求

使用 axios()方法传递配置对象前，需要创建一个配置对象，该对象中可以包含多个配置选项，例如请求方法、请求的 URL、请求头、请求体等。使用 axios()方法并传递配置对象发送 POST 请求的语法格式如下。

```
1  axios({
2    method: 'post',
3    url: '请求的 URL',
4    data: {
5      //请求体数据
6    },
7    //其他配置选项
8  }).then(res => {
9    //请求成功后的操作
10 }).catch(error => {
11   //请求失败后的操作
12 })
```

在上述语法格式中，第 2～7 行代码属于创建请求时传递的相关配置，其中，method 用于指定请求方法，url 是必须的，其他配置选项可以根据需要选择性地添加。需要注意的是，当 data 选项中指定的请求体数据是 JavaScript 对象或数组类型的数据时，这些数据会被自动转换为 JSON 格式发送到服务器，即发送的是 application/json 类型的内容。

第 8 行的 then()方法用于处理请求成功后的操作，该方法的 res 参数表示服务器返回的响应结果对象，它包含服务器响应的详细信息，如 data 表示服务器返回的响应结果，即响应体；request 表示生成该响应的请求。

第 10 行代码的 catch()方法用于处理请求失败后的操作。

（2）使用 axios.post()方法发送 POST 请求

为了方便起见，Axios 为所有支持的请求方法提供了别名，例如 axios.get()、axios.post()、axios.put()等。使用 axios.post()方法发送 POST 请求的语法格式如下。

```
1  axios.post('请求的 URL', {
2    //请求体数据
3  }).then(res => {
4    console.log(res)
5  }).catch(error => {
6    console.log(error)
7  })
```

在上述语法格式中，axios.post()方法包含两个参数，分别是请求的 URL、请求体数据（即要发送到服务器的数据）。

2. 发送 GET 请求

使用 Axios 发送 GET 请求的方式与使用 Axios 发送 POST 请求的方法类似，同样可以创建一个配置对象，并在该配置对象中设置请求方法、请求的 URL 等配置选项。但是二者在传递参数时有一些区别，下面分别对使用 axios()方法和 axios.get()方法发送 GET 请求进行讲解。

（1）使用 axios()方法发送 GET 请求

在使用 axios()方法传递配置对象并发送 GET 请求时，请求参数使用配置选项 params 进行指定，语法格式如下。

```
1   axios({
2     method: 'get',
3     url: '请求的 URL',
4     params: {
5     //请求参数
6     },
7     //其他配置选项
8   }).then(res => {
9     //请求成功后的操作
10  }).catch(error => {
11    //请求失败后的操作
12  })
```

当发送 GET 请求时，Axios 会自动将 params 指定的请求参数转换为查询参数格式附加到请求的 URL 后面。例如，当请求的 URL 为 http://localhost:8080/chapter08_maven/login，请求参数为"id : 1, name : '张三'"时，Axios 访问的完整 URL 如下。

```
http://localhost:8080/chapter08_maven/login?id=1&name=张三
```

对此，除了使用 params 属性传递参数，还可以直接将请求参数拼接到请求的 URL 后面。

（2）使用 axios.get()方法发送 GET 请求

发送 GET 请求还可以使用 Axios 提供的 axios.get()方法，具体格式如下。

```
1  axios.get('请求的 URL', {
2    params:{
3    },
4    //其他请求配置
5  }).then(res => {
6    console.log(res)
7  }).catch(error => {
8    console.log(error)
9  })
```

上述语法格式和 axios.post()方法的区别在于发送 GET 请求时请求参数需要填写在 params 中。

为了帮助读者更好地理解如何使用 Axios 发送 POST 请求和 GET 请求，接下来通过案例进行演示。该案例要求在页面中使用 Axios 向 Servlet 类发送 GET 请求时，Servlet 类根据 GET 请求不同的参数值响应不同的数据；在发送 POST 请求时，Servlet 类将请求的数据转换为 Java 对象输出在控制台中，并向客户端响应提示信息。具体实现如下。

（1）创建页面文件

在项目的 webapp 文件夹下创建一个 HTML 文件 axios.html，在该页面中引入 Axios，本书的配套资源中提供了 Axios 对应的 JavaScript 文件，读者可以在 axios.html 文件中导入该文件，并在 axios.html 文件中定义 2 个按钮控件，分别用于发送 POST 请求和发送 GET 请求。具体如文件 8-4 所示。

文件 8-4　axios.html

```
1  <html>
2    <head>
3      <meta charset="UTF-8">
4      <script src="axios.min.js"></script>
5    </head>
6    <body>
7      <button onclick="postData()">发送 POST 请求</button>
8      <button onclick="fetchData()">发送 GET 请求</button>
9      <script>
```

```
10              //发送 POST 请求的函数
11              function postData() {
12                  const data = {
13                      name: 'wangwu',
14                      age: 20,
15                      sex:'女'
16                  };
17                  axios.post('/chapter08/axiosServlet', data)
18                      .then(response => {
19                          console.log(response.data);
20                      })
21                      .catch(error => {
22                          console.error('请求失败:', error);
23                      });
24              }
25              // 发送 GET 请求的函数
26              function fetchData() {
27                  axios.get('/chapter08/axiosServlet?id=1'
28                      )
29                      .then(response => {
30                          console.log(response.data);
31                      })
32                      .catch(error => {
33                          console.error('请求失败:', error);
34                      });
35              }
36          </script>
37      </body>
38 </html>
```

在上述代码中，第 4 行代码引入项目 webapp 文件夹下存放的 Axios 对应的 JavaScript 文件；第 7、8 行代码定义了 2 个按钮控件，并且它们都绑定了单击事件；第 11~24 行代码定义了函数 postData()，在该函数中使用 axios.post()方法向 URL "/chapter08/axiosServlet" 发送请求，并携带第 12~16 行定义的数据，函数执行完成后在控制台输出响应的数据；第 26~35 行代码定义了函数 fetchData()，在该函数中使用 axios.get()方法向 URL "/chapter08/axiosServlet" 发送请求，并在 URL 中携带参数 "id=1"，函数执行完成后在控制台输出响应的数据。

（2）创建 Servlet 类

在 com.itheima.servlet 包下创建 AxiosServlet 类继承 HttpServlet 类，分别在重写的

doPost()方法和 doGet()方法中处理 POST 请求和 GET 请求，在 doPost()方法中获取请求中的 JSON 格式的数据，并将数据转换为 User 对象输出在控制台；在 doGet()方法中根据请求中参数 id 的值创建不同的 User 对象，并将 User 对象转换为 JSON 格式的字符串进行响应，具体如文件 8-5 所示。

文件 8-5　AxiosServlet.java

```java
1  import com.fasterxml.jackson.databind.ObjectMapper;
2  import com.itheima.model.User;
3  import jakarta.servlet.ServletException;
4  import jakarta.servlet.annotation.WebServlet;
5  import jakarta.servlet.http.HttpServlet;
6  import jakarta.servlet.http.HttpServletRequest;
7  import jakarta.servlet.http.HttpServletResponse;
8  import java.io.BufferedReader;
9  import java.io.IOException;
10 import java.io.PrintWriter;
11 @WebServlet("/axiosServlet")
12 public class AxiosServlet extends HttpServlet {
13     @Override
14     protected void doPost(HttpServletRequest req,
15       HttpServletResponse resp) throws IOException {
16         // 获取请求中的 JSON 格式的数据
17         StringBuilder sb = new StringBuilder();
18         String line;
19         BufferedReader reader = req.getReader();
20         while ((line = reader.readLine()) != null) {
21             sb.append(line);
22         }
23         // 创建 ObjectMapper 对象
24         ObjectMapper objectMapper = new ObjectMapper();
25         // 将 JSON 格式的数据转换为 User 对象
26         User u = objectMapper.readValue(sb.toString(), User.class);
27         System.out.println("JSON 格式的数据转换为 User 对象：\n" + u);
28         PrintWriter writer = resp.getWriter();
29         //写入提示信息
30         writer.println("获取成功");
31     }
32     @Override
```

```
33      protected void doGet(HttpServletRequest req,
34      HttpServletResponse resp) throws IOException {
35          String id = req.getParameter("id");
36          // 创建一个 User 对象
37          User user =null;
38          if("1".equals(id)){
39              user = new User("lisi",18,"女");
40          }
41          if("2".equals(id)){
42              user = new User("zhangsan",25,"男");
43          }
44          ObjectMapper objectMapper = new ObjectMapper();
45          //将 User 对象转换为 JSON 格式的字符串
46          String userJson = objectMapper.writeValueAsString(user);
47          resp.setContentType("application/json;charset=UTF-8");
48          PrintWriter writer = resp.getWriter();
49          //用 JSON 格式的字符串进行响应
50          writer.println(userJson);
51      }
52  }
```

在上述代码中,第 14～31 行代码定义了用于处理 POST 请求的 doPost()方法,其中,第 17～27 行代码获取请求中的 JSON 格式的数据,并将数据转换为 User 对象输出在控制台;第 28～30 行代码将提示信息写入流中进行响应。第 33～51 行代码定义了用于处理 GET 请求的 doGet()方法,其中,第 35 行代码获取请求中参数 id 的值;第 38～43 行代码根据参数 id 的值创建不同的 User 对象;第 44～50 行代码将 User 对象转换为 JSON 格式的字符串进行响应。

（3）测试效果

启动项目,在浏览器中通过地址 http://localhost:8080/chapter08/axios.html 访问 axios.html,为了后续能更好地观察到浏览器控制台的输出信息,在测试发送请求之前,打开浏览器的开发者工具。单击页面中的"发送 POST 请求"按钮,IDEA 控制台的输出信息如图 8-5 所示。

图8-5　发送POST请求时IDEA控制台的输出信息

从图 8-5 可以得出,控制台输出的 User 对象信息和页面中 POST 请求信息中设置的参数信息一致，这说明页面成功发送了 POST 请求到 Servlet 类中，并在 Servlet 类中将请求中的 JSON 格式的数据转换为 User 对象。

此时查看浏览器开发者工具中的控制台，其输出信息如图 8-6 所示。

从图 8-6 可以看出，浏览器开发者工具中的控制台输出了"获取成功"的文本信息，这说明浏览器发送请求后成功获取到响应信息，并通过响应结果对象的 data 属性获取到响应体。

单击页面的"发送 GET 请求"按钮，此时查看浏览器开发者工具中的控制台，其输出信息如图 8-7 所示。

图8-6　发送POST请求时浏览器开发者工具
中的控制台的输出信息

图8-7　发送GET请求时浏览器开发者工具
中的控制台的输出信息

从图 8-7 可以看出，浏览器开发者工具中的控制台输出了 name 值为 lisi 的用户信息，其格式为 JSON，这说明浏览器成功发送 GET 请求到 Servlet，Servlet 获取到 id 为 1 的参数后将 name 值为 lisi 的用户信息转换为 JSON 格式的字符串进行响应，并且浏览器成功获取到响应信息。

至此，成功使用 Axios 发送 POST 请求和 GET 请求。

AI 编程任务：用户名校验

请扫描二维码，查看任务的具体实现过程。

8.4　本章小结

本章主要介绍了异步请求和 JSON。首先讲解了 Ajax 概述；然后讲解了 JSON 基础入门；最后讲解了 Axios 基础入门。通过本章的学习，读者能够了解异步请求和 JSON，并能够使用 Axios 发送异步请求，为开发 Web 程序时使用异步请求奠定基础。

8.5　课后习题

请扫描二维码，查看课后习题。

第 **9** 章

数据库编程

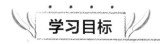
学习目标

知识目标	1. 熟悉 JDBC，能够简述 JDBC 的概念及优点。
	2. 掌握 JDBC 常用 API，能够说出 java.sql 包中常用的接口和类，并简述它们的作用。
技能目标	1. 掌握 JDBC 编程，能够独立编写 JDBC 程序来操作数据库中的数据。
	2. 掌握数据库连接池的使用方法，能够在 JDBC 程序中使用数据库连接池。
	3. 掌握 DbUtils 的使用方法，能够使用 DbUtils 进行数据的增删改查操作，以及操作结果集。

在 Web 开发中，不可避免地要使用数据库存储和管理数据。在与数据库交互时，应用程序需要使用特定的技术来连接和操作数据库中的数据。JDBC 是 Java 用于访问关系数据库的一种技术，本章将讲解如何使用 JDBC 实现数据库编程。

9.1 JDBC 简介

9.1.1 JDBC 概述

数据库编程是指使用编程语言与数据库进行交互的过程，主要涉及与数据库建立连接、执行 SQL 语句、读取和写入数据等操作，这些操作都依赖驱动程序实现。驱动程序是根据数据库的规范和要求开发的程序，是连接和操作数据库的必要组件，但不同的数据库可能有不同的规范和要求，因此提供的驱动程序也会有所差异。

在 JDBC（Java DataBase Connectivity，Java 数据库连接）出现之前，各数据库厂商提供自己独立的数据库驱动程序，开发人员如果想要操作不同类型的数据库，就需要编写多个针对不同数据库的程序。例如，要访问 MySQL 数据库需要编写一种程序，要访问 Oracle 数据库就需要编写另一种程序，应用程序的可移植性非常差。

JDBC 的出现解决了上述问题。JDBC 是一套访问数据库的标准 Java 类库，它定义了应用程序访问和操作数据库的 API。通过 JDBC，开发人员可以使用相同的 API 操作

MySQL、Oracle 或其他关系数据库。

Java 应用程序通过 JDBC 访问不同关系数据库的流程如图 9-1 所示。

从图 9-1 中可以看出，JDBC 充当 Java 应用程序与数据库之间的桥梁。当 Java 应用程序使用 JDBC 访问数据库时，开发人员只需在 Java 应用程序中提供对应数据库的驱动程序，Java 应用程序就可以连接到数据库并对其中的数据进行操作。这样，开发人员无须关注各个数据库之间的细节差异，而可以使用统一的 API 与不同类型的数据库进行交互，从而提高应用程序的可移植性和开发效率。

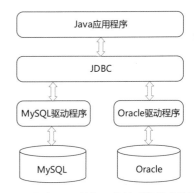

图9-1　通过 JDBC 访问不同关系数据库的流程

9.1.2　JDBC 常用 API

JDBC 的 API 主要位于 java.sql 包中，该包定义了一系列访问数据库的接口和类，开发人员可以利用这些接口和类编写操作数据库中数据的 JDBC 程序。下面将对 JDBC 常用 API 进行讲解。

1. Driver 接口

Driver 接口是 JDBC 程序的核心接口之一，它定义了与数据库驱动程序（后续简称驱动程序）进行通信的方法。每个数据库厂商都会提供实现了 Driver 接口的驱动程序，以支持应用程序与其所提供的数据库的连接。在编写 JDBC 程序时，为了使应用程序能够找到并加载对应的驱动程序，需要将该驱动程序添加到项目的 classpath 中。

2. DriverManager 类

DriverManager 类是用于管理驱动程序的类，该类中定义了注册驱动程序及获取数据库连接对象的静态方法，其常用方法如表 9-1 所示。

表 9-1　DriverManager 类的常用方法

方法	描述
static void registerDriver(Driver driver)	用于在 DriverManager 中注册指定的驱动程序
static Connection getConnection(String url, String user, String password)	用于建立和数据库的连接，并返回表示连接的 Connection 对象

虽然 DriverManager 类提供的 registerDriver() 方法可以用于注册驱动程序，但是在编写代码时，一般不会使用这个方法注册驱动程序。因为 Driver 接口的实现类中通常有一个静态代码块，该静态代码块内部会执行 DriverManager 对象的 registerDriver() 方法注册驱动程序。所以如果使用 registerDriver() 方法注册驱动程序，就相当于注册了两次驱动程序。

对此，如果需要注册驱动程序，只需要加载对应的 Driver 类即可。注册驱动程序的示例如下。

```
Class.forName("com.mysql.cj.jdbc.Driver");
```

在上述代码中，com.mysql.cj.jdbc.Driver 为需要注册到 DriverManager 的驱动类。需要注意的是，在使用 Class 类的 forName()方法注册驱动程序时，该方法的参数中指定的驱动类必须是类的全限定名称。

JDBC 根据 URL 的信息与数据库建立连接，其中，URL 需要按照特定的语法格式进行配置。具体的 URL 格式会根据不同的数据库类型和驱动程序而有所变化，其中，连接到 MySQL 数据库的 URL 的语法格式如下。

```
jdbc:mysql://[hostname]:[port]/database-name[?参数键值对 1&参数键值对 2&…]
```

在上述语法格式中，jdbc:mysql://表示驱动程序使用 MySQL 协议进行连接，即使用 MySQL 提供的网络协议与数据库通信。[]表示可选项，hostname 是数据库的主机名或 IP 地址，port 是数据库的端口号，如果连接的是本地的 MySQL 数据库，并且使用 MySQL 的默认端口号 3306，则 URL 中的[hostname]:[port]可以省略。

database-name 是数据库的名称。如果需要在 URL 中定制连接的一些属性和配置，可以在数据库名称后面使用问号（？）进行声明；如果需要添加多个参数键值对，参数键值对之间使用 "&" 符号进行分隔。

编写 JDBC 程序时，注册驱动程序和获取数据库连接对象的示例代码如下。

```
1   //注册驱动程序
2   Class.forName("com.mysql.cj.jdbc.Driver");
3   //数据库的连接路径、用户名和密码
4   String url = "jdbc:mysql://localhost:3306/jdbc";
5   String username = "root";
6   String password = "root";
7   //获取数据库连接对象
8   Connection conn = DriverManager.getConnection(url, username, password);
```

在上述代码中，第 2 行代码用于注册驱动程序；第 4～6 行代码用于指定数据库连接的路径、用户名和密码；第 8 行代码用于获取数据库连接对象。

> ┃ 小提示 ┃
>
> 　　如果使用 MySQL 5 及更高版本的驱动程序编写 JDBC 程序，可以省略注册驱动程序的步骤。程序执行时会自动加载驱动包的 META-INF/services/java.sql.Driver 文件中的驱动类。MySQL 5 的驱动类为 com.mysql.jdbc.Driver，MySQL 8 的驱动类为 com.mysql.cj.jdbc.Driver。

3. Connection 接口

Connection 接口用于表示与数据库的连接，是进行数据库操作的主要入口。通过 DriverManager 接口的 getConnection()方法可以获得成功建立连接的 Connection 对象，通过该对象可以进行各种数据库操作，包括执行 SQL 查询、更新数据、进行事务管理等。

Connection 接口的常用方法如表 9-2 所示。

表 9-2　Connection 接口的常用方法

方法	描述
Statement createStatement()	用于创建一个 Statement 对象，该对象可以执行静态 SQL 语句
PreparedStatement prepareStatement(String sql)	用于创建一个 PreparedStatement 对象，该对象可以执行预编译的 SQL 语句
void commit()	用于提交事务，使所有上一次提交/回滚后进行的更改成为持久更改，并释放当前 Connection 对象持有的所有数据库锁
void setAutoCommit(boolean autoCommit)	用于设置是否禁用自动提交模式
void roolback()	用于回滚事务，取消在当前事务中进行的所有更改，并释放当前 Connection 对象持有的所有数据库锁
void close()	用于关闭与数据库的连接并释放资源

默认情况下，Connection 对象处于自动提交模式，这意味着每次执行语句后都会自动提交更改。如果禁用了自动提交模式，就需要显式地调用 commit()方法来提交事务，否则对数据的修改操作将不会被保存。

编写 JDBC 程序时，通过 Connection 接口进行事务管理的示例如下。

```
1  Connection conn = DriverManager.getConnection(url, username, password);
2  //定义 SQL 语句
3  String sql = "SELECT * FROM user WHERE id = 1";
4  //获取执行 SQL 语句的对象 Statement
5  Statement stmt = conn.createStatement();
6  try {
7      // 禁用自动提交模式，手动提交事务
8      conn.setAutoCommit(false);
9      //执行 SQL 语句
10     stmt.executeUpdate(sql);
11     // 提交事务
12     conn.commit();
13  } catch (Exception throwables) {
14     // 回滚事务
15     conn.rollback();
16     throwables.printStackTrace();
17  }
18  //释放资源
19  stmt.close();
20  conn.close();
```

在上述代码中，第 8 行代码将 Connection 对象设置为禁用自动提交模式，后续执行 SQL 语句后，需要手动提交事务才能完成对数据的查询操作。

4. Statement 接口

Statement 接口是 Java 中用于执行 SQL 语句的重要接口之一，该接口的实例对象可

以通过 Connection 对象的 createStatement()方法获取。通过 Statement 对象可以将静态 SQL 语句发送到数据库中编译与执行，并返回数据库的处理结果。其中，静态 SQL 语句是指在编译时就确定好的 SQL 语句，其结构和内容在程序运行期间不会发生变化。

Statement 接口提供了 3 个常用方法来执行 SQL 语句，具体如表 9-3 所示。

表 9-3　Statement 接口的常用方法

方法	描述
boolean execute(String sql)	用于执行 SQL 语句，如果执行的 SQL 语句返回一个结果集，则该方法返回 true；如果执行的 SQL 语句（例如，执行 INSERT、UPDATE、DELETE 或 DDL 语句）没有返回结果集或者返回的是一个更新计数，则该方法返回 false
int executeUpdate(String sql)	用于执行 SQL 中的 INSERT、UPDATE 和 DELETE 语句。该方法返回一个 int 类型的值，表示数据库中受 SQL 语句影响的行数
ResultSet executeQuery(String sql)	用于执行 SQL 中的 SELECT 语句，该方法返回一个表示查询结果的 ResultSet 对象

5. PreparedStatement 接口

JDBC API 中的 Statement 接口可以用于执行 SQL 语句，从而实现对数据库的操作。然而，当使用 Statement 接口执行用户输入的 SQL 语句时，如果不对输入的 SQL 语句进行把控，就可能受到 SQL 注入攻击。攻击者可以通过恶意构造的输入来改变 SQL 语句的逻辑结构，从而导致不安全的操作发生。同时，开发者手动拼接 SQL 语句会使代码变得冗长，难以阅读和维护。为了解决这些问题，JDBC API 提供了扩展的 PreparedStatement 接口。

PreparedStatement 接口是 Statement 接口的子接口。PreparedStatement 对象可以执行预编译的 SQL 语句。预编译 SQL 语句是指在执行 SQL 语句之前，将 SQL 语句发送到数据库进行编译，生成一个预编译的执行计划再执行。

预编译的 SQL 语句支持在 SQL 语句中使用占位符来代替具体的参数值，在每次执行时只需传递参数，而无须重新解析和编译 SQL 语句，从而提高了代码的可读性和数据库操作的灵活性。

同时，PreparedStatement 接口还提供了一系列 setter 方法，例如 setString()、setInt()、setDouble()等，用于将具体的参数值赋给指定的占位符。这样做的好处是不需要手动拼接 SQL 语句，同时可以避免受到 SQL 注入攻击。

PreparedStatement 接口的常用方法如表 9-4 所示。

表 9-4　PreparedStatement 接口的常用方法

方法	描述
int executeUpdate()	用于执行 INSERT、UPDATE 或 DELETE 语句
ResultSet executeQuery()	用于执行 SELECT 语句，并返回结果集
void setInt(int parameterIndex, int x)	用于将 SQL 语句中 parameterIndex 位置的占位符赋值为 int 类型的参数 x
void setFloat(int parameterIndex,float f)	用于将 SQL 语句中 parameterIndex 位置的占位符赋值为 float 类型的参数 f

续表

方法	描述
void setLong(int parameterIndex,long l)	用于将 SQL 语句中 parameterIndex 位置的占位符赋值为 long 类型的参数 l
void setDouble(int parameterIndex, double d)	用于将 SQL 语句中 parameterIndex 位置的占位符赋值为 double 类型的参数 d
void setBoolean(int parameterIndex, boolean b)	用于将 SQL 语句中 parameterIndex 位置的占位符赋值为 boolean 类型的参数 b
void setString(int parameterIndex,String x)	用于将 SQL 语句中 parameterIndex 位置的占位符赋值为 String 类型的参数 x
void setObject(int parameterIndex, Object o)	用于将 SQL 语句中 parameterIndex 位置的占位符赋值为 Object 类型的参数 o

表 9-4 列举的 PreparedStatement 接口的常用方法中，可以使用兼容的 setter 方法将指定类型的参数赋值给对应的占位符。例如，当占位符需要赋值的参数类型为 int 时，可以使用 setInt()方法或 setObject()方法将参数赋值给对应的占位符。

接下来通过一个示例展示如何使用 setter 方法为 SQL 语句中的占位符赋不同类型的值，具体代码如下。

```
1  String sql = "INSERT INTO user(id,name) VALUES(?,?)";
2  PreparedStatement preStmt = conn.prepareStatement(sql);
3  preStmt.setInt(1, 1);              //为第 1 个占位符赋 int 类型的值 1
4  preStmt.setString(2, "lisi");      //为第 2 个占位符赋 String 类型的值"lisi"
5  preStmt.executeUpdate();           //执行 SQL 语句
```

6. ResultSet 接口

ResultSet 接口是 JDBC 中用于表示数据库查询结果集的接口，执行数据库查询语句得到的结果集会被封装为一个 ResultSet 对象。ResultSet 对象可以看作一个包含多个数据行的表格，每一行代表结果集中的一条记录，每一列代表每个字段的值。

ResultSet 接口内部维护着一个游标，它用于指示当前行的位置。在初始化 ResultSet 对象时，游标位于第一行之前。通过调用 ResultSet 接口的 next()方法可以将游标移动到下一行，从而对游标指向的数据行中的数据进行操作。

ResultSet 接口的常用方法如表 9-5 所示。

表 9-5　ResultSet 接口的常用方法

方法	描述
String getString(int columnIndex)	通过字段的索引获取 String 类型的值，参数 columnIndex 代表字段在查询结果中的索引
String getString(String columnName)	通过字段的名称获取 String 类型的值，参数 columnName 代表字段的名称
int getInt(int columnIndex)	通过字段的索引获取 int 类型的值，参数 columnIndex 代表字段在查询结果中的索引
int getInt(String columnName)	通过字段的名称获取 int 类型的值，参数 columnName 代表字段的名称

续表

方法	描述
boolean absolute(int row)	将游标移动到结果集的第 row 条记录
boolean previous()	将游标从结果集的当前位置移动到上一条记录
boolean next()	将游标从结果集的当前位置移动到下一条记录
void beforeFirst()	将游标移动到结果集开头（第一条记录之前）
void afterLast()	将游标移动到结果集末尾（最后一条记录之后）
boolean first()	将游标移动到结果集的第一条记录
boolean last()	将游标移动到结果集的最后一条记录
int getRow()	返回当前记录的行号
Statement getStatement()	返回生成结果集的 Statement 对象
void close()	释放当前 ResultSet 对象的数据库和 JDBC 资源

从表 9-5 中可以看出，ResultSet 接口中定义了一些 getter 方法，采用哪种 getter 方法获取数据取决于字段的数据类型。程序既可以通过字段的名称来获取指定数据，也可以通过字段的索引来获取指定数据，且字段的索引是从 1 开始的。例如，数据表的第 1 列字段名称为 id，字段类型为 int，那么既可以通过 getInt("id")获取该列的值，也可以通过 getInt(1)获取该列的值。

ResultSet 移动结果集中的游标并获取结果集中的数据的示例如下。

```
1  //执行 SQL 语句并获取结果集
2  ResultSet rs = stmt.executeQuery(sql);
3  // 游标向下移动一行，并且判断当前行是否有数据
4  while (rs.next()){
5      //通过字段的名称获取结果集中的数据
6      int id = rs.getInt("id");
7      String name = rs.getString("username");
8      //通过字段的索引获取结果集中的数据
9      String pwd = rs.getString(3);
10 }
11 //释放资源
12 rs.close();
```

在上述代码中，首先获取了执行 SQL 语句的结果集，然后通过循环调用 next()方法移动游标，并在当前行有数据的情况下通过字段的名称或索引获取结果集中的数据。

9.2　JDBC 编程

通过 9.1 节的讲解，读者对 JDBC 及其常用 API 应该已经有了大致的了解，编写 JDBC 程序的核心就在于熟练掌握并灵活运用其常用 API。一般情况下，编写 JDBC 程序主要

包括以下几个步骤。

① 加载并注册驱动程序。

② 通过 DriverManager 类获取数据库连接。

③ 通过 Connection 对象获取 Statement 对象或 PreparedStatement 对象。

④ 执行 SQL 语句。

⑤ 操作 ResultSet 结果集。

⑥ 关闭连接，释放资源。

下面根据上述步骤编写一个 JDBC 程序，用于查询数据库中的数据并将其输出到控制台。

需要说明的是，Java 中的 JDBC 是用来连接数据库从而执行相关数据操作的技术，因此在使用 JDBC 时，读者需要确保已经有可以正常使用的数据库。常用的关系数据库有 MySQL 和 Oracle，其中，MySQL 体积较小、功能强大且使用方便，本书将基于 MySQL 8.0.23 进行讲解。

1. 创建数据库和表

在 MySQL 中创建一个名称为 jdbc_demo 的数据库，然后在该数据库中创建一个 t_space 表用于存储航天工程的信息。创建数据库和表的 SQL 语句如下。

```
1  CREATE DATABASE IF NOT EXISTS jdbc_demo CHARACTER SET utf8mb4;
2  USE jdbc_demo;
3  CREATE TABLE t_space(
4        id INT PRIMARY KEY AUTO_INCREMENT,
5        name VARCHAR(40),
6        type VARCHAR(40),
7        launchTime DATE
8  );
```

在上述 SQL 语句中，表 t_space 中的 id、name、type、launchTime 这 4 个字段分别表示编号、名称、类型和发射时间。

在 jdbc_demo 数据库和 t_space 表创建成功后，向 t_space 表中插入 3 条数据。插入数据的 SQL 语句如下。

```
1  INSERT INTO t_space(name,type,launchTime)
2      VALUES ('嫦娥六号','探月工程','2024-05-03'),
3      ('神舟十八号','载人飞船','2024-04-25'),
4      ('天舟七号','货运飞船','2024-01-17')
```

为了查看数据是否插入成功，使用 SELECT 语句查询 t_space 表中的数据，结果如图 9-2 所示。

从图 9-2 中可以看到，查询结果的信息与插入数据的信息一致，这说明数据插入成功。

2. 创建项目，导入驱动程序

在 IDEA 中创建一个名称为 chapter09 的

图9-2　查询t_space表中的数据的结果

Maven Web 项目，在项目的 pom.xml 文件中添加 MySQL 的驱动程序的依赖，具体如文件 9-1 所示。

文件 9-1　pom.xml

```
1  <project xmlns="http://maven.apache.org/POM/4.0.0"
2    xmlns:xsi="http://www.w3.org/2001/XMLSchema-instance"
3    xsi:schemaLocation="http://maven.apache.org/POM/4.0.0
4    http://maven.apache.org/maven-v4_0_0.xsd">
5    <modelVersion>4.0.0</modelVersion>
6    <groupId>com.itheima</groupId>
7    <artifactId>chapter09</artifactId>
8    <packaging>war</packaging>
9    <version>1.0-SNAPSHOT</version>
10   <properties>
11     <maven.compiler.source>17</maven.compiler.source>
12     <maven.compiler.target>17</maven.compiler.target>
13     <project.build.sourceEncoding>UTF-8
14     </project.build.sourceEncoding>
15   </properties>
16   <dependencies>
17     <!--MySQL 的驱动程序依赖-->
18     <dependency>
19       <groupId>mysql</groupId>
20       <artifactId>mysql-connector-java</artifactId>
21       <version>8.0.31</version>
22     </dependency>
23   </dependencies>
24 </project>
```

在上述文件中，第 18～22 行代码用于添加 MySQL 的驱动程序依赖。

3. 编写 JDBC 程序

在项目的 src/main 目录下新建一个名称为 java 的文件夹，在该文件夹中新建一个包 com.itheima.test，在该包中创建类 TestJDBC，它用于获取 t_space 表中的数据并在 IDEA 控制台输出。具体如文件 9-2 所示。

文件 9-2　TestJDBC.java

```
1  import java.sql.*;
2  public class TestJDBC {
3    public static void main(String[] args) throws SQLException {
4      Connection conn =null;
```

```
5        Statement stmt =null;
6        ResultSet rs =null;
7        try {
8            // 加载并注册驱动程序
9            Class.forName("com.mysql.cj.jdbc.Driver");
10           // 通过 DriverManager 类获取数据库连接
11           String url = "jdbc:mysql://localhost:3306/jdbc_demo";
12           String username = "root";
13           String password = "root";
14           conn = DriverManager.getConnection(url,username, password);
15           // 通过 Connection 对象获取 Statement 对象
16           stmt = conn.createStatement();
17           // 执行 SQL 语句
18           String sql = "SELECT * FROM t_space";
19           rs = stmt.executeQuery(sql);
20           // 操作 ResultSet 结果集
21           System.out.println("编号   名称      类型     发射时间");
22           while (rs.next()) {
23               int id = rs.getInt("id");     // 通过列名获取指定字段的值
24               String name = rs.getString("name");
25               String type = rs.getString("type");
26               Date launchTime= rs.getDate("launchTime");
27               System.out.println(id + "   " + name + "   "
28                   + type + "   " + launchTime);
29           }
30       } catch (Exception e) {
31           e.printStackTrace();
32       } finally {
33           // 关闭连接，释放资源
34           if(rs !=null){ rs.close(); }
35           if(stmt !=null){ stmt.close(); }
36           if(conn !=null){ conn.close(); }
37       }
38   }
39 }
```

在上述代码中，第 9 行代码用于加载并注册驱动程序；第 11～14 行代码用于指定数据库的连接信息，并获取数据库连接对象 conn；第 16 行代码通过 Connection 对象 conn 获取 Statement 对象 stmt；第 18、19 行代码用于定义查询数据的 SQL 语句并执行 SQL 语

句；第 21～29 行代码用于操作 ResultSet 结果集，并将结果集中的数据输出到控制台中；第 34～36 行代码用于关闭数据库连接，释放资源。

运行文件 9-2，效果如图 9-3 所示。

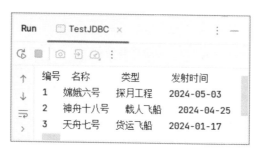

图9-3　文件9-2的运行效果

从图 9-3 可以得出，控制台中输出了 jdbc_demo 数据库下的 t_space 表中的所有数据。至此，成功通过 JDBC 程序完成对数据库中数据的查询操作。

9.3　数据库连接池

在 JDBC 编程中，默认情况下每次连接数据库都会创建一个数据库连接对象，并且在使用完毕后会将其销毁。每一个数据库连接对象都对应一个物理的数据库连接，这个连接过程需要进行验证用户名和密码、分配资源、将数据库连接对象加载到内存等操作，因此建立连接的开销很大。如果存在大量并发访问，频繁地创建、销毁数据库连接对象会影响数据库的访问效率，甚至导致数据库崩溃。

为了解决上述问题，数据库连接池应运而生。数据库连接池是一个容器，它负责分配、管理数据库连接对象。通过数据库连接池，程序可以复用连接对象，而不是每次连接数据库都重新创建和销毁数据库连接对象，这样做可以大大提高系统的性能和工作效率。

下面通过一张图描述使用数据库连接池操作数据库的过程，如图 9-4 所示。

从图 9-4 中可以看到，使用数据库连接池操作数据库时，程序在启动时会创建一批数据库连接对象，并将其存放在数据库连接池中。用户在需要使用数据库连接对象时，可以从数据库连接池中获取一个可用的连接对象。当用户使用完毕后，该对象不会被销毁，而会被归还到数据库连接池中，供其他用户使用。

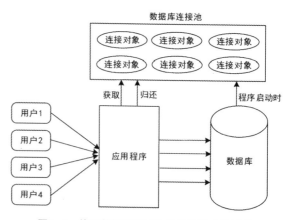

图9-4　使用数据库连接池操作数据库的过程

为了更加方便地使用和管理数据库连接池，Java 提供了 DataSource 接口，该接口为应用程序提供了标准化和可重用的方式来管理和提供数据库连接。DataSource 接口提供了两个获取数据库连接对象的方法，具体如下。

```
//方法一：
Connection getConnection()
//方法二：
Connection getConnection(String username, String password)
```

上述两个重载方法都能用于获取数据库连接对象。不同的是，第一个方法不需要提供用户名和密码，通常用于开发环境等不需要认证时的连接；第二个方法需要提供用户名和密码，用于当数据源需要使用用户名和密码进行验证时的连接。

目前，许多厂商和组织已经实现了 DataSource 接口，并提供了相应的数据库连接池。常见的数据库连接池包括 DBCP、C3p0、Druid 等，这些数据库连接池的底层实现可能存在一些差异，但它们的使用方法基本相似，下面以 Druid 为例讲解数据库连接池的使用。

Druid 是阿里巴巴旗下开源的数据库连接池项目，其功能强大，性能也比较优秀。下面讲解 Druid 的使用步骤。

1. 导入 Druid 依赖包

在项目的 pom.xml 文件中添加 Druid 的相关依赖，具体如下所示。

```
1  <!--Druid 的相关依赖-->
2  <dependency>
3    <groupId>com.alibaba</groupId>
4    <artifactId>druid</artifactId>
5    <version>1.2.16</version>
6  </dependency>
```

2. 创建配置文件

在项目的 src/main/resources 文件夹下新建配置文件 druid.properties，用于存放数据库连接信息，具体如文件 9-3 所示。

文件 9-3　druid.properties

```
1  driverClassName=com.mysql.cj.jdbc.Driver
2  url=jdbc:mysql://localhost:3306/jdbc_demo?useSSL=true&
3         serverTimezone=UTC
4  username=root
5  password=root
6  # 初始化连接数量
7  initialSize=5
8  # 最大连接数
9  maxActive=10
10 # 最大等待时间
11 maxWait=3000
```

3. 创建数据库连接池并获取连接对象

Druid 提供了一个用于创建和管理数据库连接池的工厂类 DruidDataSourceFactory，该类提供了用于创建数据库连接池对象的方法 createDataSource()，该方法的使用格式如下。

```
DataSource createDataSource(Properties properties)
```

在上述格式中，createDataSource()方法接收了一个 Properties 类型的对象作为参数，该对象包含数据库连接的各种配置信息。

下面通过代码创建数据库连接池并获取数据库连接对象。在项目的 com.itheima.test 包下创建一个类 TestDruid，在该类中加载数据库连接的配置文件，并根据文件中的配置信息创建数据库连接池，然后通过数据库连接池对象获取数据库连接对象。具体如文件 9-4 所示。

文件 9-4　TestDruid.java

```
1  import com.alibaba.druid.pool.DruidDataSourceFactory;
2  import javax.sql.DataSource;
3  import java.io.FileInputStream;
4  import java.sql.Connection;
5  import java.util.Properties;
6  public class TestDruid {
7      public static void main(String[] args) throws Exception {
8          //加载配置文件
9          Properties prop = new Properties();
10         FileInputStream propIn = new
11                 FileInputStream("src/main/resources/druid.properties");
12         prop.load(propIn);
13         //创建数据库连接池
14         DataSource dataSource =
15                 DruidDataSourceFactory.createDataSource(prop);
16         //获取数据库连接对象并输出
17         Connection conn = dataSource.getConnection();
18         System.out.println("获取到的数据库连接对象：\n" + conn);
19     }
20 }
```

在上述代码中，第 9～12 行代码用于获取并加载文件 druid.properties 中的配置信息；第 14、15 行代码用于创建数据库连接池；第 17、18 行代码用于获取数据库连接对象并输出。

运行文件 9-4，效果如图 9-5 所示。

从图 9-5 中可以看到，控制台输出了一个 com.mysql.cj.jdbc.ConnectionImpl 对象，该对象就是从数据库连接池中获取到的一个数据库连接对象。

图9-5　文件9-4 的运行效果

9.4　DbUtils

JDBC 对 Java 程序访问数据库进行了规范，它提供了查询和更新数据库中数据的方法。然而，如果直接使用 JDBC 开发，向 SQL 语句中传递参数值以及处理结果集时会比较烦琐，冗余代码较多。因此，可以将 JDBC 常用的一些功能进行封装，提高 JDBC 编程的效率。

Apache 组织提供了一个开源的 JDBC 工具类库 Commons DbUtils，本书后续简称 DbUtils。DbUtils 对 JDBC 进行了简单的封装，极大地简化了 JDBC 对数据库中数据的增删改查等操作。下面对 DbUtils 提供的类和核心接口进行讲解。

1. QueryRunner 类

QueryRunner 类提供了对 SQL 语句进行操作的 API，它封装了查询、插入、更新和删除等数据库操作方法，可以更方便地进行数据库操作，让开发人员能够更专注于业务逻辑而不用去处理复杂的数据库操作细节。QueryRunner 类的常用方法如表 9-6 所示。

表 9-6　QueryRunner 类的常用方法

方法	描述
QueryRunner()	用于创建一个与数据库无关的 QueryRunner 对象，后续再操作数据库时，需要手动提供一个 Connection 对象
QueryRunner(DataSource ds)	用于根据数据源 ds 创建 QueryRunner 对象
int update(Connection conn, String sql, Object... params)	用于执行增加、删除和更新数据等操作，其中，传入的参数 params 会赋给 SQL 语句的占位符，并根据数据库连接对象执行 SQL 语句
int update(String sql, Object... params)	用于执行增加、删除和更新数据等操作，它和上一个方法的区别在于它需要从构造方法的数据源 DataSource 中获得 Connection 对象
query(Connection conn, String sql, ResultSetHandler<T> rsh, Object... params)	用于执行表中数据的查询操作，其中，传入的 params 参数会赋给 SQL 语句的占位符，并使用结果集处理器 rsh 处理查询结果
query(String sql, ResultSetHandler<T> rsh, Object... params)	用于执行表数据的查询操作，它与上一个方法的区别在于它需要从构造方法的数据源 DataSource 中获得 Connection 对象

在表 9-6 的后 4 个方法中，参数 params 是可选的，也就是说，当 SQL 语句中没有占位符时，不需要传入参数 params。

2. ResultSetHandler 接口

ResultSetHandler 接口是一个用于处理 JDBC 查询操作结果集的接口，它定义了一系列方法来将结果集中的数据转换为特定的对象或数据结构，从而使程序能够更方便地处理和使用这些数据。为了满足对结果集进行多种形式的封装的需求，DbUtils 中提供了很多 ResultSetHandler 接口的实现类，常见的如下所示。

① ArrayHandler：将结果集中的第一条记录封装到一个 Object[]数组中，数组中的元素分别表示该记录中每一个字段的值。

② ArrayListHandler：将结果集中的所有记录封装到 List<Object[]> 集合中，其中每个 Object[]数组表示一条记录。

③ BeanHandler：将结果集中的第一条记录封装到一个指定的 JavaBean 对象中。

④ BeanListHandler：将结果集中的每一条记录封装到指定的 JavaBean 对象中，再将这些 JavaBean 对象封装到 List 集合中。

⑤ ColumnListHandler：将结果集中指定字段的值封装到一个 List 集合中。

⑥ ScalarHandler：将结果集的第一行第一列的值封装到一个 Object 对象中。

为了帮助读者更好地理解如何使用 DbUtils 简化 JDBC 操作，下面通过一个案例演示 DbUtils 的使用。在该案例中使用 QueryRunner 类查询 jdbc_demo 数据库下 t_space 表中的数据，并将查询结果封装到指定 JavaBean 类型的集合中，具体如下。

（1）引入依赖

在项目的 pom.xml 文件中添加 DbUtils 的依赖，具体如下。

```
1  <!--DbUtils 的依赖-->
2  <dependency>
3    <groupId>commons-dbutils</groupId>
4    <artifactId>commons-dbutils</artifactId>
5    <version>1.7</version>
6  </dependency>
```

（2）创建实体类

在项目的 com.itheima.test 包下创建一个实体类 Space，它用于封装从数据库查询到的结果。在该类中定义 4 个成员变量，成员变量的名称需要与 t_space 表中的字段名称匹配，具体如文件 9-5 所示。

文件 9-5　Space.java

```
1  import java.util.Date;
2  public class Space {
3      private int id;                //编号
4      private String name;           //名称
5      private String type;           //类型
6      private Date launchTime;       //发射时间
7      //省略属性的 getter 和 setter 方法，以及 toString()方法
8  }
```

（3）创建测试类

在项目的 com.itheima.test 包下创建一个测试类 TestDbUtils，用于查询表 t_space 中的所有数据并将其封装到 Space 类型的集合中。具体如文件 9-6 所示。

文件 9-6　TestDbUtils.java

```
1  import java.sql.*;
2  import org.apache.commons.dbutils.QueryRunner;
3  import org.apache.commons.dbutils.handlers.BeanListHandler;
4  import java.util.List;
5  public class TestDbUtils {
```

```
6      public static void main(String[] args) {
7          String url = "jdbc:mysql://localhost:3306/jdbc_demo";
8          String username = "root";
9          String password = "root";
10         try {
11             //获取数据库连接对象
12             Connection conn = DriverManager.getConnection(url, username,
13                 password);
14             String sql = "SELECT * FROM t_space";
15             //执行查询操作并封装结果
16             QueryRunner queryRunner = new QueryRunner();
17             List<Space> spaces = queryRunner.query(conn, sql,
18                 new BeanListHandler<>(Space.class));
19             //输出查询到的数据
20             for (Space s : spaces) {
21                 System.out.println(s);
22             }
23         } catch (SQLException e) {
24             e.printStackTrace();
25         }
26     }
27 }
```

在上述代码中，第 12～13 行代码用于获取数据库连接对象；第 16 行代码用于创建 QueryRunner 对象；第 17～18 行代码通过 QueryRunner 对象执行查询操作并将查询结果封装到 Space 类型的 List 集合中；第 20～22 行代码遍历 List 集合输出查询结果。

运行文件 9-6，效果如图 9-6 所示。

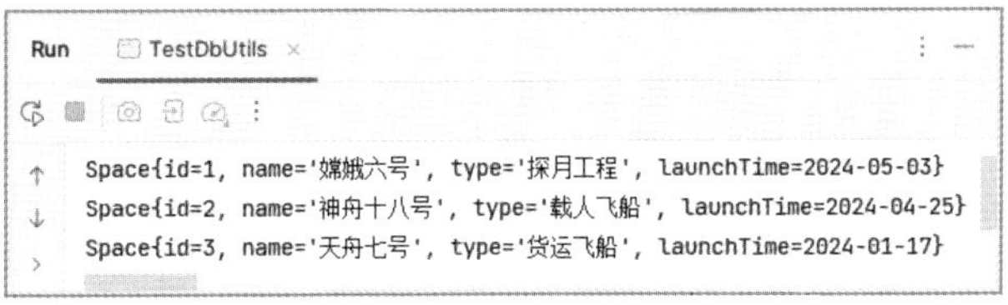

图9-6　文件9-6的运行效果

从图 9-6 可以看到，控制台中输出了表 t_space 中的数据。这说明通过 QueryRunner 类和 ResultSetHandler 接口成功实现 JDBC 的数据库查询操作。

在 JDBC 编程时，传递给占位符的参数的准确性和 SQL 语句的严谨性对于确保程序结果的正确性和系统的稳定性至关重要。在日常开发中，我们应当以极高的责任感和细致入微的态度来对待每一个细节。这是因为，每一个小的疏忽或错误都可能引发意想不到的问题，甚至可能影响整个系统的正常运行。

AI 编程任务：服装数据后台管理

请扫描二维码，查看任务的具体实现过程。

9.5　本章小结

本章主要对数据库编程进行了讲解。首先讲解了 JDBC 的基础知识，包括 JDBC 概述和常用 API；然后讲解了 JDBC 编程；接着讲解了数据库连接池；最后讲解了一个 JDBC 工具类库 DbUtils。通过本章的学习，读者可以对 JDBC 有较为深入的了解，为后续 Web 项目的开发奠定基础。

9.6　课后习题

请扫描二维码，查看课后习题。

第 10 章

综合项目——网上衣橱

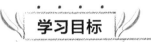

学习目标

知识目标	掌握项目概述，能简述网上衣橱系统的主要功能模块。
技能目标	1. 了解项目开发准备工作，能够简述项目的数据库设计，并完成项目工程搭建。 2. 掌握注册和登录功能的开发方法，能够实现前台用户端的用户注册和登录，以及后台管理端的管理员登录。 3. 掌握前台用户端功能的开发方法，能够实现服装查询功能、服装详情功能、购物车功能、我的订单功能以及个人中心功能。 4. 掌握后台管理端功能的开发方法，能够实现服装管理功能、订单管理功能以及用户管理功能。

通过对前面章节的学习，相信读者已经掌握了 Java Web 开发的基础知识，包括如何构建动态网页、处理用户请求、管理数据库等。为了帮助读者将这些理论知识应用到实际项目中，并进一步提高实战能力，本章将结合 Vue 前端框架和 Servlet 后端处理技术，开发一个名称为"网上衣橱"的电商购物系统，加深读者对 Java Web 基础知识的理解，并带领读者掌握 Web 开发的基本流程。

10.1 项目概述

在当今数字化时代，网上购物已经深度融入人们的日常生活，成为不可或缺的消费方式。越来越多的商家借助网络平台，打破了时间与空间的限制，实现了全天候、无界限的销售。网上购物凭借其价格透明、品种丰富以及便捷性强的优势，让人们足不出户就能货比三家，既提高了消费者的购物体验，又促进了经济的繁荣发展。本章开发的网上衣橱是一个综合性的电商购物系统，不仅支持用户在线挑选并购买心仪的服装等功能，还支持管理员上架新品、管理服装及用户数据、处理订单等功能。下面对项目的功能结构和功能预览进行讲解。

10.1.1 项目功能结构

网上衣橱系统旨在为用户提供一个便捷、直观的在线购物平台，它分为前台用户端和后台管理端，前台用户端包含的功能有用户注册、用户登录、服装查询、服装详情、购物车、我的订单，以及个人中心；后台管理端包含的功能有管理员登录、服装管理、订单管理和用户管理。网上衣橱的功能结构如图 10-1 所示。

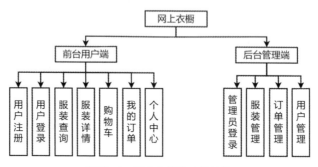

图10-1 网上衣橱的功能结构

10.1.2 项目功能预览

为了让读者对网上衣橱项目有整体、直观的认识，下面对网上衣橱的功能进行展示，具体如下。

1. 前台用户端

（1）用户注册

用户想要将服装加入购物车并进行购买需要先登录账号，如果没有账号需要先进行注册，注册时需要输入用户名、密码、手机号、地址，注册页面如图 10-2 所示。

图10-2 注册页面

（2）用户登录

注册完账号后可以进行登录，登录时可以根据用户名和密码或者手机号和密码进行登录，登录页面如图 10-3 所示。

图10-3　登录页面

（3）服装查询

用户在访问网上衣橱系统时，首先会进入系统首页，系统首页在打开时会查询所有上架的服装。用户可以浏览服装并查看某件服装的详情，还可以根据服装名称查询服装。此外，在该页面中还可以通过菜单栏查看指定类别、指定风格的服装，以及进入购物车、我的订单、个人中心、登录和注册界面。系统首页如图 10-4 所示。

图10-4　系统首页

（4）服装详情

用户想要查看服装详情时，单击对应服装下的"查看详情"按钮即可进入服装详情页，在详情页可以查看服装的风格、类别，可以选择服装的尺码并将服装加入购物车。服装详情页如图 10-5 所示。

图10-5　服装详情页

（5）购物车

用户登录账号后，可以将心仪的服装加入购物车，并且可以查看购物车中的服装。在购物车页面可以修改所购买服装的数量、从购物车中将服装删除以及进行批量结算。购物车页面如图 10-6 所示。

（6）我的订单

当用户在购物车中进行了结算操作后，这些商品会存放在我的订单中，并且默认处于未支付状态。用户的订单可以分为未支付、未发货、已发货和已收货 4 种状态，在订单中可以支付商品，支付成功后会由管理员进行发货操作，已发货的商品用户可以进行收货操作。在我的订单页面可以查看各种状态下的订单，如图 10-7 所示。

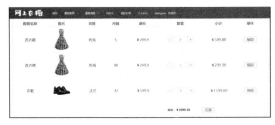

图10-6　购物车页面

图10-7　我的订单页面

（7）个人中心

用户可以进入个人中心查看个人信息，并对个人信息进行修改，个人中心页面如图 10-8 所示。

图10-8　个人中心页面

2. 后台管理端

（1）管理员登录

后台管理端只有在管理员登录后才能进行访问，可以通过用户名和密码或者手机号和密码进行登录，管理员登录页面如图 10-9 所示。

（2）服装管理

管理员登录成功后可以进行服装管理，包括查看所有服装信息，根据服装名称、风格、类别进行多条件或单条件查询服装、上架服装、修改服装信息、删除服装信息等。服装管理页面如图 10-10 至图 10-12 所示。

图10-9　管理员登录页面

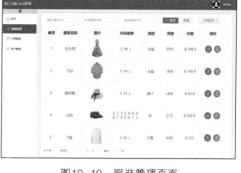

图10-10　服装管理页面

图10-11　上架服装

图10-12　修改服装

（3）订单管理

管理员可以进行订单管理，包括查询所有订单，根据下单的用户名和订单状态进行多条件或单条件查询订单的操作；还可以对未发货的订单进行发货操作。订单管理页面如图 10-13 所示。

图10-13　订单管理页面

（4）用户管理

管理员可以对普通用户（除管理员外的用户）进行管理，包括添加用户、删除用户、修改用户信息、根据用户名和手机号查找用户。用户管理页面如图 10-14 所示。

图10-14　用户管理页面

由于添加用户和修改用户信息的界面比较简单，考虑到篇幅原因，这里不进行展示。

10.2　项目开发准备工作

项目开发准备工作的具体实现请扫描二维码查看。

10.3　前台用户端

前台用户端相关功能的具体实现请扫描二维码查看。

10.4　后台管理端

后台管理端相关功能的具体实现请扫描二维码查看。

10.5　本章小结

本章主要基于 Vue 和 Servlet 实现了一个电商购物系统——网上衣橱。通过本章的学习，读者可以更好地了解 Java Web 项目的开发流程，包括如何接收并处理前端请求、实现与数据库的各种交互，以及前后端数据的传递流程。在本章项目的学习过程中，读者务必积极动手实践，以更好地体验项目的开发流程以及项目需求的实现。

第 **11** 章

Java企业级开发框架入门

学习目标

知识目标	1. 了解 Spring 框架，能够简述 Spring 框架的作用和其常见的核心概念。 2. 了解 Spring MVC 框架，能够说出 Spring MVC 的核心组件及其概念。 3. 了解 Spring Boot 框架，能够简述 Spring Boot 框架的特性，以及创建 Spring Boot 项目的方式。 4. 了解 MyBatis 框架，能够简述 MyBatis 框架的作用和核心组成要素。
技能目标	1. 掌握 Bean 的定义与实例化的相关知识，能够基于注解和 Java 配置类定义 Bean，并获取 Bean 的实例。 2. 掌握依赖注入的相关知识，能够使用注解实现依赖注入。 3. 掌握请求映射的相关知识，能够通过@RequestMapping 注解实现 Spring MVC 的请求映射。 4. 掌握参数获取和响应处理方法，能够获取各种类型的请求参数并处理请求，然后返回响应数据或执行页面跳转。 5. 掌握 Spring MVC 程序开发方法，能够独立开发 Spring MVC 程序。 6. 掌握 Spring Boot 配置文件的相关知识，能够基于 application.properties、application.yml 配置项目的信息。 7. 掌握 MyBatis 映射文件的相关知识，能够在 MyBatis 映射文件中定义增删改查语句及结果集映射。 8. 掌握动态 SQL 的相关知识，能够熟练使用 MyBatis 提供的动态 SQL 标签动态地拼接 SQL 语句。

  虽然使用 Servlet 和 JDBC 能够从零开始构建一个 Web 应用程序，但这种方式在开发大型、复杂的 Java 企业级应用时具有一定的局限性，例如需要手动处理很多底层细节，需要编写大量的样板代码来处理 HTTP 请求及完成数据库交互等。为了解决这些问题，很多技术厂商提供了一系列优秀的开发框架，这些框架封装了底层的技术细节，并提供了丰富的功能和工具，极大简化了开发流程，使开发人员可以更加专注于业务逻辑的实现。本章将对常见的 Java 企业级开发框架进行讲解。

11.1　Spring 框架快速入门

自面世以来，Spring 框架赢得了开发者社群的广泛喜爱，是 Java 企业级应用开发领域开发者的首选技术之一。发展至今，Spring 已成为 Java EE 领域的标志性存在，已成为构建高质量 Java 企业级应用的事实标准，引领着技术发展的潮流。本节将带领读者快速入门 Spring 框架。

11.1.1　Spring 框架概述

Spring 框架是一个轻量级的 Java 应用程序框架，旨在简化 Java 企业级应用的开发。Spring 框架采用了 IoC（Inversion of Control，控制反转）容器和 AOP（Aspect-Oriented Programming，面向方面的程序设计，也称为面向切面编程）的概念，通过依赖注入、面向切面编程等机制，大大简化了开发过程。

学习 Spring 框架之前，很有必要对 Spring 框架的概念进行了解，其常见的核心概念如下。

1. IoC 和 DI

IoC 是一种设计原则，它改变了传统程序设计中对象之间直接依赖的方式，将对象的创建和管理交由容器来负责，程序员只需要描述对象之间的依赖关系，而容器负责实例化对象、管理对象的生命周期以及注入依赖关系。

Spring 框架提供了实现 IoC 设计原则的 IoC 容器，通常所说的 Spring 容器指的就是 Spring 框架中的 IoC 容器。

DI（Dependency Injection 的缩写，中文翻译为依赖注入）是 IoC 的一种实现方式，它是指在 Spring 容器创建对象时，将一个对象依赖的其他对象（也称作依赖项或依赖关系）注入该对象中，从而实现松耦合的代码设计。

2. Bean

在 Spring 框架中，Bean 是指由 Spring 容器管理的对象实例，由 Spring 框架的 IoC 容器创建和管理。开发人员可以在配置文件或配置类中定义 Bean 的属性和依赖关系，IoC 容器根据配置信息实例化 Bean，并将其加入容器中进行管理。

3. AOP

AOP 支持在不修改源代码的基础上对程序的方法进行增强。AOP 将跨多个业务流程的通用功能（如日志记录、事务处理、异常处理等）抽取并单独封装，形成独立的切面，在合适的时机将这些切面切入业务流程指定位置，从而提高代码的可重用性，优化程序结构。

IoC 容器是 Spring 框架的核心组成部分，它负责管理应用程序中 Bean 的生命周期和依赖关系的注入，并担负着根据 Bean 的定义和配置信息创建 Bean 的实例、实现 Bean 的依赖注入等核心职责。

Spring 提供了两种 IoC 容器实现方式，分别是使用 BeanFactory 接口和使用 ApplicationContext 接口，下面简单介绍这两个接口。

1. BeanFactory

BeanFactory 是 IoC 容器最基础的接口之一，它在应用程序启动时不会实例化 Bean，只有在请求某个 Bean 时才会对该 Bean 进行实例化与依赖注入。

2. ApplicationContext

ApplicationContext 是 BeanFactory 的子接口，它提供了更多高级的特性。ApplicationContext 接口有多个实现类，这些实现类通常作为 IoC 容器应用于不同场景，其中常见的实现类如下。

① ClassPathXmlApplicationContext：用于从类路径下的 XML 配置文件中加载 Bean 的定义和配置信息，并通过解析配置信息初始化 Bean。该类适用于 XML 配置文件位于类路径下的情况。

② FileSystemXmlApplicationContext：用于从文件系统中的 XML 配置文件中加载 Bean 的定义和配置信息，并通过解析配置信息初始化 Bean。该类适用于 XML 配置文件位于文件系统上任意位置的情况。

③ AnnotationConfigApplicationContext：用于从 Java 配置类中加载 Bean 的定义和配置信息，并通过解析配置信息初始化 Bean。该类适用于基于 Java 配置类进行配置的情况。

ApplicationContext 接口的不同实现类适用于不同场景下的 Spring 应用程序开发，开发人员可以根据项目需求选择不同的实现类以实现 Bean 的管理。

11.1.2　Bean 的定义与实例化

Bean 的定义与实例化是指在 Spring 的配置文件或配置类中指定一个 Bean 并提供 Bean 的配置信息，从而告诉 Spring 容器如何实例化和管理该 Bean。

Spring 提供了 3 种定义 Bean 的方式，分别是基于 XML 配置文件定义 Bean、基于注解定义 Bean 和基于 Java 配置类定义 Bean。这 3 种方式中，基于 XML 配置文件定义 Bean 时需要编写大量的 XML 代码，过程较为烦琐。因此目前更常用的做法是基于注解和基于 Java 配置类定义 Bean。下面讲解这两种定义 Bean 的方式。

1. 基于注解定义 Bean

基于注解定义 Bean 是 Spring 2.5 及之后版本提供的一种方式。Spring 提供了一系列组件扫描注解，包括@Component 和它的一些派生注解，如@Controller、@Service、@Repository 等，这些注解可以直接添加在 Java 类上，用于标识这些 Java 类为 Spring 容器管理的 Bean，具体如表 11-1 所示。

表 11-1　@Component 和它的一些派生注解

注解	描述
@Component	用于标识类为 Spring 中的 Bean
@Controller	用于将控制层的类标识为 Spring 中的 Bean
@Service	指定一个业务逻辑组件 Bean，用于将业务逻辑层的类标识为 Spring 中的 Bean
@Repository	指定一个数据访问组件 Bean，用于将数据访问层的类标识为 Spring 中的 Bean

为了让 Spring 能够将标注@Component 和它的派生注解的类注册为 Spring 容器中的 Bean，需要在 Spring 的配置中指定扫描这些注解的组件。Spring 提供@ComponentScan 注解和<context:component-scan>标签两种方式来启用组件扫描，扫描示例如下。

```
<!--@ComponentScan 注解扫描包 -->
@ComponentScan(basePackages = {"com.itheima"})
<!-- <context:component-scan>标签扫描包 -->
<context:component-scan base-package="com.itheima" />
```

上述代码用于指定 Spring 程序启动时自动扫描 com.itheima 包及其子包下的所有类，如果在扫描过程中发现了标注@Component 和它的派生注解的类，就会将这些类自动注册为 Spring 容器中的 Bean。

2. 基于 Java 配置类定义 Bean

基于注解能够简洁直观地定义 Bean，但是如果 Bean 在初始化过程中需要进行一些复杂操作，这种定义方式就会有局限性。对此，可以基于 Java 配置类定义 Bean。

Spring 提供了@Configuration 注解，它用于将一个 Java 类标记为配置类，在配置类中使用@Bean 注解标注创建和初始化 Bean 的方法，该方法返回一个 Bean 实例，并自动将其注册到 Spring 容器中，该 Bean 的名称默认为方法名。同时，在配置类上可以使用@ComponentScan 注解指定加载该配置类时需要扫描的包或类。

基于 Java 配置类定义 Bean 的示例如下。

```
1   @Configuration
2   @ComponentScan("com.itheima")
3   public class AppConfig {
4       @Bean
5       public User user() {
6           User user = new User();
7           user.setName("张三");
8           return user;
9       }
10  }
```

在上述代码中，第 1 行代码通过@Configuration 注解将 AppConfig 类标记为配置类；第 2 行代码指定配置类加载时将扫描 com.itheima 包及其子包下的所有类；第 4~9 行代码定义了方法 user()，该方法负责创建 User 对象，以及设置其属性值并将其返回，其中，第 4 行代码通过@Bean 注解声明 user()方法将返回一个由 Spring 容器管理的 Bean。

基于 Java 配置类定义 Bean 可以提供更灵活的编程方式，而基于注解定义 Bean 可以简化代码，使代码更加清晰。在实际开发中，可以结合这两种方式定义 Bean，从而构建更加高效和灵活的 Spring 应用程序。

定义完 Bean 后，可以通过加载 Java 配置类来初始化 Spring 容器，Spring 容器会自动实例化并管理这些 Bean。BeanFactory 接口提供了从 Spring 容器中获取 Bean 实例的方法 getBean()，该方法可以传入 Bean 的名称或类型从而获取对应的 Bean 实例。加载 Java

配置类并获取 Bean 实例的示例如下。

```
1  AnnotationConfigApplicationContext context=
2      new AnnotationConfigApplicationContext(AppConfig.class);
3  User user = (User)context.getBean("user");
```

在上述代码中，第 1、2 行代码用于加载配置类 AppConfig 并初始化 Spring 容器；第 3 行代码用于从 Spring 容器中获取名称为 user 的 Bean 实例，获取到该 Bean 实例后，可以对其执行一些业务逻辑和操作。

此外，AnnotationConfigApplicationContext 类还提供了一个接收包名作为参数的构造方法，它允许通过包扫描的方式直接注册带有组件扫描注解的 Bean，而无须再使用 XML 配置文件指定扫描组件的包目录，示例如下。

```
AnnotationConfigApplicationContext context = new
    AnnotationConfigApplicationContext("com.itheima");
```

上述代码中，AnnotationConfigApplicationContext 将会扫描 com.itheima 包及其子包下所有带有组件扫描注解的类，并将它们注册为 Spring 容器中的 Bean。

11.1.3　依赖注入

依赖注入是指 Spring 容器通过外部配置或代码将依赖对象注入需要使用它们的 Bean 中，从而实现 Bean 之间的解耦合、灵活组装。在 Spring 框架中，依赖注入可以通过 XML 配置文件或注解来实现。其中，使用 XML 配置文件进行依赖注入可能需要编写大量的 XML 代码，导致配置文件比较臃肿。而使用注解进行依赖注入会使代码更加简洁且易于维护，下面讲解如何使用注解进行依赖注入。

Spring 框架中用于依赖注入的注解如表 11-2 所示。

表 11-2　Spring 框架中用于依赖注入的注解

注解	描述
@Autowired	用于自动注入 Bean
@Resource	用于根据名称或类型来注入 Bean
@Qualifier	用于指定要自动注入的对象的名称，通常与@Autowired 联合使用

表 11-2 中，@Autowired 注解可以被用于字段、构造方法或 setter 方法上，这 3 种使用场景分别对应字段注入、构造方法注入和 setter 方法注入 3 种依赖注入方式，具体如下。

（1）字段注入

字段注入的示例如下。

```
1  @Component
2  public class MyComponent {
3      @Autowired
4      private MyService myService;
5  }
```

（2）构造方法注入

构造方法注入的示例如下。

```
1  @Component
2  public class MyComponent {
3      private MyService myService;
4      @Autowired
5      public MyComponent(MyService myService) {
6          this.myService = myService;
7      }
8  }
```

（3）setter 方法注入

setter 方法注入的示例如下。

```
1  @Component
2  public class MyComponent {
3      private MyService myService;
4      @Autowired
5      public void setMyService(MyService myService) {
6          this.myService = myService;
7      }
8  }
```

在以上示例中，Spring 容器会自动寻找 MyService 类型的 Bean，并将其注入 @Autowired 注解标注的字段、构造方法和 setter 方法中。

下面通过案例演示如何基于注解定义 Bean 并通过字段注入的方式进行 Bean 的依赖注入。具体如下。

（1）创建项目并引入依赖

截至本书编写时，Spring 框架最新的正式发布版本为 Spring 6.1.11，因此本书基于该版本进行知识的讲解。在 IDEA 中创建名称为 chapter11_spring 的 Maven 项目，导入 Spring 框架相关的依赖，具体如文件 11-1 所示。

文件 11-1　pom.xml

```
1  <?xml version="1.0" encoding="UTF-8"?>
2  <project xmlns="http://maven.apache.org/POM/4.0.0"
3          xmlns:xsi="http://www.w3.org/2001/XMLSchema-instance"
4          xsi:schemaLocation="http://maven.apache.org/POM/4.0.0
5                  http://maven.apache.org/xsd/maven-4.0.0.xsd">
6      <modelVersion>4.0.0</modelVersion>
7      <groupId>com.itheima</groupId>
8      <artifactId>chapter11_spring</artifactId>
```

```
9       <version>1.0-SNAPSHOT</version>
10      <properties>
11          <maven.compiler.source>17</maven.compiler.source>
12          <maven.compiler.target>17</maven.compiler.target>
13          <project.build.sourceEncoding>UTF-8
14                  </project.build.sourceEncoding>
15      </properties>
16      <dependencies>
17          <dependency>
18              <groupId>org.springframework</groupId>
19              <artifactId>spring-context</artifactId>
20              <version>6.1.11</version>
21          </dependency>
22      </dependencies>
23  </project>
```

（2）创建 UserDao 类

在项目的 src/main/java 目录下创建包 com.itheima.dao，在该包下定义 UserDao 类，并使用@Respository 注解标记该类。在 UserDao 类中定义 saveUser()方法，并在该方法中输出提示该方法被成功执行的提示信息，具体如文件 11-2 所示。

文件 11-2　UserDao.java

```
1  import org.springframework.stereotype.Repository;
2  @Repository
3  public class UserDao {
4     public void saveUser(){
5         System.out.println("UserDao 成功执行 saveUser()方法！");
6     }
7  }
```

上述代码中，第 2 行代码使用@Repository 注解标记 UserDao 类，当 Spring 应用通过组件扫描功能扫描到该类时，Spring 会将 UserDao 类识别为 Bean，并将其注册到 Spring 容器中。

（3）创建 UserService 类

在项目的 src/main/java 目录下创建包 com.itheima.service，在该包下定义 UserService 类，并使用@Service 注解标记该类。在 UserService 类中使用@Autowired 注解自动注入 UserDao 对象，并调用该对象的 saveUser()方法，具体如文件 11-3 所示。

文件 11-3　UserService.java

```
1  import com.itheima.dao.UserDao;
2  import org.springframework.beans.factory.annotation.Autowired;
3  import org.springframework.stereotype.Service;
```

```
4    @Service
5    public class UserService {
6        @Autowired
7        private UserDao userDao;
8        public void saveUser(){
9            System.out.println("UserService 成功执行 saveUser()方法！");
10           userDao.saveUser();
11       }
12   }
```

上述代码中，第 4 行代码使用@Service 注解标记 UserService 类，当该类被 Spring 扫描组件扫描到时，该类将会被注册为 Spring 容器中的 Bean；第 6 行代码使用@Autowired 注解自动注入 UserDao 类对应的 Bean 实例。

（4）编写测试类

在项目的 com.itheima 文件夹下创建测试类 AutowiredTest，在测试类中定义 main() 方法，在 main()方法中扫描 com.itheima 包及其子包初始化 Spring 容器，在容器中获取 UserService 实例并执行其 saveUser()方法，具体如文件 11-4 所示。

文件 11-4　AutowiredTest.java

```
1    import com.itheima.service.UserService;
2    import org.springframework.context.annotation.
3        AnnotationConfigApplicationContext;
4    public class AutowiredTest {
5        public static void main(String[] args) {
6            //初始化 Spring 容器
7            AnnotationConfigApplicationContext context = new
8                AnnotationConfigApplicationContext("com.itheima");
9            //获取名称为 userService 的 Bean 实例
10           UserService userService = (UserService)
11               context.getBean("userService");
12           userService.saveUser();
13       }
14   }
```

在上述代码中，第 7、8 行代码用于初始化 Spring 容器；第 10、11 行代码用于从容器中获取名称为 userService 的 Bean 实例；第 12 行代码调用该 Bean 实例的 saveUser()方法。

运行文件 11-4，结果如图 11-1 所示。

从图 11-1 可以看到，控制台依次输出了 UserService 和 UserDao 成功执行 saveUser() 方法的提示信息，这说明基于 UserDao 和 UserService 创建的 Bean 都注册到了 Spring 容器中，并且 UserDao 类对应的 Bean 实例成功注入到了 UserService 类的 userDao 属性中。

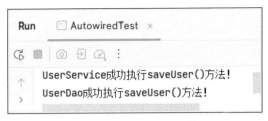

图11-1 文件11-4的运行效果

11.2 Spring MVC 框架快速入门

Spring MVC 是一个遵循 MVC（Model-View-Controller，模型-视图-控制器）设计模式的轻量级 Web 应用开发框架，它不仅践行了 MVC 的分离原则，还通过精简的架构设计与出色的执行效率，优化了 Web 应用程序的构建过程，是当前 Web 开发领域中最为推崇的主流框架之一。本节将带领读者快速入门 Spring MVC 框架。

11.2.1 Spring MVC 框架简介

Spring MVC 是 Spring 框架中的一个模块，其核心功能是接收和处理请求，并返回响应结果。Spring MVC 通过灵活的配置和高度可定制的特性，极大地提高了 Web 开发的效率和便捷性。

Spring MVC 实现接收请求、处理请求、响应请求等功能离不开它的一些核心组件，下面简单介绍 Spring MVC 的核心组件。

① DispatcherServlet：前端控制器。它负责接收客户端请求并将其分发到相应的控制器进行处理。

② HandlerMapping：处理器映射器。它负责根据请求的 URL、HTTP 方法等信息找到对应的处理器，处理器通常是指控制器中的方法。

③ HandlerAdapter：处理器适配器。它负责调用具体的控制器方法，并将请求参数绑定到控制器方法的参数上。

④ Controller：控制器。它负责在 DispatcherServlet 的调度下处理客户端请求，并根据处理结果返回视图名称或模型数据。

⑤ ViewResolver：视图解析器。它负责将逻辑视图名称解析为实际的视图对象，ViewResolver 根据视图名称查找对应的视图，并将其返回给 DispatcherServlet 以便呈现给客户端。

⑥ View：视图，用于呈现响应的组件。它负责将模型数据渲染为最终的输出。在 Spring MVC 中，视图可能是一个 JSP 页面、FreeMarker 模板、Thymeleaf 模板等。

上述这些核心组件共同完成了 Spring MVC 的工作流程。当请求由前端控制器接收后，通过处理器映射器找到对应的控制器，处理器适配器调用控制器的方法处理请求，并返回模型数据和视图名称，视图解析器解析视图名称并找到具体的视图进行渲染，最后将渲染后的页面返回给客户端。

11.2.2　请求映射

Spring MVC 框架的核心功能在于高效地处理请求并生成响应，它提供了强大的请求映射功能，使得开发者能够轻松地将请求与控制器方法关联起来，从而实现对不同请求的精确处理。

在 Servlet 程序中，请求的 URL 与处理请求的 Servlet 类通过 Servlet 映射关联；而在 Spring MVC 框架中，请求映射是通过处理器映射器实现的。Spring MVC 框架提供了多种实现处理器映射器的方式，其中最常用的是 RequestMappingHandlerMapping，它通过@RequestMapping 注解来实现请求映射。

通过@RequestMapping 注解可以指定请求的 URL、HTTP 方法、参数等，以实现请求的精细化处理。为了实现不同层级的请求分发和处理，@RequestMapping 注解可以标注在类上，也可以标注在方法上。当该注解标注在类上时，它为该类中的所有控制器方法指定了一个共享的路径前缀；当该注解标注在方法上时，它直接指定了该控制器方法处理的请求路径。@RequestMapping 注解标注在类和方法上的示例如下。

```
1  @Controller
2  @RequestMapping("/users")
3  public class UserController {
4      @RequestMapping("/all")
5      public String getAllUser () {
6          //处理逻辑
7          return "/user.jsp";
8      }
9  }
```

在上述代码中，第 1 行代码用于指示 UserController 类是一个控制器类；第 2 行代码通过@RequestMapping 注解为 UserController 类中所有的控制器方法定义了统一的路径前缀；第 4 行代码通过@RequestMapping 注解指定了 getAllUser()方法处理的请求路径。这样一来，当客户端请求路径为/users/all 时，Spring MVC 会找到 UserController 类中的 getAllUser()方法来处理这个请求。

为了更加细致和全面地指定请求映射的规则，@RequestMapping 注解还提供了一系列属性，常用属性如表 11-3 所示。

表 11-3　@RequestMapping 注解的常用属性

属性	类型	描述
name	String	可选属性，用于描述这个请求映射的用途或功能，并不会直接影响请求的处理逻辑
value	String[]	可选属性，用于指定请求的 URL 路径。当属性只有 URL 路径时，可以省略 value
path	String[]	可选属性，和 value 属性作用一致
method	RequestMethod[]	可选属性，用于指定控制器方法能够处理的 HTTP 请求方法的类型，包括 GET、POST、HEAD、OPTIONS、PUT、PATCH、DELETE 和 TRACE
params	String[]	可选属性，用于指定请求参数的条件，即指定请求中必须包含特定的参数

表 11-3 列举了@RequestMapping 注解的常用属性，其中的所有属性都是可选属性。除 name 属性外，其他属性都可以同时指定多个参数，下面通过示例演示这些属性的使用。

```
1  @Controller
2  @RequestMapping("/users")
3  public class UserController {
4      @RequestMapping(name = "getUserById", value = "/getUserById",
5              method = RequestMethod.GET, params = "id")
6      public String getUserById(int id){
7          System.out.println("获取 id 为" + id + "的用户");
8          return "/userDetail.jsp";
9      }
10 }
```

在上述代码中，第 4、5 行代码通过@RequestMapping 注解指定了方法 getUserById() 要处理请求路径为/users/getUserById、请求方法为 GET、携带参数 id 的请求。

为了简化请求映射的配置，从 Spring 4.3 开始，Spring MVC 框架提供了@RequestMapping 的特例化注解，其中常用的有@PostMapping、@GetMapping、@PutMapping 和@DeleteMapping，它们分别匹配基于 HTTP 的 POST 方法、GET 方法、PUT 方法和 DELETE 方法的请求，是 @RequestMapping 注解在指定 HTTP 方法时的简化写法。

11.2.3　参数获取和响应处理

在 Web 开发中，有效地处理请求和响应数据是构建功能完备、性能优良的 Web 应用的核心环节。Spring MVC 框架提供了强大的请求数据获取机制和响应数据返回机制，使得开发者可以轻松地获取并处理各种格式的请求参数、表单数据，并将响应数据以清晰的格式返回客户端。本小节将讲解 Spring MVC 的参数获取和响应处理的相关知识。

1. 参数获取

Spring MVC 支持获取多种格式的请求参数，下面介绍一些常见的参数及其获取方式。

（1）路径参数及其获取方式

路径参数通常出现在 RESTful 风格的 URL 中，用于表示资源的唯一标识。在 Spring MVC 中，可以使用@PathVariable 注解获取路径参数。例如，当请求路径为/user/{id}时，可以在控制器方法中定义一个带有@PathVariable 注解的形参 id 来接收路径参数 id，示例如下。

```
1  @GetMapping("/user/{id}")
2  public void findUserById(@PathVariable("id")Integer userId){
3      System.out.println(userId);
4  }
```

上述代码中，第 1 行代码指定了 findUserById()方法处理的请求路径为/user/{id}，其中，{id}为路径参数，在请求时会被具体的值替换；第 2 行代码通过@PathVariable("id") 注解标注了一个形参 userId，用于告诉 Spring MVC 从请求路径中提取名为 id 的路径变量的值，并将其注入形参 userId 中。

（2）查询参数及其获取方式

通常将位于请求的 URL "?" 之后的参数称为查询参数，查询参数以键值对的形式出现。在 Spring MVC 中，查询参数可以通过@RequestParam 注解获取。@RequestParam 注解提供了 4 个常用属性，具体如下。

① value：用于指定请求参数名称。

② name：与 value 属性作用一致。

③ required：用于指定参数是否必需。默认为 true，表示请求中必须包含指定的参数。

④ defaultValue：当请求中不包含对应参数，并且 required 属性设置为 false 时，defaultValue 用于指定参数的默认值。

使用@RequestParam 注解获取查询参数的示例如下。

```
1  @GetMapping("/user")
2  public void findUserByNameAndAge(@RequestParam("name") String name,
3      @RequestParam("age") int age){
4    System.out.println(name);
5    System.out.println(age);
6  }
```

在上述代码中，第 2 行代码中的@RequestParam 注解用于从请求中提取名称为 name 和 age 的查询参数，并将其分别绑定到方法的形参 name 和 age 上。

使用@RequestParam 注解除了可以获取基本数据类型的参数，还可以获取集合和数组类型的数据。当请求中包含多个同名的查询参数时，这些参数可以被绑定到数组或集合类型的参数上。获取集合类型的参数的示例如下。

```
1  @GctMapping("/nameList")
2  public void getUserList(@RequestParam("names") List<String> names){
3    for (String name : names) {
4        System.out.println(name);
5    }
6  }
```

上述代码中，第 2 行代码中的@RequestParam 注解用于当请求中包含多个名称为 names 的查询参数时，将这些参数自动绑定到形参集合 names 上。使用@RequestParam 注解获取数组类型的参数的方法与获取集合类型的参数的方法类似，此处不进行演示。

除了可以通过@RequestParam 注解逐个获取查询参数外，Spring MVC 还支持通过实体对象直接接收查询参数，并将查询参数绑定到与查询参数名称相同的对象属性上。假设现在有一个实体类 User，其中包含 name 和 age 两个属性，并且提供了对应的 getter 和 setter 方法。使用 User 对象接收查询参数的示例如下。

```
1  @RequestMapping("/userEntity")
2  public void findUser(User user){
```

```
3        System.out.println("name: " + user.getName());
4        System.out.println("age: " + user.getAge());
5    }
```

上述代码中，当请求中包含名称为 name 和 age 的查询参数时，Spring MVC 会自动将这两个参数绑定到 User 对象对应的属性上。

（3）JSON 格式参数的获取方式

在 Web 应用中，一些比较复杂的参数通常会转换为 JSON 格式并通过请求体传递过来。要想接收并处理 JSON 格式的请求体数据，需要进行一些配置，首先引入支持 Java 对象与 JSON 数据相互转换的依赖（如 Jackson、Gson、Fastjson）；然后配置注解驱动，以便框架能够识别并解析 JSON 数据。

在引入 JSON 转换依赖并配置注解驱动后，可以通过 Spring MVC 提供的@RequestBody 注解将 JSON 格式的请求体数据绑定到 Java 对象上。假设现在有一个实体类 User，其中包含 name 和 age 两个属性，并且提供了对应的 getter 和 setter 方法。将 JSON 格式的请求体数据绑定到 User 对象的示例如下。

```
1    @PostMapping("/userJSON")
2       public void saveUser(@RequestBody User user){
3            System.out.println(user.getName());
4            System.out.println(user.getAge());
5    }
```

在上述代码中，当请求体数据为{"name": "111", "age": "23"}时，Spring MVC 会解析该 JSON 格式的数据，并将其转换为 User 类型的对象，然后绑定到 saveUser()方法的形参 user 上。

@RequestBody 注解除了可以将 JSON 格式的请求体数据绑定到实体类上，还可以将其绑定到 Map 集合或 List 集合上，它们的绑定方式都比较简单，由于篇幅原因，此处不进行演示。

2. 响应处理

Spring MVC 在处理请求后，可以通过数据回写和页面跳转两种响应方式将处理结果返回给客户端，下面分别讲解这两种响应方式。

（1）数据回写

数据回写是指将响应数据直接写入响应体，从而返回给客户端。对于 String 类型的响应数据，可以直接将其写入响应输出流；而对于 Java 对象类型的响应数据，可以通过 Spring MVC 提供的@ResponseBody 注解将 Java 对象的格式转换为 JSON 格式并写入响应体中，但在此之前，同样需要引入 Jackson 的依赖并配置注解驱动。

使用@ResponseBody 注解将实体对象以 JSON 格式写入响应体的示例如下。

```
1    @GetMapping("/userInfo")
2    @ResponseBody
3    public User getUserInfo(){
4        User user = new User("张三",14);
```

```
5      return user;
6    }
```

在上述代码中，第 2 行代码的@ResponseBody 注解用于告诉 Spring MVC 框架，getUserInfo()方法的返回值应该直接写入响应体。由于已经引入了 Jackson 依赖并配置了注解驱动，Spring MVC 会自动将返回的 User 对象的格式转换成 JSON 格式，因此 getUserInfo()方法的响应体内容为{"name": "张三","age": 14}。

使用@ResponseBody 注解不仅可以将实体对象的格式转换为 JSON 格式并写入响应体中，还可以将 List、Map 等其他 Java 对象类型的数据的格式转换为 JSON 格式并写入响应体中，它们的转换方式与实体对象的类似，此处不进行演示。

（2）页面跳转

在 Spring MVC 中，如果希望在响应时进行页面跳转，可以通过控制器方法的返回值指定要跳转的页面。页面跳转时，方法的返回值可以设定为 void、String 类型的值和 ModelAndView 类型的值。其中，设定为 String 类型的值和 ModelAndView 类型的值较为常见，下面讲解这两种返回值类型对应的页面跳转。

① 返回值为 String 类型的值。

当控制器方法返回值的类型为 String 时，只需要返回表示要跳转的页面路径的字符串即可，示例如下。

```
1    @RequestMapping("/login")
2    public String showPageByString(){
3        return "/login.jsp";
4    }
```

上述代码中，第 3 行代码返回了一个表示页面路径的字符串，Spring MVC 会查找一个名称与这个字符串对应的视图并将其呈现给用户。

如果希望在页面跳转时携带数据，可以在控制器方法中添加一个 Model 类型的参数，并向其中添加属性。这些属性会被添加到 HttpServletRequest 的属性列表中，因此可以在视图中通过 EL 表达式或 JSP 标签访问。携带数据进行页面跳转时控制器方法的示例如下。

```
1    @RequestMapping("/login")
2    public String showPageByString(Model model){
3        model.addAttribute("name","张三");
4        return "/login.jsp";
5    }
```

上述代码中，第 3 行代码在 Model 类型的对象 model 中添加了一组属性名为 name、属性值为张三的数据。当控制器方法执行完毕并跳转到 login.jsp 页面时，可以在该页面中通过 EL 表达式访问 name 属性的值。

如果项目中经常需要跳转页面，并且页面的路径较长，每次返回完整路径就会比较烦琐，对此可以配置视图解析器，设置跳转路径的前缀和后缀，以简化代码。配置视图解析器需要在 Spring MVC 的 XML 配置文件中进行，示例如下。

```
1  <!-- 配置视图解析器 -->
2  <bean class=
3     "org.springframework.web.servlet.view.InternalResourceViewResolver">
4    <property name="prefix" value="/pages/"/>
5    <property name="suffix" value=".jsp"/>
6  </bean>
```

上述代码中，第 4 行代码用于配置视图解析器的前缀属性，第 5 行代码用于配置视图解析器的后缀属性。当控制器方法返回一个字符串时，视图解析器会在该字符串前面拼接前缀，并在该字符串后面拼接后缀，从而构造完整的 JSP 页面路径。在视图解析过程中，拼接前的字符串被称为逻辑视图名称，而拼接后的完整页面路径被称为物理视图名称。

例如，在上述视图解析器的配置中，当控制器方法返回的字符串为 login 时，实际要跳转的页面路径为/pages/login.jsp。

② 返回值为 ModelAndView 类型的值。

除了可以通过返回逻辑视图名称并使用 Model 对象实现页面跳转和数据传输，Spring MVC 还可以使用 ModelAndView 对象设置响应对应的视图和数据。ModelAndView 对象主要用于存储模型数据和视图信息，其中，模型数据通常为从控制器传递给视图的业务数据，会在视图渲染时与视图模板或输出格式合并。视图信息为呈现模型数据的具体页面或模板的信息。

ModelAndView 提供了设置响应对应的视图和数据的方法，如表 11-4 所示。

表 11-4　ModelAndView 设置响应对应的视图和数据的方法

方法	描述
void setViewName(String viewName)	用于为 ModelAndView 设置一个视图名称，设置内容会覆盖预先存在的视图信息
void setView(View view)	用于为 ModelAndView 设置一个视图，设置内容会覆盖预先存在的视图信息
ModelAndView addObject(Object attributeValue)	用于向 ModelAndView 的模型中添加数据
ModelAndView addObject(String attributeName, Object attributeValue)	用于向 ModelAndView 的模型中添加指定名称的数据
ModelAndView addAllObjects (Map<String, ?> modelMap)	用于向 ModelAndView 的模型中添加数据。数据的名称为 Map 中的元素的键，数据的值为 Map 中键对应的值

ModelAndView 对象不能通过形参的方式传入，需要手动创建。返回值为 ModelAndView 类型的值的页面跳转示例如下。

```
1  @RequestMapping("/showModelAndView")
2  public ModelAndView showModelAndView(){
3      ModelAndView modelAndView = new ModelAndView();
4      modelAndView.addObject("name","张三");
5      modelAndView.setViewName("login");
```

```
6        return modelAndView;
7    }
```

在上述代码中，第 3 行代码用于创建 ModelAndView 实例；第 4 行代码用于向 ModelAndView 实例中添加名称为 name、值为张三的数据；第 5 行代码用于向 ModelAndView 实例中设置视图的名称为 login。当控制器方法执行完毕并跳转到 login.jsp 页面时，可以在该页面中通过 EL 表达式来获取 name 的值。

11.2.4 Spring MVC 程序开发

通过对 11.2.1～11.2.3 小节的学习，相信读者已经对 Spring MVC 框架的核心组件有了大致了解。下面将通过一个案例带领读者体验 Spring MVC 程序的开发流程，该案例用于实现用户登录验证，登录成功后跳转到欢迎页面。具体步骤如下。

1. 创建项目并引入依赖

在 IDEA 中创建一个名称为 chapter11_springmvc 的 Maven Web 项目，在项目的 pom.xml 文件中引入 Spring MVC 和 Jackson 的依赖，具体如文件 11-5 所示。

文件 11-5　pom.xml

```
1  <project xmlns="http://maven.apache.org/POM/4.0.0"
   xmlns:xsi="http://www.w3.org/2001/XMLSchema-instance"
2    xsi:schemaLocation="http://maven.apache.org/POM/4.0.0
   http://maven.apache.org/maven-v4_0_0.xsd">
3    <modelVersion>4.0.0</modelVersion>
4    <groupId>com.itheima</groupId>
5    <artifactId>chapter11_springmvc</artifactId>
6    <packaging>war</packaging>
7    <version>1.0-SNAPSHOT</version>
8    <properties>
9      <maven.compiler.source>17</maven.compiler.source>
10     <maven.compiler.target>17</maven.compiler.target>
11     <project.build.sourceEncoding>UTF-8</project.build.sourceEncoding>
12   </properties>
13   <dependencies>
14     <!-- Spring MVC 的依赖-->
15     <dependency>
16       <groupId>org.springframework</groupId>
17       <artifactId>spring-webmvc</artifactId>
18       <version>6.1.4</version>
19     </dependency>
20     <!-- Jackson 的依赖 -->
```

```
21    <dependency>
22      <groupId>com.fasterxml.jackson.core</groupId>
23      <artifactId>jackson-databind</artifactId>
24      <version>2.17.1</version>
25    </dependency>
26   </dependencies>
27 </project>
```

2. 配置前端控制器

前端控制器即 DispatcherServlet，它本质上是一个 Servlet，可以在 web.xml 文件中完成 DispatcherServlet 的配置和映射。web.xml 文件的具体配置如文件 11-6 所示。

文件 11-6　web.xml

```
1  <web-app xmlns="http://xmlns.jcp.org/xml/ns/javaee"
2          xmlns:xsi="http://www.w3.org/2001/XMLSchema-instance"
3          xsi:schemaLocation="http://xmlns.jcp.org/xml/ns/javaee
4          http://xmlns.jcp.org/xml/ns/javaee/web-app_4_0.xsd"
5          version="4.0">
6   <!-- 配置 Spring MVC 的前端控制器 -->
7   <servlet>
8     <servlet-name>DispatcherServlet</servlet-name>
9     <servlet-class>
10          org.springframework.web.servlet.DispatcherServlet
11    </servlet-class>
12        <!-- 配置初始化参数，用于读取 Spring MVC 的配置文件 -->
13        <init-param>
14          <param-name>contextConfigLocation</param-name>
15          <param-value>classpath:spring-mvc.xml</param-value>
16        </init-param>
17        <!-- 应用加载时创建-->
18        <load-on-startup>1</load-on-startup>
19      </servlet>
20    <servlet-mapping>
21      <servlet-name>DispatcherServlet</servlet-name>
22      <url-pattern>/</url-pattern>
23    </servlet-mapping>
24  </web-app>
```

在上述代码中，第 7~19 行代码配置了 Spring MVC 的前端控制器，并定义它的名称为 DispatcherServlet，其中，第 13~16 行代码用于指定 DispatcherServlet 初始化时加载 classpath 路径下的 spring-mvc.xml 配置文件，第 18 行代码指定加载优先级为 1，项目在启动时会立即加载 DispatcherServlet；第 20～23 行代码用于指定 DispatcherServlet 将拦截所有请求的 URL 并进行处理。

3. 配置处理器映射信息和视图解析器

在项目的 resources 文件夹下创建 Spring MVC 的配置文件 spring-mvc.xml，用于配置处理器映射信息和视图解析器。spring-mvc.xml 的具体配置如文件 11-7 所示。

文件 11-7　spring-mvc.xml

```
1  <?xml version="1.0" encoding="UTF-8"?>
2  <beans xmlns="http://www.springframework.org/schema/beans"
3         xmlns:xsi="http://www.w3.org/2001/XMLSchema-instance"
4         xmlns:context="http://www.springframework.org/schema/context"
5         xsi:schemaLocation="http://www.springframework.org/schema/beans
6             http://www.springframework.org/schema/beans/spring-beans.xsd
7             http://www.springframework.org/schema/context
8      https://www.springframework.org/schema/context/spring-context.xsd">
9      <!-- 配置 Spring MVC 要扫描的包 -->
10     <context:component-scan base-package="com.itheima.controller"/>
11     <!-- 配置视图解析器 -->
12     <bean class=
13     "org.springframework.web.servlet.view.InternalResourceViewResolver">
14         <property name="prefix" value="/pages/"/>
15         <property name="suffix" value=".jsp"/>
16     </bean>
17 </beans>
```

在上述代码中，第 10 行代码用于配置 Spring MVC 要扫描的包为 com.itheima.controller，扫描时会将该包下的所有处理器加载到 Spring MVC 中；第 12～16 行代码用于配置视图解析器。

4. 创建控制器

在项目中创建包 com.itheima.controller，在该包中创建控制器 LoginController 类，用于处理用户登录请求并指定响应时跳转的页面。LoginController 类具体如文件 11-8 所示。

文件 11-8　LoginController.java

```
1  import org.springframework.stereotype.Controller;
2  import org.springframework.web.bind.annotation.*;
3  import org.springframework.web.servlet.ModelAndView;
4  @Controller
5  @RequestMapping("/user")
6  public class LoginController {
```

```
7        //处理用户登录请求
8        @PostMapping("/login")
9        public ModelAndView login(@RequestParam("name") String name,
10          @RequestParam("password") String password){
11          ModelAndView modelAndView = new ModelAndView();
12          if(name.equals("heima") && password.equals("123456")){
13              //验证成功，将用户名保存到模型中
14              modelAndView.addObject("name",name);
15              //跳转到欢迎页面
16              modelAndView.setViewName("welcome");
17              return modelAndView;
18          }else {
19              //验证失败，并在登录页面中显示
20              modelAndView.setViewName("login");
21              modelAndView.addObject("loginError","用户名或密码错误！");
22              return modelAndView;
23          }
24      }
25  }
```

在上述代码中，第 9～24 行代码定义了控制器方法 login()，它用于处理用户登录请求。其中，第 9、10 行代码用于获取请求参数并将其注入方法的形参中；第 12～17 行代码用于处理用户登录验证成功的情况，验证成功时将用户名保存到模型中并跳转到欢迎页面；第 18～23 行代码用于处理用户登录验证失败的情况，验证失败时将错误提示信息保存到模型中并在登录页面中显示。

5.　创建视图页面

在项目的 src/main/webapp 目录下新建名称为 pages 的文件夹，并在该文件夹中新建 login.jsp 和 welcome.jsp 两个文件，分别作为用户登录页面和登录成功的欢迎页面。由于页面代码编写不是本章的重点，考虑到篇幅原因，这里不对页面代码进行展示，读者可以直接使用本书的配套资源中提供的页面。

6.　测试效果

将项目部署在 Tomcat 中，并将项目访问的路径设置为 chapter11_springmvc，然后启动项目，在浏览器中通过地址 http://localhost:8080/chapter11_springmvc/pages/login.jsp 访问 login.jsp，在页面中的相应文本框中输入正确的用户名 heima 和密码 123456 进行登录，页面跳转效果如图 11-2 所示。

从图 11-2 可以得出，输入正确的用户名和密码后，登录验证成功，跳转到欢迎页面，并显示了用户名。

下面在 login.jsp 页面中的相应文本框中输入错误的用户名或密码进行登录，效果如图 11-3 所示。

图11-2　输入正确的用户名和密码进行登录的效果　　　图11-3　输入错误的用户名或密码进行登录的效果

从图 11-3 可以看到，输入错误的用户名和密码后，登录验证失败，并在登录页面中显示了错误提示信息。

至此，成功通过 Spring MVC 实现用户登录验证。

11.3　Spring Boot 框架快速入门

在通过 Spring MVC 框架进行开发时，需要编写大量的配置来定义和初始化各个组件，这使得开发工作比较烦琐。为了简化这一过程，Spring Boot 框架应运而生，本节将对 Spring Boot 框架的快速入门进行讲解。

11.3.1　Spring Boot 框架概述

Spring Boot 是基于 Spring 框架构建的一个全新框架，旨在简化新 Spring 应用的初始搭建及开发过程，它通过提供一系列自动化配置和默认设置，极大地减少了开发者需要手动进行的配置工作，提高了开发效率。

Spring Boot 框架能够提高开发效率主要得益于它具备如下特性。

① 简化配置。传统的 Spring 应用需要手动进行大量的 XML 配置，而 Spring Boot 则通过约定大于配置的原则，自动配置了很多常用的组件和属性。同时，Spring Boot 还提供了灵活的配置方式，允许开发者根据需要自定义配置。

② 内嵌 Web 服务器。Spring Boot 内嵌了 Tomcat、Jetty 等 Web 服务器，使得应用可以打包成可执行的 JAR 或 WAR 文件直接运行，无须外部容器支持。

③ 提供 starter 起步依赖。starter 起步依赖是一种便捷的依赖管理方式，通过引入特定的 starter 起步依赖，项目可自动获取其定义的一组相关依赖库，并加载对应的组件配置，从而简化项目的搭建和开发过程。例如，如果想在 Spring Boot 项目中添加 Web 支持，可以引入 spring-boot-starter-web 依赖，该依赖包含所有与 Web 开发相关的库和依赖，从而无须手动添加这些依赖。

④ 监控和管理。Spring Boot 提供了丰富的监控和管理功能，如健康检查、指标收集、日志管理等，能够帮助开发者更好地了解应用的运行状态和性能表现。

Spring Boot 项目可以通过 Spring Initializr 或直接基于 Maven 这两种方式构建，下面对这两种方式进行说明。

（1）通过 Spring Initializr 构建 Spring Boot 项目

Spring Initializr 是一个可以初始化 Spring Boot 项目的工具，使用 Spring Initializr 初

始化的 Spring Boot 项目包含 Spring Boot 基本的项目结构，读者可以在项目初始化之前对项目所需要的依赖进行选择。在通过 Spring Initializr 构建 Spring Boot 项目时，需要确保所在主机处于联网状态下，否则将构建失败。

（2）直接基于 Maven 构建 Spring Boot 项目

直接基于 Maven 构建 Spring Boot 项目其实就是创建一个 Maven 项目，在这个项目中导入 Spring Boot 项目基本的依赖后，手动创建项目的启动类即可。

Spring Boot 官方提供了大量的启动器，其名称通常都是以"spring-boot-starter-技术名称"格式命名的，通过启动器的名称通常可以知道它所提供的功能，例如，spring-boot-starter-web 提供 Web 相关的功能，spring-boot-starter-jdbc 提供 JDBC 相关的功能。常见启动器如表 11-5 所示。

表 11-5　常见启动器

启动器	描述
spring-boot-starter-parent	核心启动器，提供了一组默认的配置，这些配置涵盖日志、YAML、Maven 插件等多个方面，常被作为父依赖
spring-boot-starter-logging	提供 Logging 相关的日志功能
spring-boot-starter-web	提供构建 Web 应用程序所需的依赖项，并默认使用 Tomcat 作为嵌入式 Servlet 容器
spring-boot-starter-test	支持常规的测试依赖，包括 JUnit、Hamcrest、Mockito，以及 Spring 框架的 spring-test 模块
spring-boot-starter-jdbc	结合 JDBC 和 HikariCP 连接池的启动器，自动装配数据源，并提供 JdbcTemplate 以简化数据库操作
spring-boot-starter-data-redis	用于集成 Redis 的启动器，可以自动引入 Redis 相关的依赖和配置，以及提供与 Spring Boot 集成所需的自动化配置和功能
spring-boot-starter-activemq	使用 Apache ActiveMQ 的 JMS（Java Message Service，Java 消息服务）启动器
spring-boot-starter-security	使用 Spring Security 的启动器

表 11-5 中列出了 Spring Boot 官方提供的部分启动器，这些启动器适用于不同的开发场景，使用时只需要在 pom.xml 文件中导入相应的启动器依赖即可。

需要说明的是，Spring Boot 官方并没有为所有场景开发的技术框架提供启动器，例如，对于数据库操作框架 MyBatis、Druid 数据源等，Spring Boot 官方就没有提供对应的启动器。为了充分利用 Spring Boot 框架的优势，一些技术厂商主动将自家的框架与 Spring Boot 框架进行了整合，实现了各自的依赖启动器，例如，MyBatis 提供的启动器 mybatis-spring-boot-starter。不过在项目 pom.xml 文件中引入第三方的启动器时，需要自行配置对应的依赖版本号。

spring-boot-starter-parent 和普通的 starter 都使 Spring Boot 项目简化了配置，但是二者的功能不相同。spring-boot-starter-parent 中定义了很多个常见组件或框架的依赖版本号，它们组合成一套最优搭配的技术版本，更便于统一管理依赖的版本，且减少了依赖的冲突。而普通的 starter 是在一个坐标中定义若干个坐标，以减少依赖配置的代码量。

Spring Boot 项目可以开箱即用，即无须将应用打包成 WAR 文件并部署到外部 Web

容器中运行，开发者可以直接通过项目的启动类来启动和运行 Spring Boot 项目。项目启动类是 Spring Boot 项目的入口点，该类通常是一个带有@SpringBootApplication 注解的 Java 类，它包含一个 main()方法，该方法调用 SpringApplication.run()方法来启动 Spring Boot 项目。示例如下。

```
1  @SpringBootApplication
2  public class Chapter11MavenApplication {
3      public static void main(String[] args) {
4          SpringApplication.run(Chapter11MavenApplication.class, args);
5      }
6  }
```

需要注意的是，Spring Boot 默认会扫描启动类所在包及其子包下的所有组件，并将其注册到 Spring 容器中。对此，通常建议将项目启动类放在项目 Java 代码的最外层包下，以确保 Spring Boot 能够自动发现并注册所有相关的组件。

11.3.2　Spring Boot 配置文件

虽然 Spring Boot 为开发者提供了大量的默认配置，但有时这些默认配置可能不满足项目需求，因此需要对默认配置进行修改，例如，配置数据库连接信息、端口号、日志级别等。Spring Boot 允许开发者通过配置文件覆盖默认配置，从而构建满足需求的 Spring Boot 项目。

Spring Boot 默认使用的配置文件有 application.properties、application.yml 和 application.yaml，其中，application.yml 与 application.yaml 是相同类型的配置文件，只是为了满足不同操作系统对文件扩展名的要求而使用了不同的扩展名。下面对 application.properties 和 application.yml 配置文件进行讲解。

1. application.properties 配置文件

application.properties 文件中使用键值对的形式配置 Spring Boot 项目的属性和属性值，其中，键和值之间通过等号（=）连接。文本内容示例如下。

```
1  server.port=8080
2  spring.datasource.url=jdbc:mysql://localhost:3306/mydb
3  spring.datasource.username=root
4  spring.datasource.password=root
```

上述代码中，在 application.properties 配置文件中配置了数据库信息。

2. application.yml 配置文件

application.yml 配置文件是使用 YAML 编写的文件。YAML 是"YAML Ain't Markup Language"的递归缩写。YAML 通常用于表示数据结构和配置信息，它使用缩进的方式表示层级关系，使得配置文件和数据结构的表达相对简洁且易于阅读。YAML 文件的扩展名为.yml 或.yaml，后续如没有特殊指定，都使用.yml 扩展名创建 YAML 文件。在 YAML 文件中编写内容时需要遵循以下规则。

- 使用缩进表示层级关系。
- 缩进时不允许使用 "Tab" 键，只允许使用空格。
- 缩进的空格数不重要，但同级元素必须左侧对齐。
- 对大小写敏感。

application.yml 文件中支持定义多种类型的属性，使用 "Key: Value" 的形式表示键值对，其中，Value 前面有一个空格，并且该空格不能省略。文本内容示例如下。

```
1  server:
2    port: 8080
3  spring:
4    datasource:
5      url: jdbc:mysql://localhost:3306/mydb
6      username: root
7      password: root
```

11.4　MyBatis 框架快速入门

MyBatis 是一个开源、轻量级的持久层框架，它通过封装 JDBC，简化了与数据库交互的烦琐过程，开发者可以专注于 SQL 语句的编写和优化，而无须过多关注底层的数据库连接管理等细节。这种简化和灵活性使得 MyBatis 在许多 Java 项目中得到广泛应用，本节将带领读者快速入门 MyBatis。

11.4.1　MyBatis 框架简介

MyBatis 基于 ORM（Object Relational Mapping，对象关系映射）技术实现数据的持久化操作。ORM 技术是一种在面向对象程序设计语言与关系数据库之间建立映射关系的编程技术，它的核心思想是将程序中的对象自动持久化到关系数据库中，以及将数据库中的数据映射到程序的对象中。在 MyBatis 中，这种映射关系可以通过 XML 配置文件或注解进行定义。开发者只需定义好映射关系，MyBatis 就会自动生成并执行相应的 SQL 语句。

在实际开发中，通过 XML 配置文件定义映射关系更加灵活且相关代码的可读性更高，因此本节只讲解如何通过 XML 配置文件实现 MyBatis 映射。

在学习 MyBatis 框架之前，需要了解其核心组成要素，包括核心配置文件、映射文件以及核心接口和类，它们共同构成了 MyBatis 项目的基础架构。下面分别介绍上述 3 个核心组成要素。

1. 核心配置文件

MyBatis 核心配置文件是 MyBatis 的基石，它通常被命名为 mybatis-config.xml。该配置文件提供了 MyBatis 运行时所需的配置，包括数据源配置、映射配置、全局配置和插件配置等。MyBatis 核心配置文件的具体配置方法将在 11.4.2 小节进行讲解。

2. 映射文件

映射文件是 MyBatis 实现 ORM 的关键，它的格式通常为 XML。在映射文件中，可以定义 SQL 语句、参数映射、结果集映射等内容，从而为数据库中的数据与 Java 对象建立精确的映射关系，使得开发者能够以面向对象的方式操作数据库，从而简化数据访问层的开发。在映射文件实现数据与 Java 对象的映射的具体方法将在 11.4.2 小节进行详细讲解。

3. 核心接口和类

为了管理 MyBatis 的配置信息和映射信息，并实现 Java 类与数据库的交互，MyBatis 框架提供了几个核心接口和类，包括 SqlSessionFactoryBuilder 类、SqlSessionFactory 接口和 SqlSession 接口。

SqlSessionFactoryBuilder 类负责解析配置文件，并根据配置文件中解析得到的信息构建 SqlSessionFactory 实例。SqlSessionFactory 接口是创建 SqlSession 实例的工厂，它提供了 openSession()方法，该方法用于获取执行数据库操作的 SqlSession 实例。SqlSession 接口则是与数据库交互的关键，它提供了执行 SQL 语句、管理事务以及获取 Mapper 接口的方法。这些类或接口在 11.4.2 小节的讲解中会使用到，在此读者只需要了解它们的主要作用即可。

11.4.2　MyBatis 映射文件

MyBatis 映射文件是用于定义 Java 对象和数据库数据之间映射信息的 XML 文件，该文件以<mapper>标签作为其根元素，用以标识一个独立的 XML 映射单元。<mapper>标签的 namespace 属性为映射文件赋予了唯一的名称空间。

映射文件中通常包含 SQL 语句、参数映射和结果集映射等信息，这些信息通过 MyBatis 提供的特定标签在<mapper>标签内进行定义。这些特定标签根据其作用可以分为定义增删改查语句的标签、定义结果集映射的标签以及定义和引用 SQL 片段的标签。下面分别介绍这 3 种标签。

1. 定义增删改查语句的标签

（1）<insert>标签

<insert>标签用于定义要执行插入操作的 SQL 语句，包括插入的数据和插入后的处理方式。<insert>标签的常用属性如下。

① id：用于定义当前操作的唯一标识，为必选属性。通常，id 属性的值会与 Mapper 接口中的方法名保持一致，这样 MyBatis 就能够通过 Mapper 接口中的方法名找到对应的 SQL 语句。

② parameterType：用于指定传入 SQL 语句的参数类型。

③ useGeneratedKeys：用于指定是否返回生成的主键值，并将其设置到参数对象中。

④ keyProperty：与 useGeneratedKeys 属性配合使用，用于指定传入参数对象中用于接收生成主键值的属性名。

⑤ keyColumn：用于指定生成主键值的数据库字段名。

在 MyBatis 的映射文件中，为了动态地插入 SQL 语句中的参数值，可以使用#{}和 ${}两种占位符，其中，#{}符号表示预编译参数占位符，MyBatis 会将#{}替换为问号(？)，并在执行 SQL 语句时使用 PreparedStatement 的 setter 方法为每个问号绑定相应的参数值；${}符号用于字符串替换，MyBatis 会直接将${}内的变量值作为原始字符串插入 SQL 语句，这意味着${}的内容不会被当作参数对待，而会直接参与 SQL 语句的构建，构建方式类似于普通的字符串拼接。

<insert>标签的使用示例如下。

```
1  <insert id="insertUser" parameterType="com.itheima.model.User"
2         useGeneratedKeys="true" keyProperty="id">
3    INSERT INTO user (username) VALUES (#{username})
4  </insert>
```

上述代码定义了一个插入映射，它用于向 user 表中插入一条新记录，只包含用户名字段；同时，它配置了自动获取生成的主键，并将其赋值给 User 对象的 id 属性。

（2）<select>标签

<select>标签用于定义要执行查询操作的 SQL 语句以及查询结果的映射规则。<select>标签的常用属性如下。

① id：与<insert>标签对应属性作用一致。

② parameterType：与<insert>标签对应属性作用一致。

③ resultType：用于指定查询结果集的映射类型，该属性的值可以是 Java 类的全限定名，也可以是 Java 类对应的别名。当查询结果可以直接映射到 Java 对象时，MyBatis 会按属性类型自动将结果集映射至对应 Java 对象。

④ resultMap：用于指定一个结果集映射，当查询结果需要复杂映射时，可以使用这个属性来引用一个定义好的<resultMap>。需要注意的是，resultType 属性和 resultMap 属性不能同时使用。

<select>标签的使用示例如下。

```
1  <select id="findById" parameterType="int"
2         resultType="com.itheima.model.User">
3    SELECT *  FROM user  WHERE id = #{id}
4  </select>
```

上述代码定义了一个查询映射，用于从 user 表中根据指定的 id 查询用户信息，并将结果映射为 com.itheima.model.User 类型的对象。

（3）<update>标签

<update>标签用于定义要执行更新操作的 SQL 语句，包括更新的数据以及更新后的处理方式。<update>标签的常用属性与<insert>标签的类似，此处不赘述。

<update>标签的使用示例如下。

```
1  <update id="updateUser" parameterType="com.itheima.model.User">
2     UPDATE user SET username= #{username}  WHERE id = #{id}
3  </update>
```

上述代码定义了一个更新映射，用于更新 user 表中指定 id 对应的用户名，更新值由传入的 User 对象中的 username 属性提供。

（4）<delete>标签

<delete>标签用于定义要执行删除操作的 SQL 语句，包括删除的数据和删除后的处理方式。<delete>标签的常用属性包括 id、parameterType 等，这两个属性的作用与<insert>标签对应属性的相同。

<delete>标签的使用示例如下。

```
1  <delete id="deleteUserById" parameterType="int">
2      DELETE FROM user WHERE id = #{id}
3  </delete>
```

上述代码定义了一个删除映射，它用于删除 user 表中指定 id 对应的用户记录。

2. 定义结果集映射的标签

在 MyBatis 中，定义结果集映射的顶级标签是<resultMap>，它用于自定义结果集和 Java 对象之间的映射关系。当数据库中的字段名与 Java 对象的属性不匹配，或者需要进行复杂类型的映射（如一对一、一对多等关联查询）时，可以使用<resultMap>标签来明确指定映射规则。

<resultMap>标签有两个主要属性 id 和 type，分别用于指定结果集映射的唯一标识和需要映射到的 Java 类的全限定名或别名。<resultMap>标签的使用示例如下。

```
1  <resultMap id="userResultMap" type="com.itheima.model.User">
2  </resultMap>
```

上述代码定义了一个结果集映射，并指定其唯一标识为 userResultMap，结果集映射的目标类型为 com.itheima.model.User。后续为了简化表达，在提及类名时将省略包名。

在<resultMap>标签中可以定义一些子标签，它们用于处理字段和属性之间不匹配以及复杂类型的映射关系。常用子标签如下。

（1）<id>标签

<id>标签用于映射数据表中的主键字段名到 Java 对象的属性名上。<id>标签的常用属性包括 column 和 property，分别用于指定数据表中的主键字段名和 Java 对象对应的属性名。<id>标签的使用示例如下。

```
1  <resultMap id="userResultMap" type="com.itheima.model.User">
2    <id column="user_id" property="id"/>
3  </resultMap>
```

上述代码定义了一个结果集映射，用于将数据表中的主键字段名 user_id 映射到 User 对象的 id 属性名上。

（2）<result>标签

<result>标签用于映射数据表中的非主键字段到 Java 对象的属性上。<result>标签的常用属性也包括 column 和 property。<result>标签与<id>标签在使用上类似，此处不赘述。

（3）<association>标签

<association>标签用于处理一对一的关系映射，将结果集中的关联数据映射到 Java

对象的一个对象类型的属性上。<association>标签的常用属性如下。

① property：用于指定 Java 对象中用于存储关联对象的属性名。

② javaType：用于指定关联对象的 Java 类型。

③ resultMap：用于指定<resultMap>的 id，在关联对象的映射关系较为复杂，需要引用已有的详细映射规则时使用。

④ column：用于指定从主查询结果中提取的某个字段值，该字段值将作为参数传递给通过 select 属性定义的嵌套查询。当不使用嵌套查询时，column 用于指示与数据表列名的映射关系。

⑤ select：用于指定一个单独的查询来加载关联对象，其值为<select>标签的 id。

下面通过一个示例说明如何使用<association>标签。假设一个 User 类包含 id、name 和 address 这 3 个属性，其中，address 属性为 Address 类型的属性，而 Address 类包含 id 和 province 两个属性。通过查询同时获取 User 对象和其关联的 Address 对象的结果集映射如下。

```
1  <resultMap id="userAddressResultMap" type="com.itheima.model.User">
2      <!-- User 对象的属性映射 -->
3      <id property="id" column="user_id"/>
4      <result property="name" column="user_name"/>
5      <!-- 使用 association 映射 Address 对象 -->
6      <association property="address" javaType=
7              com.itheima.model.Address">
8        <id property="id" column="address_id"/>
9        <result property="province" column="address_province"/>
10     </association>
11 </resultMap>
```

上述代码定义了一个结果集映射，它用于将数据库查询结果映射到 User 对象上，同时，其中包含一个一对一的关联映射，该映射将查询结果中的关联数据映射到 User 对象中的 Address 类型的属性 address 上。

（4）<collection>标签

<collection>标签用于处理一对多的关系映射，即将结果集中的关联数据映射到 Java 对象的一个集合类型的属性上。<collection>标签比<association>标签多一个 ofType 属性，该属性用于指定集合中的元素类型。

下面通过一个示例说明如何使用<collection>标签。假设一个 User 类包含 id、name 和 orders 这 3 个属性，其中，orders 属性为 Order 类型的集合类型的属性，而 Order 类包含 id、userId 两个属性。通过查询同时获取 User 对象和其关联的 Order 类型的集合的结果集映射如下。

```
1  <!-- User 和 Order 的结果映射 -->
2  <resultMap id="userOrdersResultMap" type="com.itheima.model.User">
3      <id property="id" column="user_id"/>
```

```
4      <result property="name" column="user_name"/>
5      <!-- 使用 collection 映射 orders 集合 -->
6      <collection property="orders" ofType="com.itheima.model.Order"
7              resultMap="OrderResultMap"/>
8   </resultMap>
9   <!-- Order 的结果集映射 -->
10  <resultMap id="OrderResultMap" type="com.itheima.model.Order">
11      <id property="id" column="order_id"/>
12      <result property="userId" column="user_id"/>
13  </resultMap>
```

上述代码定义了两个结果集映射：第一个结果集映射 userOrdersResultMap 用于将数据库查询结果映射到 User 对象上，同时包含一个一对多的关联映射，该映射将查询结果中的关联数据映射到 User 对象中的 Order 类型集合属性 orders 上；第二个结果集映射 OrderResultMap 则专门用于映射 Order 对象。

3. 定义和引用 SQL 片段的标签

在映射文件中编写 SQL 语句时，可能会遇到重复的 SQL 片段。为了避免编写大量重复的 SQL 代码，可以通过<sql>标签定义 SQL 片段，然后在需要使用 SQL 片段的时候通过<include>标签进行引用，示例如下。

```
1   <sql id="baseSelect" >id,username,age,address</sql>
2   <select id="findAll" resultType="com.sangeng.pojo.User">
3       select <include refid="baseSelect"/>  from user
4   </select>
```

上述代码中，第 1 行代码用于定义一个 SQL 片段，并指定它的唯一标识符为 baseSelect；第 3 行代码通过<include>标签引用定义好的 SQL 片段。

为了帮助读者更好地理解如何通过 MyBatis 映射实现数据库操作，下面通过一个案例进行演示。该案例要求从数据表中根据 id 查询用户，同时查询该用户关联的订单信息。具体步骤如下。

1. 创建项目并引入依赖

在 IDEA 中创建名称为 chapter11_mybatis 的 Maven 项目，在该项目的 pom.xml 文件中引入 MyBatis 和 MySQL 的依赖，具体如文件 11-9 所示。

文件 11-9 pom.xml

```
1   <?xml version="1.0" encoding="UTF-8"?>
2   <project xmlns="http://maven.apache.org/POM/4.0.0"
3           xmlns:xsi="http://www.w3.org/2001/XMLSchema-instance"
4           xsi:schemaLocation="http://maven.apache.org/POM/4.0.0
5                   http://maven.apache.org/xsd/maven-4.0.0.xsd">
6       <modelVersion>4.0.0</modelVersion>
```

```
7      <groupId>com.itheima</groupId>
8      <artifactId>chapter11_mybatis</artifactId>
9      <version>1.0-SNAPSHOT</version>
10     <properties>
11         <maven.compiler.source>17</maven.compiler.source>
12         <maven.compiler.target>17</maven.compiler.target>
13         <project.build.sourceEncoding>UTF-8
14          </project.build.sourceEncoding>
15     </properties>
16     <dependencies>
17         <!--MySQL 的依赖-->
18         <dependency>
19             <groupId>mysql</groupId>
20             <artifactId>mysql-connector-java</artifactId>
21             <version>8.0.31</version>
22         </dependency>
23         <!--MyBatis 的依赖-->
24         <dependency>
25             <groupId>org.mybatis</groupId>
26             <artifactId>mybatis</artifactId>
27             <version>3.5.15</version>
28         </dependency>
29     </dependencies>
30 </project>
```

2. 创建数据库和数据表

在 MySQL 中创建名称为 mybatis 的数据库，在该数据库中创建表 t_user 和 t_order，并插入一些数据作为测试数据。考虑到篇幅原因，此处不展示对应的 SQL 语句，读者可以直接运行本书的配套资源中提供的对应 SQL 文件。

3. 定义实体类

在项目的 src/main/java 目录下创建包 com.itheima.model，在该包内定义两个实体类 User 和 Order，分别与数据表 t_user 和 t_order 对应，具体如文件 11-10 和文件 11-11 所示。

文件 11-10　User.java

```
1  import java.util.List;
2  public class User {
3      private int id;               //编号
4      private String name;          //姓名
5      private List<Order> orders;   //订单列表
```

```
6        //此处省略 getter 方法、setter 方法和重写的 toString()方法
7    }
```

文件 11-11   Order.java

```
1    public class Order {
2        private int orderId;            //订单编号
3        private int userId;             //用户编号
4        private double price;           //订单价格
5        //此处省略 getter 方法、setter 方法和重写的 toString()方法
6    }
```

4. 创建 Mapper 接口

在项目目录下创建包 com.itheima.dao，在该包下创建接口 UserMapper，在该接口中定义根据用户 id 查询用户的方法，具体如文件 11-12 所示。

文件 11-12   UserMapper.java

```
1    import com.itheima.model.User;
2    public interface UserMapper {
3        User getUserById(int id);
4    }
```

5. 创建映射文件

在项目的 src/main/resources 目录下创建文件夹 mappers，在该文件夹下创建名称为 UserMapper.xml 的文件，在该文件中编写查询用户的映射信息，具体如文件 11-13 所示。

文件 11-13   UserMapper.xml

```
1    <?xml version="1.0" encoding="UTF-8"?>
2    <!DOCTYPE mapper PUBLIC "-//mybatis.org//DTD Mapper 3.0//EN"
3            "http://mybatis.org/dtd/mybatis-3-mapper.dtd">
4    <mapper namespace="com.itheima.dao.UserMapper">
5        <select id="getUserById" parameterType="int"
6                resultMap="userOrdersResultMap">
7        SELECT
8            u.user_id AS id,
9            u.user_name AS name,
10           o.order_id AS orderId,
11           o.user_id AS userId,
12           o.price
13       FROM t_user u
14       JOIN t_order o ON u.user_id = o.user_id
15       WHERE u.user_id = #{id}
16       </select>
```

```
17    <!-- User 和 Order 的结果集映射 -->
18    <resultMap id="userOrdersResultMap" type="com.itheima.model.User">
19        <id property="id" column="id"/>
20        <result property="name" column="name"/>
21        <collection property="orders" ofType="com.itheima.model.Order"
22                    resultMap="OrderResultMap"/>
23    </resultMap>
24    <!-- Order 的结果集映射 -->
25    <resultMap id="OrderResultMap" type="com.itheima.model.Order">
26        <id property="orderId" column="orderId"/>
27        <result property="userId" column="userId"/>
28        <result property="price" column="price"/>
29    </resultMap>
30 </mapper>
```

在上述代码中，第 5～16 行代码定义了一个名称为 getUserById 的查询映射，它用于通过用户 id 从数据库中查询用户及其关联的订单信息，并将结果集映射到 userOrdersResultMap；第 18～23 行代码定义了结果集映射 userOrdersResultMap，其中将用户关联的订单信息映射到 orders 属性，并使用 OrderResultMap 进行进一步的映射；第 25～29 行代码定义了结果集映射 OrderResultMap，用于描述如何将数据库中的订单信息映射到 Order 对象上。

6. 创建核心配置文件

在 src/main/resources 目录下创建名称为 mybatis-config.xml 的文件作为 MyBatis 的核心配置文件，具体如文件 11-14 所示。

文件 11-14　mybatis-config.xml

```
1  <?xml version="1.0" encoding="UTF-8" ?>
2  <!DOCTYPE configuration
3          PUBLIC "-//mybatis.org//DTD Config 3.0//EN"
4          "http://mybatis.org/dtd/mybatis-3-config.dtd">
5  <configuration>
6      <environments default="development">
7          <environment id="development" >
8              <transactionManager type="JDBC"/>
9              <dataSource type="POOLED">
10                 <property name="driver" value="com.mysql.cj.jdbc.Driver"/>
11                 <property name="url"
12                               value="jdbc:mysql://localhost:3306/mybatis"/>
13                 <property name="username" value="root"/>
```

```
14                <property name="password" value="root"/>
15            </dataSource>
16        </environment>
17    </environments>
18    <mappers>
19        <mapper resource="mappers/UserMapper.xml"></mapper>
20    </mappers>
21 </configuration>
```

上述代码中，第 5～21 行代码是 MyBatis 的具体配置信息。其中，第 7～16 行代码定义了一个 id 为 development 的运行环境信息，第 8 行代码指定事务管理器的类型为 JDBC，表示使用 JDBC 进行事务管理；第 9 行代码指定数据源的类型为 POOLED，表示使用连接池来管理数据库连接；第 10～14 行代码依次配置了驱动程序的类名、数据库的连接 URL、数据库的用户名和密码。第 18～20 行代码用于配置需要注册到 MyBatis 的映射文件，其中，第 19 行代码的 resource 属性指定了映射文件的路径，即"mappers/UserMapper.xml"。

7. 创建测试类

在 com.itheima 包下创建测试类 Test，在该类中定义 main()方法，在该方法中通过 SqlSession 对象获取 UserMapper 接口的代理对象，并调用该代理对象的 getUserById() 方法根据用户 id 查询用户，具体如文件 11-15 所示。

文件 11-15　Test.java

```
1  import com.itheima.dao.UserMapper;
2  import com.itheima.model.User;
3  import org.apache.ibatis.io.Resources;
4  import org.apache.ibatis.session.*;
5  import java.io.*;
6  public class Test {
7      public static void main(String[] args) {
8          try {
9              //读取 mybatis-config.xml 文件内容到 Reader 对象中
10             Reader reader =
11                     Resources.getResourceAsReader("mybatis-config.xml");
12             //创建 SqlSessionFactory 类的实例
13             SqlSessionFactory sqlMapper = new
14                     SqlSessionFactoryBuilder().build(reader);
15             //创建 SqlSession 对象
16             SqlSession session = sqlMapper.openSession();
17             //获取 UserMapper 接口的代理对象
```

```
18              UserMapper userMapper = session.getMapper(UserMapper.class);
19              //传入参数进行查询，返回结果
20              User user = userMapper.getUserById(2);
21              //输出结果
22              System.out.println(user);
23              //关闭会话
24              session.close();
25          } catch (IOException e) {
26              e.printStackTrace();
27          }
28      }
29 }
```

上述代码中，第 10～16 行代码用于根据 MyBatis 的配置信息创建 SqlSessionFactory 类的实例，并通过该实例创建 SqlSession 对象；第 18 行代码用于通过 SqlSession 对象获取 UserMapper 接口的代理对象；第 20～22 行代码通过代理对象调用 getUserById()方法，并传入参数 2，表示获取 id 为 2 的用户信息及其关联的订单信息，最后将获取到的结果输出。

8．测试查询结果

运行文件 11-15，效果如图 11-4 所示。

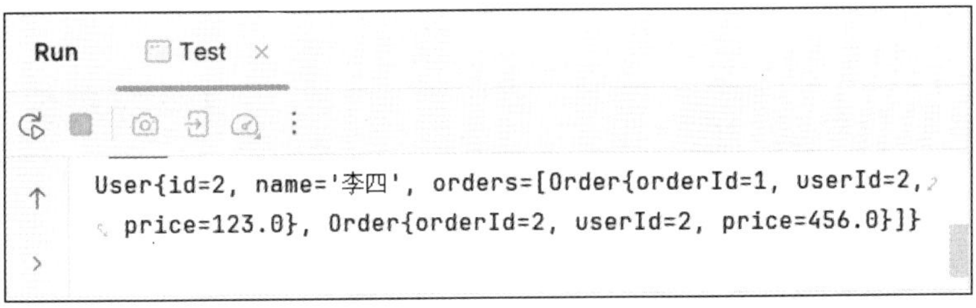

图11-4　文件11-15的运行效果

从图 11-4 可以看到，控制台输出了 id 为 2 的用户信息，并输出了该用户关联的两条订单信息。

至此，成功根据用户 id 查询用户，同时查询该用户关联的订单信息。

11.4.3　动态 SQL

在程序中操作数据库时，经常需要根据业务需求对 SQL 语句进行拼接，如果手动进行拼接，需要处理空格、标点符号等细节，容易出现语法错误。对此，可以使用 MyBatis 提供的动态 SQL 功能，MyBatis 提供了许多标签，允许在运行时动态拼接 SQL 语句。下面讲解 MyBatis 常用的实现动态 SQL 功能的标签。

1．<if>标签

<if>标签可以通过 test 属性指定的条件表达式的结果动态生成 SQL 语句，该条件表

达式的值为 true 或 false。如果条件表达式的值为 true，则包含<if>标签内部的 SQL 语句；如果条件表达式的值为 false，则不包含。

<if>标签的使用示例如下。

```
1  <select id="selectUser" resultType="com.itheima.model.User">
2      SELECT * FROM user WHERE id = #{id}
3      <if test="name != null">
4        AND name = #{name}
5      </if>
6  </select>
```

在上述代码中，如果参数 name 的值不为 null，则会在 SQL 语句末尾拼接"AND name = #{name}"，否则不会拼接。

2. <choose>、<when>、<otherwise>标签

<choose>标签类似于 Java 中的 switch 语句，用于从多个备选项中选择一个满足条件的选项，它可以包含 0 个或多个<when>标签和 0 个或 1 个<otherwise>标签。<choose>标签会依次检查每个<when>标签的条件表达式，如果某个<when>标签的条件表达式的值为 true，则该<when>标签内部的 SQL 片段会被包含到最终生成的 SQL 语句中；如果所有<when>标签的条件表达式的值都不为 true，并且存在<otherwise>标签，则<otherwise>标签内部的 SQL 片段会被包含到最终生成的 SQL 语句中。

<choose>、<when>、<otherwise>标签的使用示例如下。

```
1  <select id="selectUsers" resultType="com.itheima.model.User">
2      SELECT * FROM user
3      <choose>
4        <when test="orderBy -= 'name'">
5            ORDER BY name ASC
6        </when>
7        <when test="orderBy == 'age'">
8            ORDER BY age DESC
9        </when>
10       <otherwise>
11           ORDER BY id ASC
12       </otherwise>
13     </choose>
14 </select>
```

上述代码的查询映射用于根据不同的条件动态地改变排序方式。如果 orderBy 参数的值为 name，则查询结果会按照 name 升序排序；如果 orderBy 参数的值为 age，则查询结果会按照 age 降序排序；否则按照 id 升序排序。

3. <where>标签

<where> 标签主要用于处理 SQL 语句中的 WHERE 子句，它会确保当至少有一个条

件成立时，才会在 SQL 语句中添加 WHERE 关键字，并且可以自动处理条件语句中的逻辑连接词（如 AND 或 OR），从而构建正确的 SQL 查询语句。

<where> 标签的使用示例如下。

```
1  <select id="selectUser" resultType="com.itheima.model.User">
2      SELECT * FROM user
3      <where>
4          <if test="name != null">
5              AND name = #{name}
6          </if>
7          <if test="age != null">
8              AND age = #{age}
9          </if>
10     </where>
11 </select>
```

上述代码的查询映射中，当<where>标签内部没有内容时，它不会生成 WHERE 关键字；当<where>标签内部有内容时，它会在内容前自动添加 WHERE 关键字，但如果内容前已有 AND 条件，则会移除该关键字。

4. <set>标签

<set>标签通常结合<if>标签构建动态 SQL，确保只有需要更新的字段才会被包含在最终的 SQL 语句中。而且，当使用多个<if>或其他判断条件来拼接不同的字段更新时，<set>标签会自动去掉最后一个字段更新后的多余逗号，确保 SET 子句的语法正确。

<set>标签的使用示例如下。

```
1  <update id="updateUser" parameterType="User">
2      UPDATE users
3      <set>
4          <if test="name != null">
5              name = #{name},
6          </if>
7          <if test="age != null">
8              age = #{age},
9          </if>
10     </set>
11     WHERE id = #{id}
12 </update>
```

上述代码的更新映射中，如果 name 和 age 的值都为 null，则不会生成 SET 子句；如果 name 或 age 的值有一个不为 null 或都不为 null，则会生成对应的 SET 子句并处理 SET 子句中的多余逗号，构成完整的 SQL 语句。

11.5　本章小结

　　本章主要对一些常见的 Java 企业级开发框架的入门知识进行了讲解，首先讲解了 Spring 框架快速入门，然后讲解了 Spring MVC 框架快速入门，接着讲解了 Spring Boot 框架快速入门，最后讲解了 MyBatis 框架快速入门。通过本章的学习，读者应该对这些框架有初步认识和了解，并能使用它们实现一些简单的功能。读者若想熟练掌握这些框架，可以参考黑马程序员出版的其他框架图书进行深入学习。

11.6　课后习题

　　请扫描二维码，查看课后习题。